LA QUATRIÈME DIMENSION

RUDY RUCKER

LA QUATRIÈME DIMENSION

Préface de Martin Gardner
Illustrations de David Povilaitis

TRADUIT DE L'AMÉRICAIN
PAR CHRISTIAN JEANMOUGIN

Ouvrage publié avec le concours du Centre national des Lettres

ÉDITIONS DU SEUIL
*27, rue Jacob, Paris VIe*

ISBN 2-02-008979-3
Édition originale : ISBN 0-395-34420-4

Titre original : *The Fourth Dimension*,
Houghton Mifflin Company, Boston, 1984.

A Un Carré, pour son centième anniversaire.

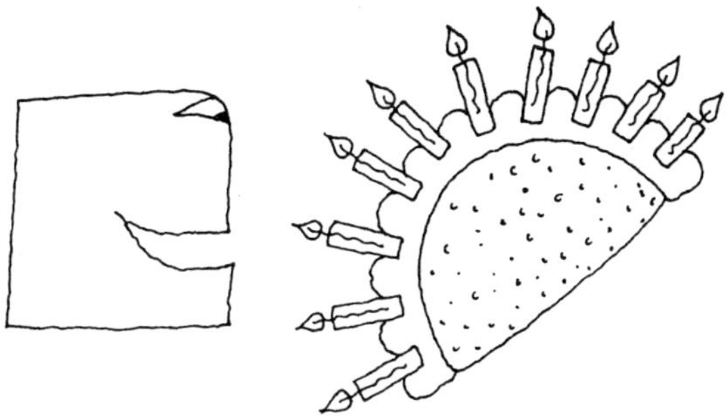

Préface

C'est bien connu, les mathématiciens sont de mauvais écrivains. Il y a, bien sûr, quelques exceptions heureuses dont celle au moins de Lewis Carroll, professeur de mathématiques et auteur d'un livre immortel. Il y a aussi Eric Temple Bell qui non seulement a écrit pour les profanes de pittoresques ouvrages sur les mathématiques, mais a également produit, sous le pseudonyme de John Taine, un grand nombre de romans de science-fiction. Plus récemment encore, de nombreux mathématiciens professionnels ont écrit de la science-fiction basée sur de la mathématique de haut niveau. Voici maintenant Rudolph von Bitter Rucker, mathématicien, romancier, auteur de bandes dessinées, amateur de rock et penseur qui a le courage d'explorer le domaine sombre et inconnu de ce qu'il aime appeler l'espace mental.

Ses principaux centres d'intérêt en mathématiques sont les ensembles transfinis (il a obtenu un doctorat en logique mathématique à Rutgers) et les espaces à plusieurs dimensions. Après avoir édité des œuvres choisies de Charles Hinton sur la quatrième dimension et avoir écrit un ouvrage de vulgarisation sur l'espace à quatre dimensions et la relativité, Rucker obtint son premier succès en 1982 avec la publication de *Infinity and the Mind (l'Infini et la Pensée)*. Les fans de science-fiction le connaissaient déjà pour ses romans fous, amusants, licencieux, et pour ses récits dans lesquels les espaces à un grand nombre de dimensions jouent souvent un rôle essentiel. Son plus célèbre roman, *White Light (Lumière blanche)*, a en fait comme sous-titre *Qu'est-ce que l'hypothèse du continu de Cantor ?* C'est le titre exact d'un article du célèbre logicien Kurt Gödel avec qui Rucker a eu le privilège d'avoir nombre de conversations enrichissantes.

La Quatrième Dimension sera lue avec passion par les auteurs et les lecteurs de science-fiction, mais quiconque est tant soit peu intéressé par les mathématiques et le fantastique, trouvera ce livre aussi instructif et captivant que celui publié naguère par Rucker sur l'infini. Après avoir exploré l'étrange société de Terreplate, Rucker s'élance, avec une énergie et un enthousiasme ahurissants, dans les espaces de dimension supérieure à trois. Ce livre est parsemé de problèmes intelligents pour les forts en maths et se termine en une apothéose, digne du grand Carroll, où Rucker se lance hardiment à la conquête des dimensions infinies de l'Espace de Hilbert.

Alors ?... Science-fiction ? En partie, oui. Rucker s'arrête d'ailleurs souvent pour mentionner telle ou telle histoire bizarre. Mais d'un autre côté, sans l'outil mathématique que sont les espaces à une infinité de dimensions, la physique moderne serait pratiquement impossible. Les vieux livres de mécanique quantique expliquent comment une mesure sur un système quantique « collapse la fonction psi ». Les livres plus récents préfèrent parler en termes d'espace de Hilbert ; c'est la démarche introduite par John von Neumann dans son livre classique sur la théorie quantique. Lorsque vous faites une mesure sur un système quantique, on dit que vous faites « tourner le vecteur d'état » ; ce « vecteur d'état » est une droite abstraite, de longueur et d'orientation précisément définies, et qui représente l'état du système dans un ensemble de coordonnées qui constitue un espace de Hilbert. De tels espaces sont-ils « réels » ? Ou ne sont-ils que des inventions pratiques utilisées par les physiciens pour simplifier leurs calculs ?

C'est sur de tels problèmes, profondément ontologiques, que se concentre Rucker tout au long de ce livre et particulièrement dans les derniers chapitres. Toutefois, il m'est impossible de le suivre dans sa philosophie du « Tout est Un ». Il semble avoir hérité de son arrière-arrière-arrière-grand-père, le célèbre philosophe Hegel, un penchant atavique pour l'Absolu. Comme William James, je ne sais si la réalité ultime est Une ou Multiple. Et je ne peux, non plus, accepter le point de vue de Rucker, emprunté à Jung et à Koestler, sur la « synchronicité » ni sa croyance apparente selon laquelle consulter le Yi King pour produire des « coïncidences » significatives, est plus efficace que de consulter, par exemple, Homère, la Bible ou les livres d'Isaac Asimov.

Qu'importe. Chacun de nous a le droit d'avoir ce que James appelait ses « vérités établies ». Que vous acceptiez ou non sa métaphysique empreinte de Tao, les spéculations de Rucker présentent à votre réflexion des problèmes fondamentaux impossibles à éluder, quelque obstination que mettent les pragmatistes et les positivistes à les nier.

Martin Gardner

Avant-propos

En 1958, les livres de science-fiction n'occupaient qu'un rayon à la bibliothèque publique de Louisville. Mon ami Niles Schoening et moi passions notre temps à les lire et à les analyser, fascinés par le voyage dans le temps, émerveillés par la quatrième dimension. C'est là que tout a commencé.

Quand je partis pour le collège, en 1963, mon père, Embry Rucker, me donna un livre d'Edwin Abbott, *Flatland (Terreplate)*. Prêtre de l'Église épiscopale, mon père avait déjà compris que la quatrième dimension pouvait être utilisée comme symbole des plus grandes réalités spirituelles.

Les années suivantes, je m'interrogeai sur le rapport entre la quatrième dimension en tant que *réalité supérieure,* et la quatrième dimension comme *temps*.

Lorsque j'ai eu mon premier poste d'enseignant, à SUNY Geneseo, j'ai commencé à aborder ces questions dans mes cours de géométrie supérieure. Ces cours furent publiés en 1977 aux Éditions Dover sous le titre *Geometry, Relativity and the Fourth Dimension (Géométrie, Relativité et Quatrième Dimension)*.

Depuis sept ans, j'ai énormément appris sur la quatrième dimension. En écrivant *The Fourth Dimension :* j'ai tenté de présenter un exposé définitif et accessible à tous sur la signification de la quatrième dimension, tant sur le plan physique que sur le plan spirituel. Je voudrais remercier ici Martin Gardner pour m'avoir prêté plusieurs livres rares sur la quatrième dimension ; Thomas Banchoff pour son aide sur les points particulièrement techniques ; mon éditeur, Gerard Van der Leun, pour ses encouragements ; et mon illustrateur, David Povilaitis pour son esprit et son originalité.

Mais surtout, j'aimerais remercier ma famille, mes amis, mes étudiants et tous ceux qui m'ont écrit. Maintenant, lisez et amusez-vous !

première partie

La quatrième dimension

1. Une nouvelle direction

N'y a-t-il que cela ? Les rivalités, la solitude, la maladie et la mort... N'y a-t-il vraiment que cela ? La vie peut sembler tellement désordonnée, tellement ennuyeuse, tellement accablante. Qui parmi nous n'a pas rêvé d'une réalité supérieure, d'un niveau transcendant de sagesse et de paix ?

En fait, cette réalité supérieure *existe*... Et elle n'est pas si difficile à atteindre. Pour beaucoup, la quatrième dimension permet d'y accéder. Mais qu'est-ce que la quatrième dimension ?

Fig. 1. Une réponse nouvelle à de vieilles questions.

Personne ne peut la montrer et pourtant elle nous entoure de toutes parts. Les philosophes et les mystiques en font l'objet de leur méditation ; les physiciens et les mathématiciens calculent avec. Partie intégrante de nombre de théories scientifiques respectées, la quatrième dimension est cependant beaucoup utilisée dans des domaines guère estimés comme le spiritisme et la science-fiction.

La quatrième dimension est une direction différente de toutes les directions de l'espace ordinaire. Certains disent que le temps est la quatrième dimension... Et dans un certain sens, c'est vrai. D'autres disent que la quatrième dimension est une direction d'« hyperespace » tout à fait différente du temps... C'est également vrai.

Fig. 2. Où est-ce ?

En fait, il existe beaucoup de dimensions supérieures. Une de ces dimensions est le temps, une autre est la direction dans laquelle l'espace est incurvé, et une autre encore peut mener à des univers complètement différents existant parallèlement au nôtre.

Au niveau le plus profond, notre monde peut être considéré comme une structure dans un espace à une infinité de dimensions, espace dans lequel nous et nos propres pensées nous déplaçons comme des poissons dans l'eau.

Et lorsque nous nous verrons ou nous sentirons dans le monde à quatre dimensions, nous comprendrons que le monde à trois dimensions n'existe pas réellement et n'a même jamais existé ; qu'il était une création de notre propre imagination, une armée de fantômes, une illusion optique, une hallucination — Tout ce qu'on voudra, excepté la réalité.

P.D. OUSPENSKY,
Tertium Organum, 1912.

Bien sûr, ordinairement nous disons que nous vivons dans un espace à trois dimensions. Mais qu'entend-on précisément par cela ? Pourquoi *trois* ? Observons le tournoiement des hirondelles lorsqu'elles chassent les moucherons au crépuscule. Mathématiquement parlant, les courbes gracieuses qu'elles décrivent sont d'une grande complexité. Mais il est possible de décomposer n'importe laquelle de ces courbes en trois types de mouvements : est/ouest, nord/sud et haut/bas. En combinant ces trois types de mouvements mutuellement perpendiculaires, on peut tracer n'importe quelle courbe dans notre espace. Trois directions, ni plus ni moins, sont nécessaires — à cause de cela, nous disons que notre espace est tridimensionnel.

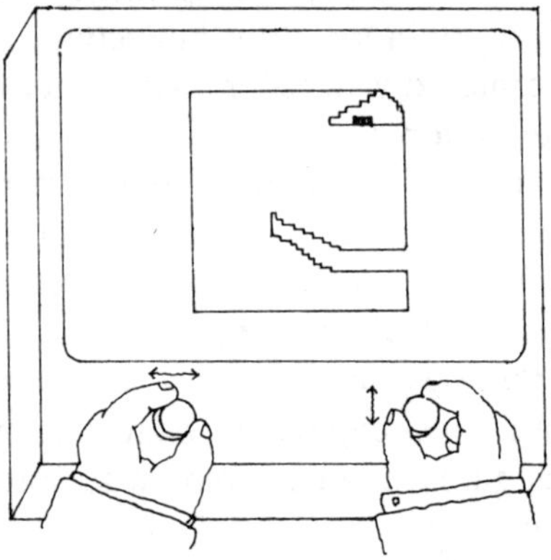

Fig. 3. Portrait d'Un Carré au Télécran.

Cette situation est illustrée en deux dimensions par un jeu qui fut en vogue il y a quelques années, le Télécran. La face interne du Télécran est recouverte d'une poussière d'argent. En tournant des boutons, on déplace un stylet derrière l'écran et ce stylet gratte la poussière en laissant une trace sombre. Le bouton de gauche déplace le stylet dans la direction gauche/droite et le bouton de droite déplace le stylet dans la direction haut/bat. Si on tourne les deux boutons en même temps, on peut tracer n'importe quelle courbe à deux dimensions.

Il n'est pas trop difficile d'imaginer un Télécran à trois dimensions qui déplacerait par exemple un petit spot lumineux dans une pièce sombre. L'image du spot impressionnant la rétine pendant quelques secondes, on aurait ainsi le sentiment de voir des courbes à trois dimensions engendrées en tournant trois boutons différents : gauche/droite, haut/bas et avant/arrière.

A ce propos, il y a une belle photo à l'intérieure de l'album des Rolling Stones, *Black and Blue*. C'est une photo prise sur pose où les cinq Stones agitent des bûchettes enflammées. Bill Wyman trace une spirale plane et compacte. Ronnie Woods décrit une forme grossière de huit. Charlie dessine lentement et patiemment un grand O. Keith part d'en haut, puis descend sa bûchette en un vague zigzag. Et Mick... Ah Mick... Mick est le seul à tracer une courbe réellement tridimensionnelle : une forme complexe, rodéo de loopings et de piqués. En agitant ainsi des bûchettes enflammées dans l'obscurité, vous aurez un bon moyen d'apprécier la tridimensionnalité de notre espace.

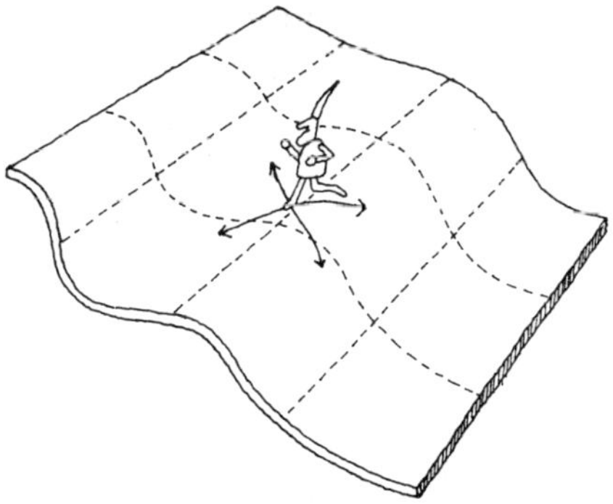

Fig. 4. Deux degrés de liberté sur une surface courbe.

Une autre façon d'exprimer cela est de dire que le mouvement dans notre espace possède *trois degrés de liberté*. A chaque instant, un oiseau a essentiellement trois moyens différents de modifier son vol : accélération/ralentissement, virage à droite/virage à gauche, montée/plongée. Bien que nous puissions agiter nos bûchettes avec la même liberté, nous ne pouvons cependant pas mouvoir notre corps de la même façon. Un randonneur en montagne monte et descend suivant la pente du terrain... Cependant, pour ce qui est de la maîtrise de son mouvement, il a seulement *deux* degrés

Supposons que les trois dimensions de l'espace soient représentées de manière habituelle, et remplaçons la quatrième dimension par une couleur. Tout objet physique est susceptible de changer de couleur comme de position. Un objet peut, par exemple, prendre toutes les nuances du rouge au bleu en passant par le violet. Une interaction physique entre deux corps n'est possible que s'ils sont voisins en espace aussi bien qu'en couleur. Les corps de couleurs différentes s'interpénètrent les uns les autres sans interférences... Si nous enfermons plusieurs mouches dans un globe en verre rouge, il leur sera possible de s'en échapper : il leur suffira de changer leur couleur en bleu pour passer à travers ce globe.

HANS REICHENBACH,
The Philosophy of Space and Time (la Philosophie de l'espace et du temps), 1927.

de liberté : avant/arrière, et gauche/droite. Il peut, bien sûr, faire quelques petits sauts, vers le haut ou vers le bas, mais, à cause de la gravitation, les effets en sont plus ou moins négligeables.

Ce sur quoi je veux insister maintenant, c'est qu'en termes de degrés de liberté, le mouvement sur la surface accidentée de la Terre est essentiellement à deux dimensions. La surface elle-même est, je vous l'accorde, un objet courbe à trois dimensions. Mais tout mouvement restreint à cette surface est essentiellement un mouvement à deux dimensions. Il se pourrait que ce rêve éternel de l'humanité, pouvoir voler, soit une soif de dimensions en plus grand nombre, d'un plus grand nombre de degrés de liberté. Une personne ordinaire ne perçoit le mouvement à trois dimensions que lorsqu'elle nage sous l'eau.

La conduite d'une voiture entraîne le sacrifice d'un autre degré de liberté. On accélère ou on ralentit (peut-être même fait-on marche arrière), mais c'est tout. La route elle-même est une courbe spatiale dans l'espace à trois dimensions, mais un mouvement restreint sur cette courbe particulière est fondamentalement à une dimension.

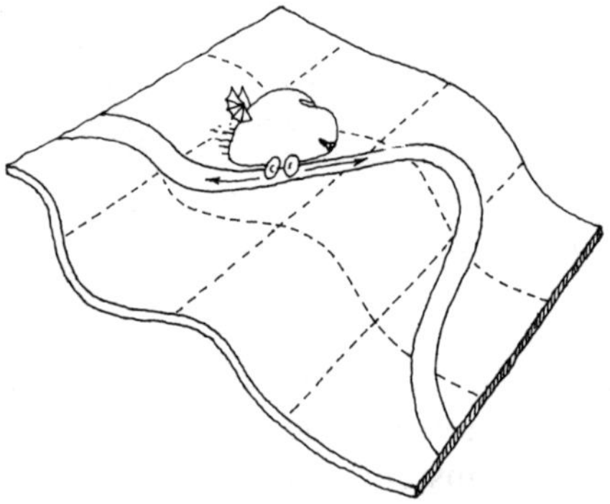

Fig. 5. Un degré de liberté sur une courbe.

Comme nous le verrons plus loin, l'espace où nous vivons est courbe lui aussi : courbe comme un flanc de coteau, sinueux comme une route de montagne. Mais en termes de *degrés de liberté,* il est clair que notre espace est tridimensionnel. Une autre façon d'exprimer cela est de remarquer que nous pouvons localiser n'importe quel endroit à la surface de la Terre à l'aide de *trois* nombres : la longitude, la latitude et la hauteur au-dessus du niveau de la mer. D'ailleurs, si nous nous trouvons tous les deux dans une ville, je peux typiquement vous dire comment me retrouver en vous donnant *trois* informations : « Longez trois pâtés de maisons en direction des hauteurs de la ville, tournez à droite et poursuivez sur deux pâtés vers le centre ville, puis entrez dans l'immeuble qui se trouve là et prenez l'ascenseur jusqu'au vingt-cinquième étage. »

Si maintenant notre espace était quadridimensionnel, ces instructions nécessiteraient une quatrième composante : « Sortez de l'ascenseur et déplacez-vous de six niveaux de réalité. » De même qu'il y a beaucoup d'étages au-dessus d'un endroit donné dans le quadrillage bidimensionnel des rues d'une ville, nous pouvons imaginer, de manière abstraite, qu'il y ait beaucoup de « niveaux de réalité » différents, accessibles en chaque endroit de notre espace. En un sens, c'est vrai... Même si nous étions dans la même pièce, je pourrais, afin d'être en contact plus étroit avec vous, vous faire remarquer que vous avez l'esprit *ailleurs* !

Poursuivons le fil de cette idée. Imaginez que les objets dans l'espace puissent exister à différents niveaux de réalité, et, pour rendre cela tout à fait concret, supposez que chacun de ces niveaux ait sa couleur caractéristique — allant du rouge au bleu en passant par le vert. Supposez également que les objets n'interagissent que s'ils sont de même couleur. Une personne au vingt-cinquième étage ne rencontrera pas une personne située au deuxième étage ; posons donc qu'une personne bleue puisse passer telle quelle à travers une personne verte.

Dans cet exemple, *le niveau de réalité* ou *la couleur* constituerait une quatrième dimension. Les trois dimensions d'espace plus la dimension de couleur formeraient une sorte d'espace quadridimensionnel. Une personne dans cet espace existerait probablement sur plusieurs niveaux à la fois. Agiter une bûchette quadridimensionnelle ici impliquerait que la couleur de la lumière, ou niveau de réalité, change de manière complexe. Voilà une façon de commencer à réfléchir sur un espace à quatre dimensions.

Une autre approche, quelque peu similaire, est de proposer *le temps* comme quatrième dimension. Si, après tout, je désire réellement vous voir, il ne me suffit pas de vous dire sur combien de pâtés de maisons et d'étages vous avez à vous déplacer. Il me faut également vous dire *quand* je serai là. Je serai peut-être absent au rendez-vous à une heure différente... Et peut-être d'ailleurs ne resterai-je là que quinze minutes. Pour vraiment caractériser un événement, il n'est pas suffisant d'en donner la longitude, la latitude et la hauteur au-dessus du niveau de la mer. Il faut également spécifier *quand* il se produit. De même qu'une personne bleue peut passer à travers une personne verte, une personne « située à 2 heures » peut passer à travers une personne « située à 18 heures ». Et lorsqu'on agite un spot lumineux, la dimension du temps intervient lorsqu'on spécifie sa *vitesse* en chaque partie de sa trajectoire.

Dans une certaine mesure, lorsqu'on représente la quatrième dimension par le niveau de réalité, la couleur ou le temps, on passe à côté du but. Ce que l'on recherche ici, c'est le concept d'une quatrième dimension d'*espace*. Il est très difficile de visualiser directement une telle dimension. A plusieurs reprises depuis une quinzaine d'années, j'ai essayé. Et durant tout ce temps, j'ai pu savourer un maximum de peut-être quinze minutes de vision directe dans l'espace à quatre dimensions. Néanmoins, je crois avoir très bien compris la quatrième dimension. Comment cela ? Comment peut-on parler avec profit d'une chose qui est pratiquement impossible à visualiser ?

L'idée de départ est de raisonner par analogie. La quatrième dimension est à l'espace tridimensionnel ce que la troisième dimension est à l'espace bidimensionnel : 4-D/3-D <=> 3-D/2-D. Cette analogie particulière est l'un des plus vieux trucs connus de l'homme. Platon fut l'un des premiers à le présenter dans sa célèbre analogie de la caverne.

Platon nous y convie à imaginer une race d'hommes enchaînés dans un antre souterrain, de sorte que tous ce qu'ils puissent jamais voir soient des ombres sur le mur de la caverne. Derrière les hommes, il y a une petite rampe, et derrière elle, un feu. Des objets vont et viennent sur la rampe et le feu en projette les ombres sur

---

Après quoi, repris-je, figure-toi, en comparaison avec une situation telle que celle-ci, la condition de notre propre naturel sous le rapport de la culture ou de l'inculture. Représente-toi donc des hommes qui vivent dans une sorte de demeure souterraine en forme de caverne, possédant, tout le long de la caverne, une entrée qui s'ouvre largement du côté du jour ; à l'intérieur de cette demeure ils sont, depuis leur enfance, enchaînés par les jambes et par le cou, en sorte qu'ils restent à la même place, ne voient que ce qui est en avant d'eux, incapables d'autre part, en raison de la chaîne qui tient leur tête, de tourner celle-ci circulairement. Quant à la lumière, elle leur vient d'un feu qui brûle en arrière d'eux, vers le haut et loin. Or, entre ce feu et les prisonniers, imagine la montée d'une route, en travers de laquelle il faut te représenter qu'on a élevé un petit mur qui la barre, pareil à la cloison que les montreurs de marionnettes placent devant les hommes qui manœuvrent celles-ci et au-dessus de laquelle ils présentent ces marionnettes aux regards du public. — Je vois ! dit-il. — Alors, le long de ce petit mur, vois des hommes qui portent, dépassant le mur, toutes sortes d'objets fabriqués, des statues, ou encore des animaux en pierre, en bois, façonnés en toute sorte de matière ; de ceux qui le longent en les portant, il y en a, vraisemblablement, qui parlent, il y en a qui se taisent. — Tu fais là, dit-il, une étrange description et tes prisonniers sont étranges ! —
C'est à nous qu'il sont pareils ! répartis-je. Peux-tu croire en effet que des hommes dans leur situation, d'abord, aient eu d'eux-mêmes et les uns des

Fig. 6. La caverne de Platon.

le mur de la caverne. Les prisonniers croient que ces ombres forment la seule réalité... Ils ne réalisent même pas qu'ils ont des corps à trois dimensions. Ils se parlent les uns aux autres, mais comme ils ne perçoivent que l'écho renvoyé par le mur, ils supposent qu'eux-mêmes et leurs amis sont également des ombres.

Il y a plusieurs points intéressants dans l'allégorie de Platon. Il est particulièrement étonnant que les prisonniers croient réellement qu'ils sont leurs propres ombres. Cela est intéressant, parce que cela suggère l'idée qu'une personne est *réellement* une sorte d'âme à plusieurs dimensions qui agit et veille sur ce « monde d'ombres » que forment les objets à trois dimensions.

Pour rendre plus familière cette idée délicate, actualisons un peu l'allégorie de la caverne de Platon. Imaginez un écran de télé, de très grand format, qui donnerait, des gens et des objets en mouvement, des images générées par un ordinateur. Imaginez maintenant quelqu'un qui, depuis sa naissance, aurait été enchaîné, immobile

autres aucune vision, hormis celle des ombres que le feu fait se projeter sur la paroi de la caverne qui leur fait face ? — Comment en effet l'auraient-ils eue, dit-il, si du moins ils ont été condamnés pour la vie à avoir la tête immobile ? — Et, à l'égard des objets portés le long du mur, leur cas n'est-il pas identique ? — Évidemment ! — Et maintenant, s'ils étaient à même de converser entre eux, ne croiras-tu pas qu'en nommant ce qu'ils voient ils penseraient nommer les réalités mêmes ? — Forcément. — Et si, en outre, il y avait dans la prison un écho provenant de la paroi qui leur fait face ? Quand parlerait un de ceux qui passent le long du petit mur, croiras-tu que ces paroles, ils pourront les juger émanant d'ailleurs que de l'ombre qui passe le long de la paroi ? — Par Zeus ! dit-il, ce n'est pas moi qui le croirai ! — Dès lors, repris-je, les hommes dont telle est la condition ne tiendraient, pour être le vrai, absolument rien d'autre que les ombres projetées par les objets fabriqués. — C'est tout à fait forcé ! dit-il.

PLATON,
La République, env. 370 av. J.-C.

Problème 1.1

Regardez fixement à travers votre fenêtre et imaginez que les objets que vous voyez sont en réalité des formes à deux dimensions, enchâssées dans la vitre de la fenêtre. La vitre devient alors une sorte de monde à deux dimensions. A quelles conditions deux formes, par exemple de voiture, peuvent-elles passer l'une à travers l'autre sans collision ?

devant l'écran géant. Des électrodes courraient de son système nerveux à l'ordinateur qui fournit les images, et à chaque personne, correspondrait un personnage télé particulier qu'elle pourrait contrôler. Ces prisonniers prendraient l'écran de télé, plat et phosphorescent, pour la réalité.

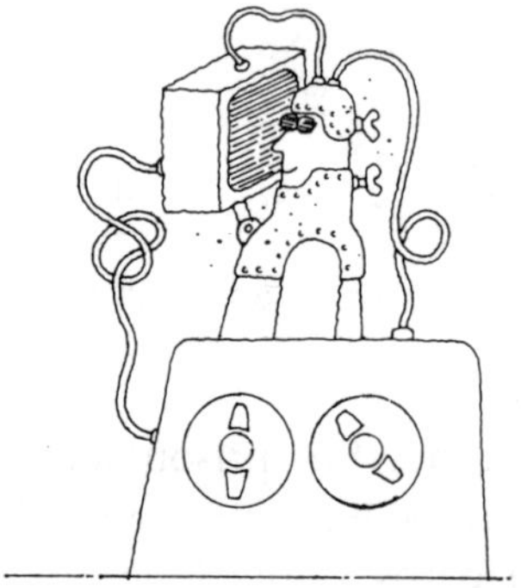

Fig. 7. La caverne de Platon II.

Ainsi, l'allégorie de Platon devrait nous inciter à ne pas être trop sûrs que notre vision quotidienne du monde soit la vision la plus exacte et la plus globale qui soit. Le sens commun peut induire en erreur et il peut y avoir beaucoup plus de réalité que ce qui s'offre à nos yeux.

Un aspect encore plus important de l'allégorie de Platon est qu'elle introduit la notion d'un monde à deux dimensions. Tant que les prisonniers dans la caverne croient réellement qu'ils sont des ombres sur le mur, ils se considèrent eux-mêmes comme des formes bidimensionnelles. A quoi ressemblerait donc un être à deux dimensions ? Un être à deux dimensions serait-il capable d'imaginer une troisième dimension ?

Fig. 8. Un Carré.

Dans le chapitre suivant, nous parlerons d'un monde imaginaire à deux dimensions appelé Terreplate. Et nous suivrons les aventures d'Un Carré, le citoyen le plus célèbre de Terreplate. Comme nous le verrons, le cheminement d'Un Carré pour comprendre la troisième dimension nous servira de modèle pour nos propres tentatives pour comprendre la quatrième dimension.

2. Terreplate

Publié pour la première fois en 1884, *Flatland (Terreplate)* raconte l'histoire d'un carré qui entreprend un voyage dans les dimensions supérieures. Bien qu'un siècle se soit écoulé, ce récit fait encore l'objet de discussions. L'auteur de *Terreplate* était un professeur de l'époque victorienne nommé Edwin Abbott Abbott. Comme curieusement ses deuxième et troisième noms étaient identiques, on peut imaginer qu'Abbott ait été surnommé *Abbott* Carré ou A Carré. Et il se peut ainsi qu'Abbott se soit complètement identifié à Un Carré, le héros de *Terreplate*. D'ailleurs, Abbott eut une vie, par certains côtés, aussi strictement réglée que celle d'un Terreplatien à deux dimensions.

Edwin Abbott Abbott, né à Londres le 20 décembre 1838, était le fils d'Edwin Abbott, directeur de la Philological School de Marylebone. Il fut élève à la City of London School. Il alla ensuite à Cambridge, fut ordonné prêtre, se maria, et, à l'âge de 27 ans, revint à la City of London School comme directeur. Il a écrit plusieurs livres de grammaire et de théologie comme *How to Parse (Comment analyser)* et *Letters on Spiritual Christianity (Lettres sur le Christianisme spirituel)*. *Terreplate* fut sa seule incursion dans le domaine du fantastique.

Ce livre se situe sur trois niveaux. C'est d'abord, de manière très évidente, un satire de la société victorienne, solonnelle et sans cœur. Les « irréguliers » (les estropiés) y sont exécutés, les femmes n'y jouissent d'aucun droit, et lorsqu'Un Carré tente d'enseigner la troisième dimension à ses amis, il est emprisonné. A un second niveau, *Terreplate* a une portée scientifique : en réfléchissant aux obstacles que rencontre Un Carré pour saisir la troisième dimension, nous sommes mieux en mesure de venir à bout de nos propres problèmes avec la quatrième dimen-

J'appelle notre monde Terreplate, non parce que nous le nommons ainsi, mais pour vous rendre sa nature plus évidente, mes heureux lecteurs, qui avez le privilège de vivre dans l'Espace.
Imaginez une feuille de papier, immense, sur laquelle des Lignes Droites, des Triangles, des Carrés, des Pentagones, des Hexagones et d'autres figures, au lieu de rester fixés à leur place, peuvent se déplacer librement sur ou dans sa surface, sans toutefois pouvoir s'élever au-dessus d'elle ni s'enfoncer en dessous, tout à fait comme des ombres, et vous aurez une idée relativement correcte de mon pays et de mes compatriotes. Hélas, quelques années auparavant, j'aurais dit « mon univers », mais maintenant, mon esprit s'est ouvert à une conception plus élevée de la réalité.

EDWIN A. ABBOTT,
Terreplate, 1884.

Edwin Abbott Abbott (1838-1926).

sion. Enfin, sur un plan plus profond, nous pouvons peut-être considérer *Terreplate* comme un moyen détourné, utilisé par Abbott, pour nous faire part de certaines expériences spirituelles intenses. Le voyage d'Un Carré dans les dimensions supérieures apparaît alors comme une excellente métaphore pour décrire l'expérience mystique d'une réalité supérieure.

Terreplate est un plan habité par des créatures qui s'y déplacent en glissant. On peut se les représenter comme des pièces de monnaie posées sur une table. On peut également se les imaginer comme ces formes colorées qui apparaissent sur les bulles de savon, ou des taches d'encre dans une feuille de papier.

A Terreplate, les classes inférieures sont les triangles et n'ont que deux côtés égaux. Les classes supérieures sont les polygones réguliers, c'est-à-dire les figures dont tous les côtés sont égaux. Plus on a de côtés, plus grande est la considération sociale. La caste la plus élevée est celle des polygones qui possèdent tellement de côtés qu'on ne peut les distinguer des cercles parfaits.

Comme nous l'avons dit plus haut, *Terreplate* est plus qu'un livre sur les dimensions. Un peu à la manière des *Voyages de Gulliver,* c'est une satire de la société dans laquelle vivait l'auteur. Jamais, dans notre civilisation occidentale, les femmes n'ont subi autant d'injustice qu'au XIXe siècle. Et, pareillement, les femmes de Terreplate n'ont même pas forme de triangle, même rachitique : elles ne sont que des traits, infiniment moins respectés que les cercles ecclésiastiques. Abbott, bien sûr, veut ici traduire cette injustice. Et quand une sphère de « Terrespace » visite Terreplate, il lui fait dire : « Il ne s'agit pas pour moi de classer les facultés humaines suivant leurs mérites. Cependant, beaucoup, parmi les meilleurs et les plus sages de Terrespace, préfèrent les sentiments aux raisonnements, les Lignes Droites que vous méprisez aux Cercles que vous vénérez. »

Je considère le plan sur lequel se projette mon ombre humaine, et je le déplace dans les trois dimensions. Mon ombre réalise alors l'existence de la troisième dimension. L'homme lui-même peut être déplacé, mais, à la fin du voyage, avoir perdu ses couleurs et gagné quelques rides.

GUSTAV THEODOR FECHNER,
« Why Space Has Four Dimensions » (« Pourquoi l'espace est à quatre dimensions »), 1846.

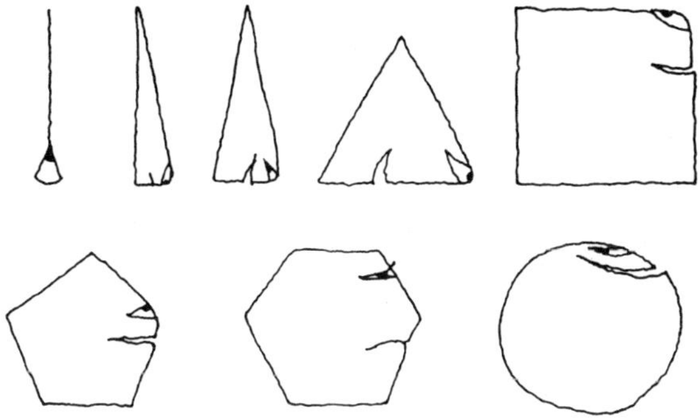

Fig. 9. Huit Terreplatiens : une Femme, un Soldat, un Ouvrier, un Marchand, un Membre des Professions libérales, un Gentilhomme, un Noble, un Grand-Prêtre.

Une première question concernant Terreplate est de savoir comment ces lignes et ces polygones peuvent distinguer quoi que ce soit. Si vous disposez sur une table un certain nombre de figures en carton et que vous ameniez votre regard au niveau de la table, vous ne verrez qu'un ensemble de segments de droite. Comment alors les Terreplatiens peuvent-ils distinguer un triangle d'un carré ? Comment peuvent-ils se représenter un monde à deux dimensions à partir des images à une dimension données par leur rétine ?

Abbott explique que l'espace de Terreplate est enveloppé d'une brume légère. A cause de cela, les côtés brillants des polygones disparaissent rapidement dans l'obscurité. Si vous regardez l'angle d'un triangle et l'angle d'un pentagone, vous pourrez les distinguer l'un

Ce grand homme avait coutume de dire que, puisque nous pouvons concevoir des êtres (comme des vers infiniment petits dans une feuille de papier infiniment mince) qui ne possèdent que la notion d'un espace à deux dimensions, nous pouvons alors imaginer des êtres capables de se représenter un espace à quatre, ou un plus grand nombre de dimensions.

F. W. A. SARTORIUS VON WALTERSHAUSEN,
Biography of Carl Friedrich Gauss (Biographie de Karl Friedrich Gauss), 1860.

de l'autre parce que les côtés du triangle s'effaceront plus rapidement.

Cela peut sembler un peu artificiel, mais considérons un instant ceci : *notre* rétine nous donne du monde des images qui sont à deux dimensions ; malgré cela, nous pouvons distinguer une grande variété d'objets à trois dimensions. Si je regarde, par exemple, une sphère et un disque, je peux les différencier par la façon dont les ombres s'y répartissent. Un autre moyen important par lequel nous reconnaissons que notre monde est à trois dimensions est le fait que les objets peuvent s'y déplacer sur des *plans différents* les uns par rapport aux autres. Si, regardant par la fenêtre d'un restaurant, je vois une personne passer devant ma voiture, je ne supposerai pas qu'elle dématérialise d'une manière ou d'une autre ma voiture. Je reconnais plutôt qu'il existe une troisième dimension d'espace, et que, suivant cette dimensions, le trottoir est plus proche que la voiture. Ainsi, tout comme nous pouvons construire une image mentale de notre monde tridimensionnel, les Terreplatiens possèdent des images convenables de leur monde à deux dimensions.

Fig. 10. L'explication par la profondeur est plus simple que la dématérialisation.

Les aventures d'Un Carré débutèrent par un rêve, un rêve sur Terreligne :

> Je vis devant moi une foule énorme de petites Lignes Droites (que naturellement je pris pour des Femmes), où se mêlaient d'autres Êtres encore plus petits, comme

des points brillants, tous allant et venant sur une seule et même Ligne Droite et, autant que je pouvais en juger, à la même vitesse.
Un bruit, mélange confus de gazouillis et de pépiements, s'élevait de cette foule tant qu'elle était en mouvement ; mais parfois, le mouvement s'arrêtait et le silence se faisait.
M'approchant de la plus grande de celles que je croyais être des Femmes, je l'abordai, mais n'en reçus pas de réponse. Une deuxième, puis une troisième tentative de ma part restèrent sans succès. Perdant patience devant ce que je jugeais d'une inqualifiable grossièreté, je me plaçai, ma bouche devant sa bouche, de façon à intercepter son mouvement, puis je répétai ma question à

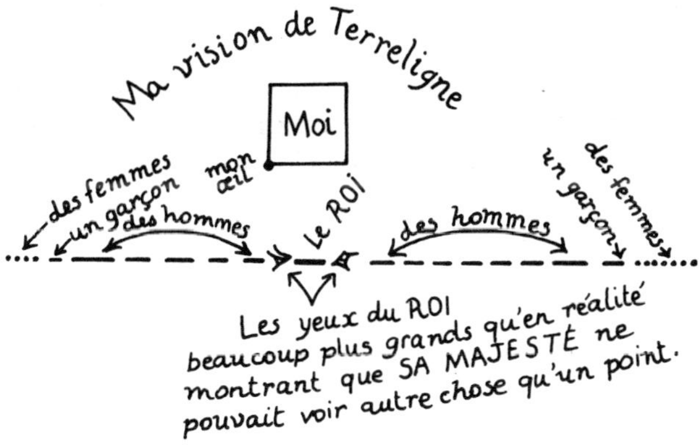

Fig. 11. Terreligne vue par Abbott.

voix haute : « Femme, que signifie ce rassemblement avec ce gazouillis étrange et confus, et que signifie aussi ces allées et venues monotones sur une seule et même Ligne Droite ? »
« Je ne suis pas une Femme, répondit la petite Ligne, Je suis le Monarque du monde. »

Bien que tout ce que les Terreligniens puissent voir les uns des autres ne soit qu'un simple point, une ouïe très développée leur permet de juger à quelle distance ils sont les uns des autres. Les hommes possèdent à chacune de leurs extrémités une voix : de basse à gauche, de ténor à droite. En notant le temps de retard entre les deux voix , il leur est possible de savoir à quelle distance se trouve un Terrelignien mâle. Et les pauvres femmes de Terreligne ce ne sont bien sûr que les points !

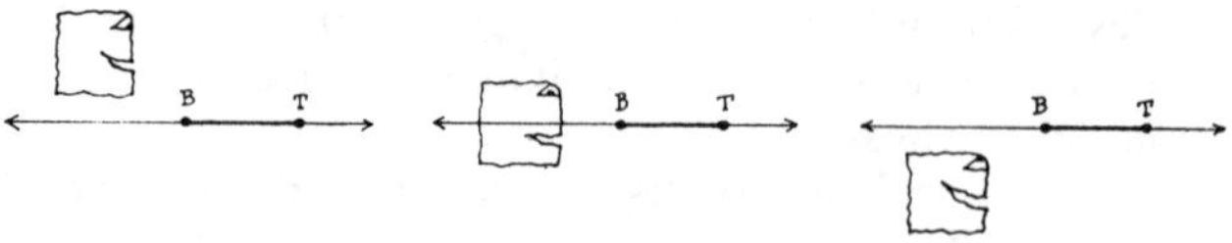

Fig. 12. Un Carré traverse Terreligne.

Un Carré tente ensuite de parler de la deuxième dimension au roi. Le roi ne comprend pas et lui demande de se déplacer dans la direction de cette mystérieuse deuxième dimension. Un Carré s'exécute et traverse l'espace de Terreligne. (Dans la figure 12, j'ai indiqué par B et T les extrémités basse et ténor du roi.) Bien évidemment, le roi ne perçoit ce « déplacement » que comme un segment qui apparaît de nulle part, reste une minute, puis disparaît d'un seul coup. Le roi alors nie la réalité de la deuxième dimension ; Un Carré perd son calme et le rêve se termine.

Fig. 13. Un Carré et sa femme enfermés dans une pièce.

Le soir suivant, Un Carré et son épouse sont confortablement calfeutrés dans la sérénité de leur foyer quand, tout à coup, une voix sortie de nulle part se met à leur parler. Et l'instant d'après, un cercle apparaît dans leur maison, pourtant fermée de toutes parts. C'est Une Sphère, venue enseigner la troisième dimension à Un Carré.

En raisonnant par analogie, vous pourrez comprendre qu'une créature quadridimensionnelle sera capable d'atteindre n'importe laquelle des pièces ou des cachettes de votre appartement, quelque effort que vous mettiez à les fermer. Une créature quadridimensionnelle videra un coffre-fort sans le forcer, puisqu'un coffre n'a pas de

---

Je me retrouvai à quatre pattes... Il y avait une espèce de plancher à environ un mètre en dessous du plan de Terreplate. Quand je me relevai, ce fut comme si je me trouvais enfoncé jusqu'à la ceinture dans un lac brillant et infini. Ma chute à travers l'espace des Terreplatiens avait détruit une de leurs maisons. Plusieurs étaient autour de moi, me flairant la taille et se demandant qui je pouvais bien être. A ma grande surprise, je pus sentir leur contact tout à fait distinctement. Ils semblaient avoir une épaisseur de quelques millimètres...
Je me trouvais au milieu d'une « rue », c'est-à-dire au milieu d'un passage dégagé, bordé, de chaque côté, de maisons terreplatiennes. Les maisons avaient la forme de grands carrés et de grands rectangles, de trois à cinq pieds de côté. Les Terreplatiens eux-mêmes étaient comme les avait décrits Abbott : les femmes, de petites Lignes avec un œil brillant à une extrémité ; les soldats, des Triangles isocèles très effilés. Il y avait aussi des Carrés, des Pentagones et d'autres polygones. Les adultes avaient, dans leur plus grande longueur, une taille moyenne de douze pouces. Les maisons qui bordaient ma rue arboraient des enseignes, comme des chapelets de points colorés courant à l'extérieur des murs. A ma droite, il y avait un Hexagone avec sa femme, sans enfants. A ma gauche se trouvait la maison d'un Triangle équilatéral, fier d'être le père de trois petits Carrés. La porte de sa maison, une petite ligne pivotante, était entrebâillée. Un de ses enfants, qui jouait dans la rue, s'est vite réfugié chez lui, effrayé par mon apparence. Le plan de Terreplate me traversait la taille et les bras,

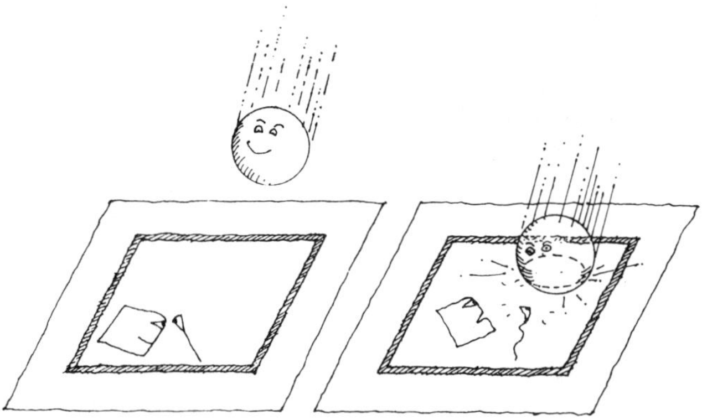

Fig. 14. Un Cercle apparaît dans la chambre d'Un Carré.

me donnant l'aspect d'une grande tache, flanquée de deux autres plus petites — spectacle étrange et surnaturel, à n'en pas douter.

RUDY RUCKER,
« Message Found in a Copy of Flatland » (« Message trouvé dans un manuscrit de Terreplate »), 1983.

paroi adossée à la quatrième dimension. Un chirurgien quadridimensionnel atteindra n'importe lequel de vos viscères sans avoir besoin de découper votre épiderme. Et une créature à quatre dimensions videra votre bouteille de Château-Laffitte sans la déboucher.

Fig. 15. Voleur alcoolique de la dimension supérieure.

Si seulement vous aviez les muscles permettant d'amener votre bras dans la quatrième dimension, vous pourriez « contourner » la vitrine de chez Cartier et vous emparer du plus gros diamant exposé. Votre bras n'aurait pas à se transformer en gaz ou en rayon lumineux : le vol se ferait en le déplaçant dans la quatrième dimension, y amenant du même coup le diamant dérobé pour lui faire « contourner » la vitrine.

Mais revenons à Un Carré : il est chez lui, enfermé dans sa maison, en train de discuter avec ce qui lui semble être un cercle, une créature, comme lui, à deux

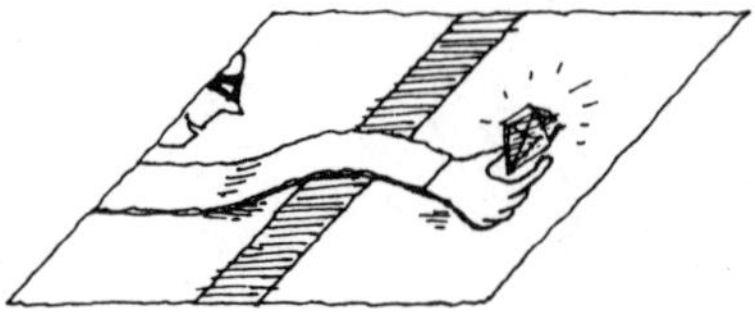

Fig. 16. Le crime parfait.

dimensions. Mais la Sphère proteste contre une aussi plate définition :

> Je ne suis pas une Figure plane, mais un Solide. Vous m'appelez Cercle ; en réalité, je ne suis pas un Cercle, mais un nombre infini de Cercles, tous placés les uns sur les autres, et dont la taille varie de celle d'un Point à celle d'un Cercle de treize pouces de diamètre. Lorsque je coupe votre plan, comme maintenant, je forme une figure que, tout à fait correctement, vous nommez Cercle, car une Sphère — ce qui est mon véritable nom dans mon propre pays — lorsqu'elle se manifeste telle quelle à un habitant de Terreplate, lui apparaît forcément sous la forme d'un Cercle.
> Ne vous rappelez-vous pas — car moi qui vois toutes choses et qui ai discerné l'autre nuit dans votre tête votre vision fantasmatique de Terreligne — ne vous rappelez-vous pas, dis-je, comment, lorsque vous êtes entré dans le royaume de Terreligne, vous fûtes contraint de vous manifester au Roi, non comme un Carré, mais comme une Ligne, parce que le Royaume Linéaire n'avait pas de dimensions suffisantes pour vous représenter en entier et ne pouvait révéler qu'une section de votre personne ? Notre situation est tout à fait équivalente : votre pays à Deux Dimensions n'est pas assez spacieux pour me représenter, moi un être à Trois Dimensions ; il ne peut me faire apparaître que sous l'aspect d'une section que vous appelez Cercle.

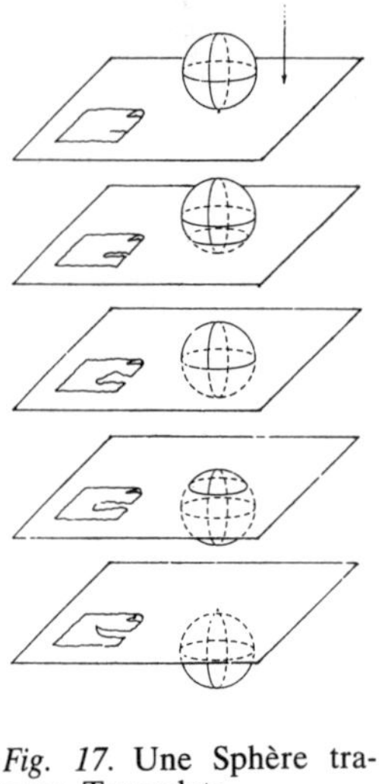

Fig. 17. Une Sphère traverse Terreplate.

La Sphère commence alors à expliquer la troisième dimension en se déplaçant à travers le plan d'Un Carré, tout comme lui-même l'avait fait à Terreligne devant le roi. Et ce que voit Un Carré, c'est d'abord un point qui se transforme en cercle ; puis un cercle qui se développe jusqu'à une taille maximum puis se réduit à nouveau en un point qui finalement disparaît. Sa grande difficulté est de concevoir ces cercles, existant tous ensemble sous la forme d'une sphère.

Arrêtez-vous un instant et essayez d'imaginer l'espace

à quatre dimensions. Il est tout près de vous, mais vous ne sauriez dire dans quelle direction. Et vous aurez beau vous dissimuler de votre mieux, une créature à quatre dimensions pourra vous voir parfaitement, du dedans comme du dehors.

Que verriez-vous si, à l'instant, une hypersphère à quatre dimensions traversait l'espace là, juste au-dessus de votre tête ? En raisonnant strictement par analogie, vous vous attendrez à voir d'abord un point, puis une

Fig. 18. Hypersphère traversant notre espace.

petite sphère, puis une sphère encore plus grosse, puis à nouveau une petite sphère et finalement un point qui disparaîtrait. Vous verriez exactement la même chose en gonflant un ballon lentement, puis en le laissant se dégonfler tout aussi lentement. Essayez la prochaine fois que vous aurez un ballon entre les mains : ce sera fondamentalement ce que vous verriez si une hypersphère traversait l'espace dans votre salon. Ainsi, de même qu'une sphère est un empilement de cercles en trois dimensions, une hypersphère est un empilement quadridimensionnel de sphères.

Il reste cependant très difficile de concevoir un empilement d'objets dans une dimension nouvelle. D'ailleurs, Un Carré, loin d'admettre qu'il a vu des sections de sphère, s'écrie : « Monstre, serais-tu jongleur, enchanteur, rêve ou diable, je n'endurerai pas plus longtemps tes railleries », et d'enfoncer son angle droit le plus tranchant dans la section d'Une Sphère.

Ici se pose une question intéressante. Que se passera-t-il si Un Carré s'enfonce réellement dans Une Sphère ? En sera-t-elle affectée ? Autrement dit, serait-il possible pour les Terreplatiens de capturer un être à trois dimensions ? Pour rendre cette question plus concrète, imaginez que vous ayez trouvé, d'une manière ou d'une autre, la vraie Terreplate. Vous passez alors votre main

Lorsque je résidais et que je voyageais dans le Nord de l'Angleterre, il y a de cela plusieurs années, je donnais des conférences et j'avais des discussions sur la quatrième dimension. Un soir, après m'être mis au lit, j'étais allongé, tout à fait éveillé, réfléchissant à quelques problèmes liés à ce sujet. J'essayais de visualiser ou de penser la forme d'un cube quadridimensionnel, que je prenais pour l'objet le plus simple à quatre dimensions. A mon grand étonnement, je vis devant moi, d'abord une sphère à quatre dimensions, puis ensuite, un cube à quatre dimensions. J'apprenais ainsi, par cette leçon de choses, que c'est la sphère, et non le cube, qui est l'objet le plus simple, contrairement à ce que me laissait croire l'analogie à trois dimensions.
Fait surprenant, voulant voir à tout prix la première figure, je vis la deuxième. Je vis ces formes en l'air, devant moi (bien que la chambre fût plongée dans l'obscurité), et derrrière ces formes, je voyais nettement une faible lueur filtrant dans la pièce à travers une fente des rideaux...
Je renonce à décrire la forme d'un cube à quatre dimensions. Une définition mathématique en est possible, mais on perd alors le sentiment de le voir dans sa totalité. La sphère à quatre dimensions se prête davantage à la description. C'est une sphère ordinaire à trois dimensions, à l'extérieur de laquelle, en tout point de sa surface, partent à la verticale des arceaux circulaires, en contact les uns avec les autres. Cela se voit mieux en inscrivant le nombre 8 dans un cercle. On obtient alors trois cercles, le plus bas représentant la sphère initiale, le plus haut, l'espace vide et le grand cercle entourant le tout. Si on

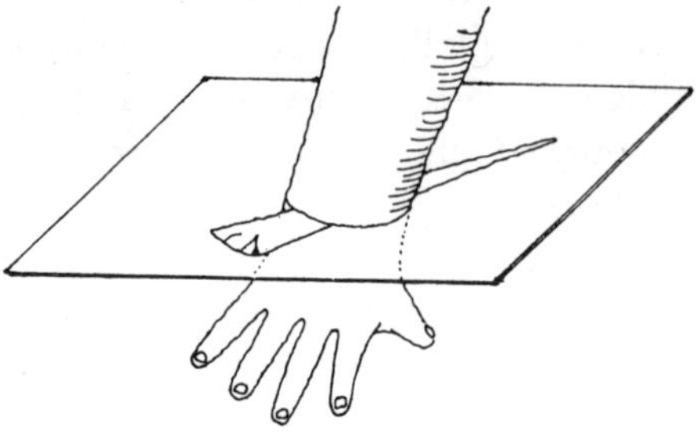

Fig. 19. Transpercé par un policier.

à travers, quand soudain, un triangle isocèle enragé vous transperce le poignet de part en part. Alors ?

Pour répondre à cette question, nous devons décider précisément à quoi ressemble Terreplate. Si les Terreplatiens sont véritablement à deux dimensions, sans épaisseur aucune, ils seront alors aussi immatériels que des ombres ou des taches lumineuses. Et avoir un triangle isocèle en travers du poignet ne vous fera aucun mal, ni ne limitera votre liberté de mouvement. Mais dans ce cas, on peut se demander si un Terreplatien, immatériel, s'enfonce réellement à travers votre peau.

L'idée de Terreplatiens purement bidimensionnels pose un problème : on voit difficilement comment ils pourraient posséder une réalité ou une solidité. S'ils ne sont que des ombres du plan, rien ne les empêche alors de se déplacer librement les uns à travers les autres. Une façon de tourner cette difficulté serait de dire que les « atomes » d'une Terreplate à deux dimensions ont la forme des petites bosses situées dans le plan de son espace. Un Carré apparaîtrait alors comme une espèce de « mesa » à la surface élastique de Terreplate. Plutôt que de supposer Terreplate infiniment mince, il sera alors plus simple de l'imaginer comme une surface élastique possédant une très faible épaisseur.

Mais qu'en est-il maintenant des Terreplatiens s'ils possèdent *réellement* une petite épaisseur ? Dans sa préface à la deuxième édition de *Terreplate*, Abbott a envisagé cette possibilité. Il y décrit comment Un Carré en arrive à penser que, dans la mesure où Terreplate existe réellement au sein d'un espace de dimension supérieure, les Terreplatiens doivent posséder une hau-

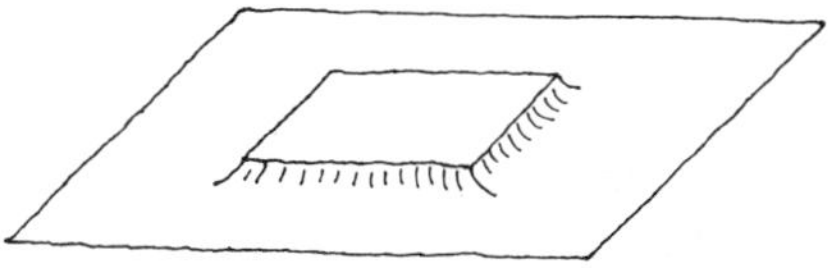

Fig. 20. Un Carré, une petite bosse du plan.

teur, aussi bien qu'une longueur et une largeur. Mais comme ils sont tous de la même hauteur, ils n'ont aucun moyen de le remarquer. Et Un Carré rapporte, le plus sérieusement du monde, cette conversation au cours de laquelle il discute ce point avec le souverain de Terreplate :

> J'essayais de lui prouver qu'il était « haut », tout comme long et large, bien qu'il ne le sût pas. Savez-vous ce qu'il m'a répondu ? : « Vous dites que je suis " haut" ; mesurez alors ma " hauteur " et je vous croirai. » Que pouvais-je faire ? Comment relever ce défi ?

Même si tous les Terreplatiens avaient un pouce de hauteur, ils ne pourraient s'en rendre compte, n'ayant aucun moyen de se déplacer ou même s'écarter légèrement dans la troisième dimension. Bien sûr, si les Terreplatiens avaient des hauteurs différentes, ils remarqueraient une « espèce » de différence entre eux ; mais pour la définir, ils utiliseraient certainement des termes assez vagues, non géométriques, du genre charisme, force de caractère ou « aura ».

Si maintenant les Terreplatiens avaient une épaisseur

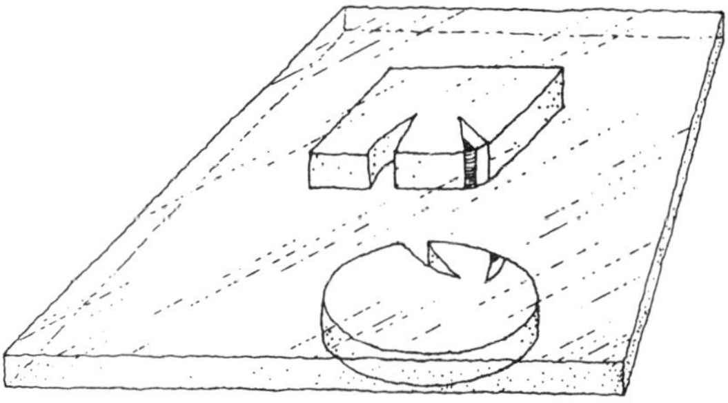

Fig. 21. Un Carré est aussi haut que le grand chef.

admet que le cercle supérieur n'a pas d'existence et si l'on identifie le (petit) cercle inférieur avec le (grand) cercle extérieur, on aura, dans une certaine mesure, l'impression du résultat...
De manière analogue, j'ai eu des visions exceptionnelles de figures à cinq et six dimensions... Pour décrire au mieux la vision à cinq dimensions, on pourrait imaginer une carte des Alpes en relief, avec cette particularité que tous les sommets et le paysage entier représentés sur cette carte ne seraient qu'*une seule* montagne, ou encore, que toutes les montagnes auraient une seule et même base.

JOHAN VON MANEN,
Some occult Experiences (Quelques Expériences occultes), 1913.

réelle dans la troisième dimension, l'un d'entre eux pourrait vous couper comme le ferait une lame de couteau. Et s'il était assez grand, vous pourriez avoir quelque difficulté à vous en libérer.

Il y a un passage dans *Terreplate* où Une Sphère, irritée par les tentatives d'Un Carré pour la poignarder, se saisit de lui et le projette dans l'espace. Un Carré éprouve alors une sensation épouvantable :

> Une indicible horreur s'empara de moi. Ce furent les ténèbres ; puis la vertigineuse nausée de voir hors du regard ; je vis une Ligne qui n'était plus une Ligne ; l'Espace n'était plus l'Espace ; j'étais à la fois moi-même et plus moi-même. Quand je retrouvai ma voix, je criai de toute mon angoisse : « Est-ce la folie, ou est-ce l'Enfer ? » « Ni l'un, ni l'autre, répondit calmement la voix de la Sphère, c'est la Connaissance ; ce sont les Trois Dimensions : ouvrez vos yeux encore une fois et regardez avec attention. »

Ici encore, une remarque intéressante s'impose. N'y a-t-il pas quelque danger pour Un Carré à être ainsi

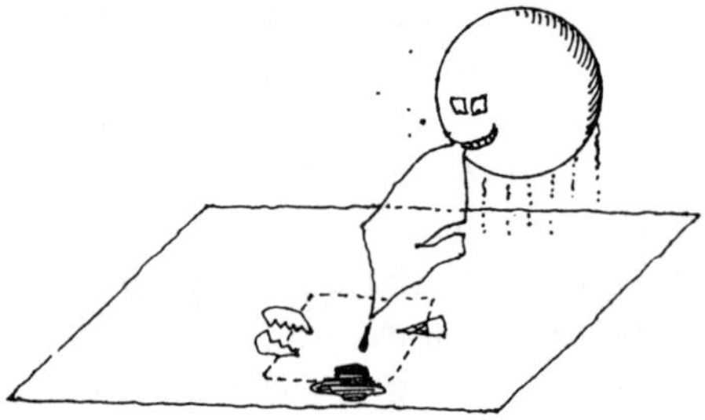

Fig. 22. Et si la Sphère n'attrapait que la peau d'Un Carré ?

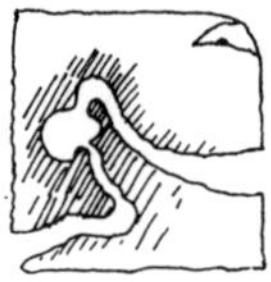

Un Carré séparé en deux par son intestin.

Problème 2.1

Il semblerait que les Terreplatiens ne puissent posséder de système digestif complet sous forme d'un tube qui passerait à travers tout leur corps, puisque alors, ce tube les séparerait en deux. Y a-t-il un moyen de contourner ce problème ?

enlevé de son espace ? Car lorsque Une Sphère le soulève par un coin, ne risque-t-elle pas de lui arracher la peau ? Il vaut mieux supposer alors qu'Un Carré possède des membranes très fines qui limitent son corps sur ses faces inférieure et supérieure, dans la direction de la troisième dimension. Et plutôt que de se représenter Un Carré posé *sur* son espace, considérons-le comme un être situé *dans* un plan de très faible épaisseur.

Fig. 23. Un Carré fait réellement partie d'un plan épais.

Le plus célèbre monde à deux dimensions autre que Terreplate s'appelle Astria. On en trouve la description dans un livre de Charles H. Hinton, *An Episode of Flatland : Or How a Plane Folk Discovered the Third Dimension (Un épisode de Terreplate ou comment un peuple plan découvrit la troisième dimension).* En voici un extrait où Hinton explique comment il conçoit ce monde à deux dimensions :

> Un jour, ayant disposé quelques pièces de monnaie sur la table, je m'amusais à les déplacer n'importe comment, quand je réalisai que l'on pouvait représenter, avec elles, une sorte de système solaire, une grande, au

Parmi tous les pays du monde, le Chili se distingue par sa grande longueur et son extrême étroitesse. Sur la côte ouest de l'Amérique du Sud, il s'étire au nord au sud en un ruban de 2 700 milles, entre la Cordillère des Andes et l'océan Pacifique. En certains endroits, sa largeur a moins de 40 milles.
Supposons, à titre d'exemple, que les habitants du Chili soient, pour une raison ou pour une autre, empêchés de passer les frontières de leur pays et qu'ils n'aient ainsi aucune possibilité de communication avec le reste du monde. Supposons également que la largeur du pays, dans la direction est-ouest, diminue peu à peu jusqu'à devenir pratiquement négligeable, tant elle est petite. Le monde chilien deviendrait alors portion d'espace très mince, s'étendant verticalement et du nord au sud, pratiquement bidimensionnelle.
Les habitants de cette Terrefine chilienne seraient, pour leur part, de minces créatures de papier, douées de mouvements verticaux ou du nord au sud, mais incapables de contourner les obstacles et de tourner la tête sur le côté...
Les deux yeux d'un Terrefinien chilien seraient situés sur l'arête avant de leur visage, par exemple, l'un au-dessus de l'autre sur le front, ou bien encore, pour avoir un champ visuel plus large, l'un des yeux pour-

Problème 2.2

La Terreplate d'Abbott n'est pas vraiment une bonne analogie de notre monde. Car bien que notre espace soit à trois dimensions, nous ne pouvons pas nous déplacer librement dans ces trois dimensions : nous sommes obligés de nous déplacer à la surface d'une sphère. Quelle serait la situation analogue pour un monde à deux dimensions ?

rait se trouver sur le front et l'autre à la pointe du menton. Pour regarder en arrière, vraiment derrière soi, ils ne pourraient tourner leur corps ou leur tête sur le côté, ce mouvement mettant en jeu la troisième dimension ; ils seraient alors munis d'un long cou flexible qui se déploierait de sorte que la tête puisse s'incliner vers l'arrière, à l'envers.

FLETCHER DURRELL, *Mathematical Adventures (Aventures mathématiques)*, 1938.

centre, figurant le soleil, les autres, ses planètes tournant autour d'elle. En considérant les planètes comme des mondes habités, astreintes, dans leur mouvement autour du soleil, à glisser sur la surface de la table, je me rendais compte qu'il fallait en imaginer les habitants se trouvant, non sur les faces, mais uniquement sur le bord des pièces. Dans le cas de la Terre, l'attraction agit en direction du centre et ce centre nous est inaccessible à cause de la solidité de la Terre ; de manière analogue, les habitants de mes mondes de pièces subiraient une attraction agissant du centre des pièces dans toutes les directions à la surface de la table. « En haut », pour eux, indiquerait la direction du centre de la pièce vers le bord, et « en bas », celle du bord vers le centre. De cette façon, on pourrait dire que ces êtres se tiendraient debout sur le bord des pièces.

L'ennui avec cette représentation du monde, c'est que les polygones ont beaucoup trop de problèmes pour se croiser, construire des maisons, etc. La plupart de ces difficultés se trouvent résolues dans le livre de A. K. Dewdney, *The Planiverse (l'Univers plan)*. Paru en 1984, ce livre, tout comme *la Quatrième Dimension,* célèbre en quelque sorte le centième anniversaire de Terreplate.

Citons pour terminer un autre livre sur les mondes plans : *Sphereland (Terresphère),* du mathématicien hollandais Dionys Burger. Dans ce livre, paru en 1965, Dionys Burger décrit un monde qui est une sorte de compromis entre *Plateterre*, avec sa grande liberté de

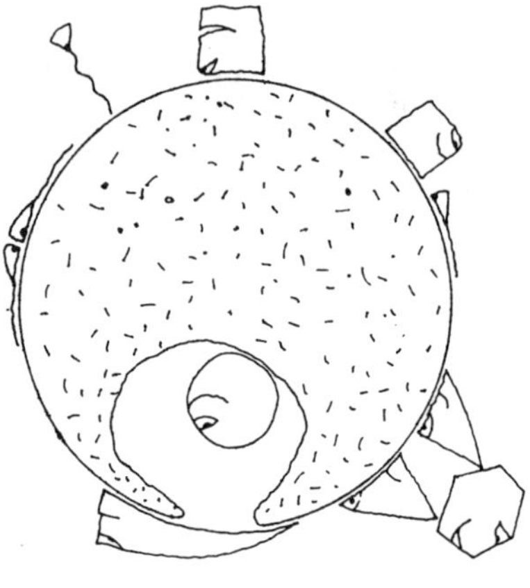

Fig. 24. Astriens sur une petite planète.

mouvement, et Astria, qui offre une grande ressemblance avec la Terre. L'idée de Burger est que, comme dans Astria, les créatures 2-D vivent près du bord d'un disque planétaire. Mais il propose qu'elles soient très légères, de sorte qu'elles puissent vivre dans l'atmosphère de leur planète. Tout se passe comme si les gens étaient capables de vivre dans les nuages, nuages qui flotteraient au-dessus d'une végétation tropicale flottant, à son tour, sur une mer entourant le noyau dense de la planète.

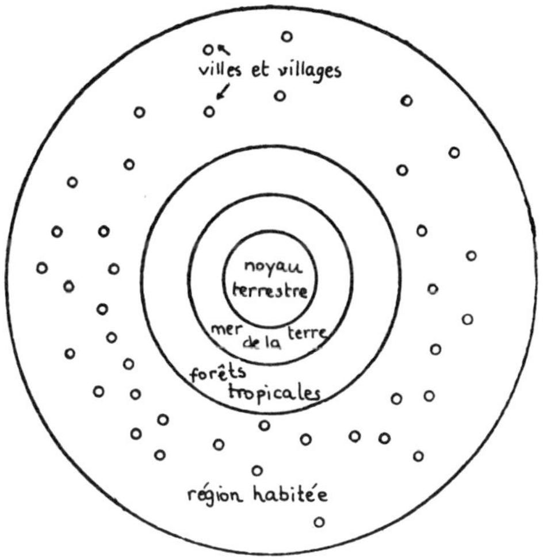

Fig. 25. Des villes dans le ciel. (Tiré de *Terresphère* de Dionys Burger.)

3. Images du monde oublié

Imaginez que vous soyez transporté dans l'hyperespace. A quoi ressemblerait notre monde depuis cet endroit privilégié ? Remarquons tout d'abord que notre espace 3-D séparerait l'hyperespace 4-D en deux régions, tout comme un point 0-D sépare une droite 1-D en deux, une droite 1-D sépare un plan 2-D en deux et un plan 2-D sépare un espace 3-D en deux. (En passant, nous avons remarqué qu'un point était de dimension zéro, 0-D, puisqu'une personne dont l'espace entier est limité à un point, ne possède *aucun* degré de liberté dans ses mouvements.)

Quels noms donner à ces deux régions que notre espace délimite dans l'hyperespace ? Charles H. Hinton a proposé les mots *ana* et *kata,* plus ou moins équivalents à *en haut* et *en bas.* Pour fixer les idées, nous pouvons penser au paradis, situé au-dessus, *ana,* de notre espace, et à l'enfer, situé en dessous, *kata,* de notre espace. Un ange 4-D chassé du paradis dégringolerait à travers notre espace comme un homme tombant à travers Terreplate, offrant le spectacle exceptionnel d'absurdes et incom-

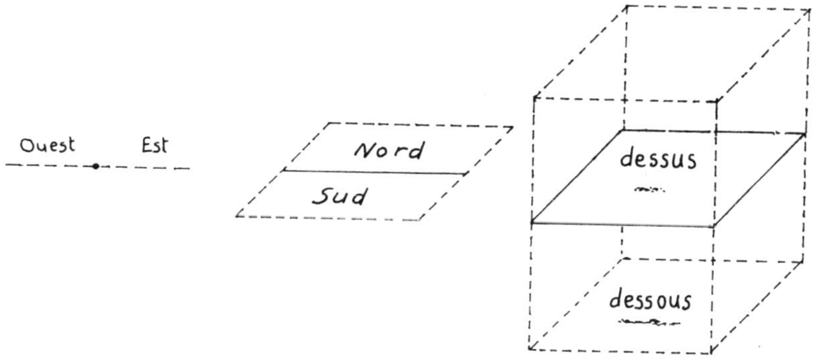

Fig. 26. Un espace à n dimensions sépare un espace à $n + 1$ dimensions en deux.

Considérons un plan quelconque — par exemple, celui qui sépare la surface du lac Ladoga qui nous entoure, de l'atmosphère au-dessus de lui, en cette calme soirée d'automne. Supposons que ce plan soit un monde à deux dimensions, distinct du nôtre, et peuplé par ses propres êtres qui ne peuvent que se déplacer dessus...
Supposons que, vous étant enfui de la forteresse de Schlüsselburg, vous veniez vous baigner dans ce lac. Comme tous les êtres à trois dimensions, vous possédez également deux dimensions suivant la surface du lac. Vous occuperez alors une position bien définie dans ce monde d'ombres. Ses êtres ne pourront percevoir les parties de votre corps situées au-dessus et en dessous du niveau de l'eau ; ils ne connaîtront de vous que le contour que votre corps dessiné à la surface de l'eau, et qui leur apparaîtra comme un objet étonnant et miraculeux de leur propre monde. Le premier miracle, de leur point de vue, sera votre soudaine apparition. On peut très certainement affirmer que vous produirez autant d'effet que l'apparition, chez nous, d'un fantôme venu d'un autre monde. Le deuxième miracle sera la surprenante variabilité de votre forme extérieure. Quand vous serez immergé jusqu'à la taille, vous leur apparaîtrez pratiquement elliptique, puisqu'ils ne percevront de vous qu'une ligne au niveau de votre taille, ligne qui leur restera impénétrable. Lorsque vous commencerez à nager, vous offrirez à leurs regards la silhouette d'un corps humain. Si vous allez dans un endroit où l'eau ne vous arrive qu'aux jambes, vous leur apparaîtrez comme deux êtres en formes de cercles. Et s'ils vous assiè-

préhensibles dédoublements, fusions et chutes en tous sens !

Car, de même que les intersections d'un homme avec Terreplate donneraient plusieurs formes irrégulières entourées de peau, celles d'un « hyperêtre » avec notre espace formeraient un ensemble de masses de chair, entourées de peau, et flottant dans tous les sens.

Fig. 27. Homme tombant à travers Terreplate.

Quelques-unes, peut-être, contiendraient des dents ou des griffes ! Et si un « hyperêtre » avait l'idée de vous « enlever », vous vous trouveriez entouré d'un tas de masses difformes, s'approchant de vous comme autant de doigts cherchant à vous saisir.

Une fois dans l'hyperespace, votre espace habituel pourra vous apparaître sous d'étranges perspectives. Considérez comment nous voyons Terreplate : nous pouvons voir les quatre côtés d'Un Carré, ainsi que tous les détails de son anatomie. De manière équivalente, un être 4-D est capable de m'observer et, du premier coup d'œil, de distinguer chaque pouce carré de ma peau, l'intérieur et l'extérieur de mon estomac, les circonvolutions de mon cerveau, etc.

Maintenant, vous pouvez vous demander comment un être 4-D « voit » toutes les faces d'un objet 3-D à la fois ? Or, la rétine d'un être humain a la forme d'un disque à deux dimensions où convergent des terminaisons nerveuses. Par analogie, on peut s'attendre à ce que la rétine d'une créature 4-D soit une sphère à trois dimen-

Fig. 28. Femme menacée par une créature de la quatrième dimension.

gent pour vous maintenir en place, vous pourrez sauter par-dessus eux, et vous libérer d'une manière qui leur restera totalement incompréhensible. A leurs yeux, vous serez un être tout-puissant — un habitant d'un monde supérieur, semblable à ces personnages surnaturels dont on nous parle en théologie et en métaphysique.

N. A. MOROSSOV,
« Letter to My Fellow-Prisoners in the Fortress of Schlüsselburg » (« Lettre à mes amis emprisonnés à Schlüsselburg »), 1891.

sions contenant des terminaisons nerveuses. Et comme ma vision d'Un Carré provient de la stimulation, sur ma rétine, d'une petite surface carrée de terminaisons nerveuses, la « vision » qu'aurait de moi une créature 4-D résulterait, toujours par analogie, de l'excitation dans la sphère de sa rétine, d'un petit volume de terminaisons nerveuses ayant la forme d'une silhouette humaine. De plus, comme chaque point du corps d'Un Carré envoie un rayon lumineux sur un point particulier de ma rétine, chaque point de mon corps envoie un rayon lumineux, dans la direction *ana,* sur un point particulier de la rétine de la créature 4-D.

Une propriété curieuse de l'espace 4-D est qu'il est possible de relier deux points à l'intérieur de deux objets 3-D sans en traverser les côtés. L'astuce est simplement d'effectuer des mouvements dans les directions *ana* et *kata* pour entrer puis sortir de ces objets. Si vous vous trouvez à l'intérieur d'une pièce cubique et que vous en

Fig. 29. Une rétine à deux dimensions avec l'image d'Un Carré, et une rétine à trois dimensions avec l'image d'une personne.

Je me sentis m'élever dans l'espace. C'était vraiment comme la Sphère avait prédit. Plus on s'éloignait des objets, plus le champ visuel s'agrandissait. Ma ville natale, l'intérieur de chaque maison, avec ses occupants, s'étalaient en miniature devant moi. Nous sommes montés plus haut et, je vous le dis ! tous les secrets de la Terre, les profondeurs des mines, les grottes les plus enfouies dans les collines se révélaient à ses regards.

EDWIN A. ABBOTT,
Terreplate, 1884.

sortiez dans la direction *ana,* tout se passe comme si vous vous étiez soudainement dématérialisé. Vous ne traversez ni les murs, ni le plafond, ni le plancher ; vous allez tout simplement dans la région *ana* de l'espace 4-D où la pièce n'existe plus.

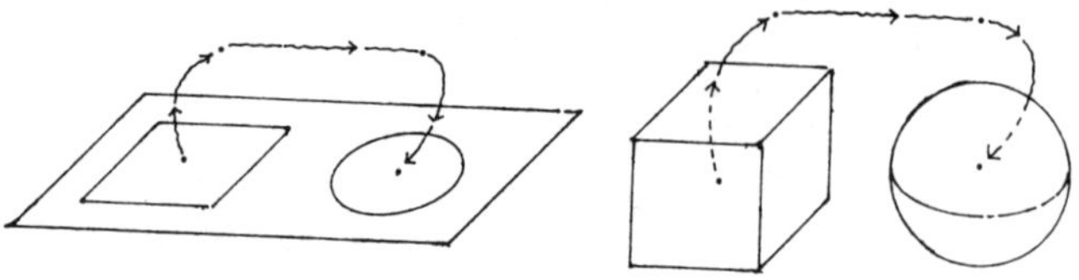

Fig. 30. Comment relier deux points intérieurs sans traverser la frontière.

C'est donc parce que sa « rétine » est capable de former une image tout à fait détaillée de mon corps qu'une créature 4-D peut me voir entièrement du dedans et du dehors. Cela n'a cependant rien d'étrange ou de magique. Le cerveau humain peut, lui aussi, reproduire un tel comportement... Ainsi, ne vous êtes-vous jamais représenté mentalement votre main droite dans tous ses détails, et à trois dimensions ? Lorsque vous pensez à votre main, vous ne vous en représentez pas nécessairement seulement le dessus et le dessous. On peut donc considérer qu'il nous arrive réellement de voir un objet en trois dimensions, depuis une direction quelconque — ou de toutes les directions à la fois.

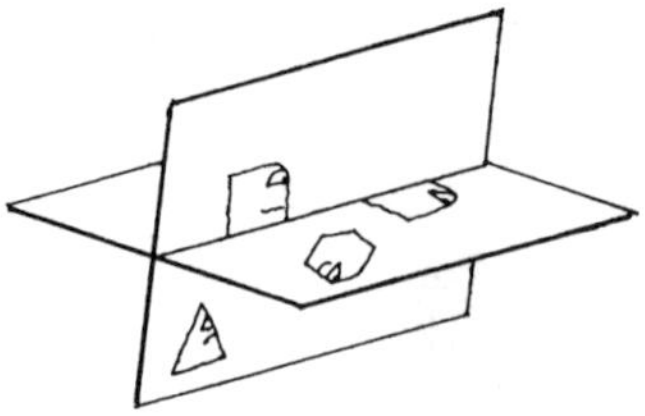

Deux mondes perpendiculaires.

Problème 3.1

En quatre dimensions, il est possible d'avoir deux espaces 3-D « perpendiculaires » entre eux. Deux tels espaces auraient seulement un plan en commun. Supposez maintenant qu'il existe un espace 3-D, perpendiculaire au nôtre, avec ses habitants se déplaçant dessus. Utilisez l'analogie avec Terreplate pour représenter comment ces habitants nous apparaîtraient.

Nous pouvons former des images 3-D particulièrement convenables avec certains objets comme un presse-papier transparent, une bouteille de vin ou un verre d'eau. Et contrairement à ce qui se passe avec la main, il n'y a alors aucune difficulté à en imaginer l'intérieur. Vous pouvez ainsi continuer indéfiniment à fixer dans votre esprit des images à trois dimensions. Essayez, par exemple, de penser à votre maison — tout entière —, en l'observant de n'importe quel endroit particulier ; vous approcherez ainsi la connaissance des dimensions supérieures.

Une vision 4-D de notre monde 3-D n'est donc pas totalement inconcevable. Mais à quoi ressembleraient pour nous des objets 4-D ? Nous avons vu, avec l'hypersphère du chapitre 2, qu'il est possible d'obtenir des images de plusieurs sections tridimensionnelles d'un tel « hyperobjet » ; mais comment reconstituer, à partir de ces sections, l'objet 4-D ?

Certains diront d'emblée qu'il est vain de penser à des objets à quatre dimensions. Car, comment notre cerveau 3-D pourrait-il fixer des images d'objets 4-D ? Cette objection ne manque pas d'intérêt, mais n'est pas réellement convaincante. Le dessin, par exemple, utilise des arrangements de lignes en deux dimensions pour représenter des objets à trois dimensions. Pour quelles raisons, alors, nos neurones ne pourraient-ils élaborer des arrangements tridimensionnels d'objets à quatre dimensions ? Imaginons plus : peut-être nos pensées ne se forment-elles pas uniquement en trois dimensions : notre cerveau possède peut-être une petite « hyperépaisseur » dans la quatrième dimension ; et, peut-être encore, nos pensées s'étendent-elles au-delà de notre cerveau, jusque dans l'hyperespace !

Je vais passer le reste de ce chapitre à examiner deux des formes les plus simples à quatre dimensions : l'hy-

Problème 3.2

Si nous supposons que l'œil d'Un Carré ne se modifie pas lorsqu'il est déplacé dans un espace 3-D, il ne pourra pas réellement voir les objets 2-D en entier comme nous. Que verra-t-il ? Comment peut-il se créer une image mentale de Terreplate en entier ?

persphère et l'hypercube. Je vais commencer par l'hypersphère, mais, si vous avez les maths en horreur, rien ne vous interdit de sauter directement à l'endroit où je parle de l'hypercube.

Quelle que soit sa dimension, une sphère est caractérisée par son centre et par son rayon. Dans n'importe quel espace, la sphère dont le centre est O et le rayon r, est l'ensemble de tous les points dont la distance à O est r. Dans un espace à deux dimensions, cela définit un cercle de rayon r ; à trois dimensions, on obtient une sphère classique et à quatre dimensions, on a une hypersphère.

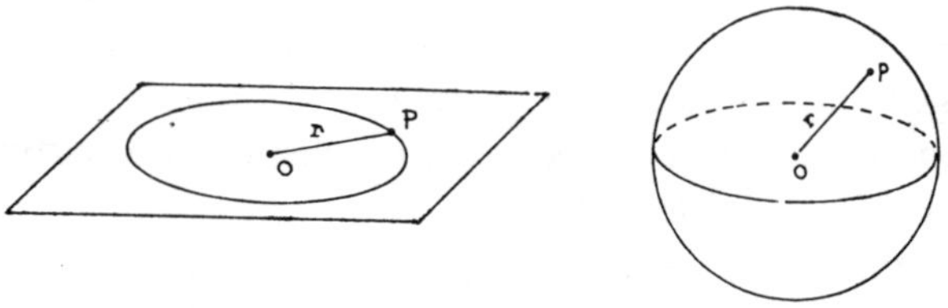

Fig. 31. Un cercle est une sphère 2-D.

Prenez un point O dans l'espace, à côté de vous, et essayez d'imaginer une hypersphère, centrée en ce point, et d'un rayon de 5 mètres. Quels sont les points P situés sur cette hypersphère ? En premier lieu, il y a tous les points de notre espace situés à 5 mètres de O. Qu'en est-il maintenant, si nous combinons un mouvement s'éloignant de O comme avant, avec un mouvement dans la direction *ana*, en dehors de notre espace ? Nous pouvons, par exemple, nous écarter de O de 4 mètres dans notre espace, tourner à angle droit, et nous déplacer ensuite, dans la direction *ana*, de 3 mètres dans l'hyperespace. (Ceux qui se rappellent le théorème de Pythagore ou la « formule des distances » en géométrie analytique, peuvent vérifier que cela est correct, puisque $4^2 + 3^2 = 5^2$.)

Il est intéressant de noter ici que, quelle que soit la direction de notre espace dans laquelle s'effectue le déplacement initial, le déplacement de 3 mètres dans la direction *ana* donne un point dont la distance à O est exactement de 5 mètres. Ainsi, si nous prenons tous les

---

Mon champ visuel commença alors à s'étendre. Je percevais maintenant distinctement les murs de la maison. D'abord, ils me semblèrent très sombres, opaques même ; mais bientôt, ils s'éclaircirent et devinrent *transparents* : à présent, je pouvais voir les murs de la maison voisine. Presque immédiatement, ils s'éclaircirent eux aussi, puis disparurent — se dissipant comme des nuages devant la progression de mon regard. Je pouvais voir maintenant les objets, le mobilier et les gens dans la maison voisine, aussi facilement que ceux de la pièce où je me trouvais... Ma perception s'amplifiait encore ! Toute la surface de la Terre, à plusieurs centaines de milles à la ronde, se fit aussi transparente que l'eau la plus pure, et je vis les cerveaux, les viscères et l'anatomie entière d'animaux qui, au même moment, dormaient ou erraient dans les forêts d'Orient, à des centaines, voire des milliers, de milles de la pièce d'où je faisais ces observations.

ANDREW JACKSON DAVIS, *The Magic Staff (la Baguette magique)*, 1876.

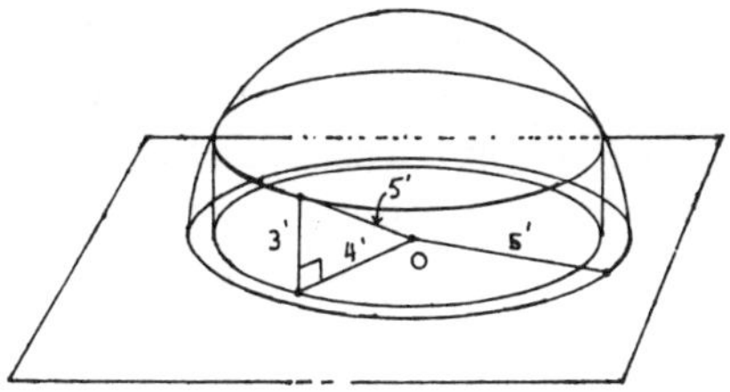

Fig. 32. 2-D plus « en haut » est analogue à 3-D plus « ana ».

points situés sur une sphère de 4 mètres de rayon autour de *O*, et que nous nous déplacions de 3 mètres dans la direction *ana*, nous obtenons une nouvelle sphère dont tous les points appartiennent à une hypersphère d'un rayon de 5 mètres autour de *O*.

Nous comprenons maintenant pourquoi l'hypersphère entière est constituée d'une série de sphères, sphères qui deviennent de plus en plus petites à mesure que l'on s'éloigne du centre dans la direction *ana* ou dans la direction *kata*. Prise ensemble, cette famille de sphères constitue une « hypersurface » à trois dimensions, analogue à la surface à deux dimensions de la sphère. L'hypersurface d'une hypersphère est un espace courbe 3-D, plongé dans l'espace 4-D.

Ce dernier point est très important, car beaucoup de scientifiques pensent que l'espace de notre univers n'est, en réalité, que l'hypersurface d'une très grande hypersphère. Essayons d'y voir un peu plus clair.

Tout d'abord, l'hypersurface d'une hypersphère ne devrait-elle pas être de dimension *quatre* et non *trois* ? Pas vraiment. Considérons la surface d'une sphère 3-D ordinaire, comme la Terre. Bien que cette surface soit certainement courbe en trois dimensions, une personne confinée sur cette surface n'a que *deux* degrés de liberté dans son mouvement : est/ouest ou nord/sud. Un Terreplatien, glissant à la surface d'une sphère 3-D, a cependant l'impression de se trouver dans un espace 2-D. Et cela, justement parce que cet espace se referme sur lui-même.

Imaginez maintenant un petit « hyperavion » qui pourrait vous emmener dans l'hyperespace, tout en étant contraint de rester à exactement 5 mètres du point *O*. Si l'avion vous amène à 5 mètres de *O*, tout en restant dans notre espace, il pourra alors se déplacer dans essentiellement trois directions : est/ouest ou nord/sud (sur une sphère de 5 mètres de notre espace et centrée en O), ou encore dans la direction *ana/kata* (en composant avec un mouvement vers O pour garder la distance de 5 mètres).

Nous reviendrons plus loin sur l'hypersphère ; il est temps maintenant de nous occuper de l'*hypercube*.

L'hypercube, également connu sous le nom de *tesseract*, est probablement la forme géométrique 4-D la mieux connue. On l'obtient de la manière suivante :

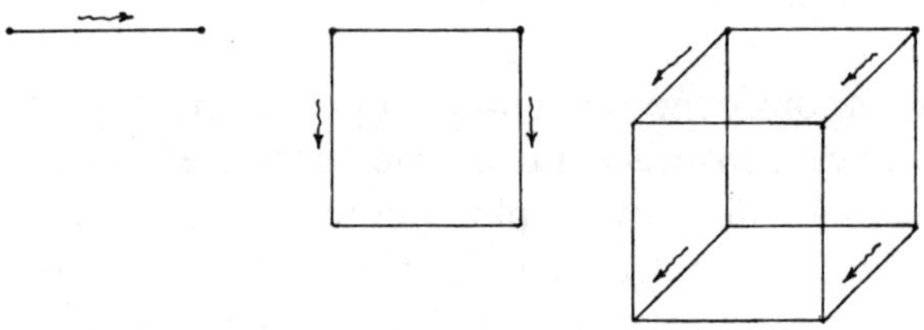

Fig. 33. Du point vers le cube.

Partez d'un point et déplacez-vous d'une unité de longueur vers la droite. Cela forme un segment de droite à une dimension. Déplacez maintenant ce segment d'une unité vers le bas de la feuille ; vous obtenez un carré à deux dimensions. Si vous déplacez ensuite ce carré d'une unité au-dessus de la feuille, vous obtenez un cube à trois dimensions.

Problème 3.3

Pouvez-vous compléter ce tableau ?

	Sommets	*Côtés*	*Faces*	*Volumes*
Point	1	0	0	0
Segment	2	1	0	0
Carré	4	4	1	0
Cube				
Hypercube				
Hyperhypercube				

Seulement, nous ne pouvons pas représenter fidèlement un objet à trois dimensions sur une feuille de papier. La convention standard, que nous avons utilisée ci-dessus, consiste à représenter la troisième dimension dans une direction diagonale aux deux premières. Que se passe-t-il si nous utilisons l'*autre* direction diagonale comme quatrième dimension ? Si nous déplaçons l'image du cube d'une unité dans cette « quatrième dimension », nous obtenons l'image d'un hypercube à quatre dimensions.

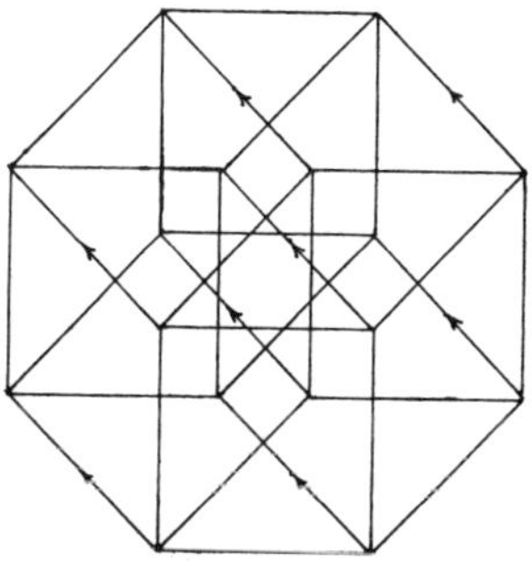

Fig. 34. L'hypercube.

C'est une figure assez agréable à regarder... Cela ressemble à un mandala. Si vous voulez la dessiner vous-même, remarquez que l'on peut l'obtenir en construisant un carré à l'intérieur de chaque côté d'un octogone régulier, octogone régulier qui peut être obtenu en arrachant un panneau de STOP, ou, c'est préférable, en divisant un cercle en huit parties égales.

L'hypercube se présente donc comme la « trace »

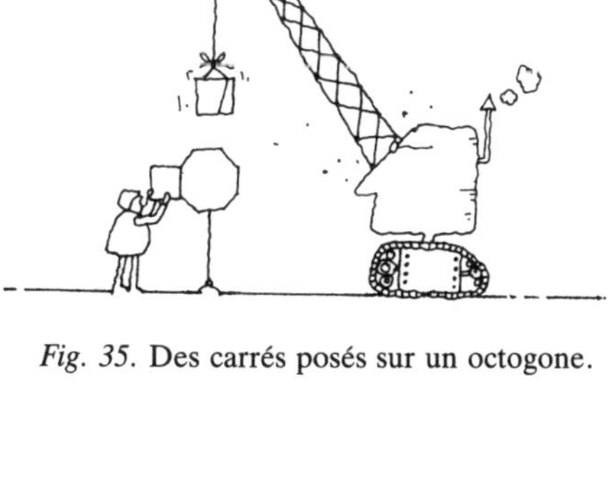

Fig. 35. Des carrés posés sur un octogone.

Cela n'avait presque rien d'une machine. Les grandes choses sont simples, je suppose. Il y avait trois poutres renforcées, en aluminium, à angle droit les unes avec les autres, chacune avec un cylindre et un piston, et à partir d'elles, des chevilles concouraient en un point où se trouvait une espèce de « joint universel », coiffé d'un épais tapis de caoutchouc. C'était tout...
Banza sauta alors sur le tapis de caoutchouc et Brookstrom lui donna les instructions.
« Appuie sur un seul bouton du tableau en même temps. Cela t'élèvera d'un cran à chaque fois. Et à chaque fois, regarde autour de toi, jusqu'à ce que tu y sois. »
Au premier déclic, Banza disparut, comme les gens dans les films. Cladgett gémit, se tortilla, puis se calma. Au deuxième déclic, Banza réapparut, tenant dans sa main un vieux pince-nez démodé, moisi et recouvert d'une pellicule grisâtre. Il le présenta à Cladgett qui s'en saisit et grogna quelque chose.
« Peux-tu t'imaginer, haleta Banza, te tenant au centre d'une sphère et voyant à la fois, tous les organes de l'abdomen autour de toi ? J'avais, au-dessus de ma tête, les replis du petit intestin ; à ma droite, le caecum et les lunettes à côté de lui, à ma gauche, le sigmoïde et les muscles de l'ilion, et au-dessous de mes pieds, le péritoine de la paroi antérieure de l'abdomen. Il y avait de quoi me rendre fou ; je n'ai pas pu tenir longtemps, malgré le désir que j'avais de rester à l'intérieur de lui.

MILES J. BREUER,
« The Appendix and the Spectacles » (« L'appendice et le pince-nez »), 1928.

---

laissée par un cube en mouvement dans l'espace à quatre dimensions, tout comme le cube est la « trace » laissée par un carré se déplaçant dans l'espace à trois dimensions. Tout cube peut être engendré de trois façons

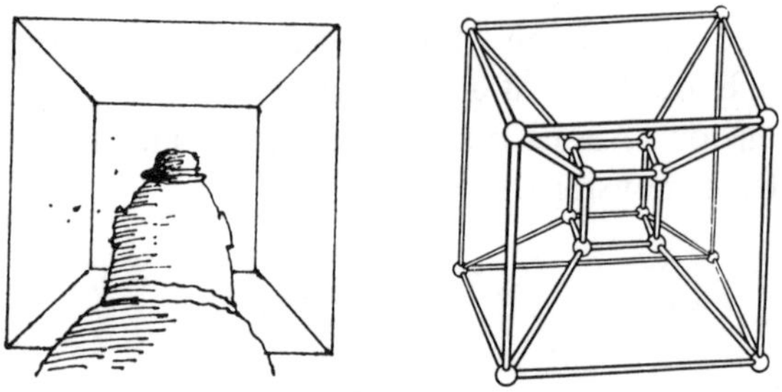

Fig. 36. Un cube vu comme un carré dans un carré, et un hypercube vu comme un cube dans un cube. [Le dessin de l'hypercube est tiré de *Geometry and the Imagination (Géométrie et Imagination)*, de D. Hilbert et H. Cohn-Vossen.]

différentes, selon celle des trois paires de carrés possibles que l'on prend comme positions « initiale » et « finale ». L'hypercube lui, comprend quatre paires de cubes. Les voyez-vous toutes ?

Il y a une autre façon de dessiner un hypercube ; elle est basée sur le fait que, si vous tenez très près, devant votre visage, l'armature métallique d'un cube, vous verrez un petit carré contenu dans un grand. De façon analogue, on peut représenter un hypercube en dessinant un petit cube à l'intérieur d'un grand. L'idée est alors de considérer que le petit cube est situé « plus loin », dans la direction de la quatrième dimension. C'est étonnant, mais cette forme d'hypercube peut être obtenue naturellement en plongeant la structure d'un cube dans une solution savonneuse, et en ajoutant une bulle au centre.

Il existe encore un autre moyen de représenter un hypercube : en le *dépliant.* Comme avant, nous allons raisonner par analogie. Si nous découpons un cube de papier suivant certaines de ses arêtes, nous pouvons l'étaler et former une figure à deux dimensions, d'un seul tenant, composée de six carrés. Et il y a essentiellement onze façons de procéder.

Si un hypercube est découpé de manière appropriée, il

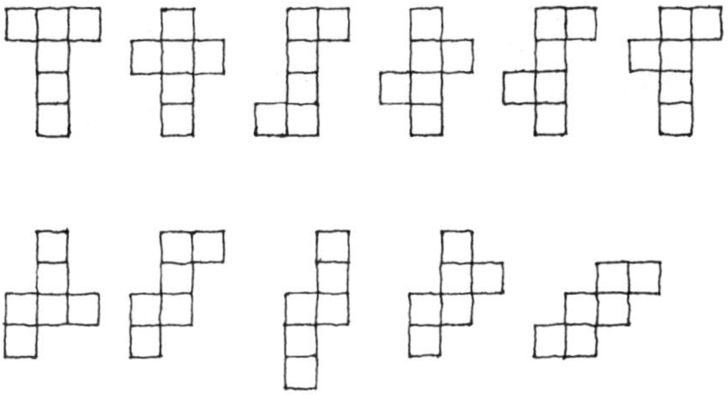

Fig. 37. Les onze façons de déplier un cube.

peut alors être déplié et « aplati » pour donner une figure à trois dimensions, également d'un seul tenant, et composée de huit cubes. L'un de ces déploiements conduit à une espèce de croix en trois dimensions que Salvador Dali a d'ailleurs utilisée comme crucifix, dans un tableau de 1954, *Corpus Hypercubicus.* Et Robert Heinlein, dans sa célèbre nouvelle « And He Built a Crooked House » (« La maison biscornue »), décrit une maison construite sur ce modèle. Le plus déconcertant dans cette histoire, c'est, pendant un tremblement de terre, lorsque la maison se retransforme en hypercube !

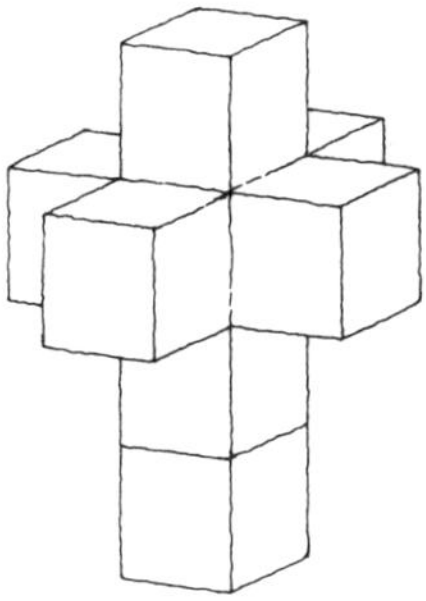

Fig. 38. Une façon de déplier l'hypercube.

Voici maintenant une dernière introduction à l'hypercube : imaginons qu'un hypercube en pierre, creux, semblable à une cellule de prison, soit projeté à travers notre espace. Que verrions-nous alors ?

Eh bien, que verrait Un Carré si nous projetions un

« Bien. Écoute maintenant : un tesseract possède huit cubes, qui forment sa frontière, *tous à l'extérieur.* Et regarde : je vais ouvrir ce tesseract et le déployer à plat, comme tu le ferais avec une boîte en carton. Tu verras ainsi les huit cubes dont je viens de te parler. » Très rapidement, il construisit quatre cubes, et les empila les uns sur les autres pour former une colonne instable. Il ajouta ensuite quatre cubes de plus sur chacune des faces du deuxième cube de la colonne. L'édifice chancelait un peu — la colle n'était pas terrible —, mais tint bon cependant : il y avait huit cubes, formant une croix inversée, une double croix plutôt, les quatre cubes formant les bras étant placés dans quatre directions différentes. « Tu le vois, maintenant ? Le cube du bas, c'est le rez-de-chaussée ; les six autres cubes au-dessus sont des pièces de la maison, et le dernier, tout en haut, c'est ton bureau. »
Bailey eut un regard plus approbateur que les fois précédentes.
« Enfin, je comprends ! Et tu dis que ça aussi, c'est un tesseract ?
— C'est un tesseract, déployé dans les trois dimensions. Pour le reconstituer, tu dois ramener le cube du haut sur celui du bas, et ceux qui sont sur les côtés, sur celui du haut. C'est tout. Bien sûr, tu dois faire tout cela dans la quatrième dimension, sinon, tu tords et tu défonces les cubes les uns dans les autres. »
Bailey continuait d'observer cette construction instable.
« Dis-moi, dit-il enfin, et si tu oubliais un peu de plier ce machin en quatre dimensions — de toute façon, tu n'y arriveras jamais — pour

construire plutôt une maison comme ça ? »

ROBERT A. HEINLEIN, « And He Built a Crooked House » (« La maison biscornue »), 1940.

cube creux et en pierre à travers la plan de Terreplate ? Au début, il y aurait l'intersection de la base en pierre du cube avec l'espace de Terreplate ; puis, l'intersection des murs avec cet espace donnerait des carrés creux, en pierre, et, pour terminer, l'intersection avec le plafond redonnerait un carré plein. Un Carré verrait donc apparaître un carré plein, puis des carrés creux, et à nouveau, un carré plein. De la même façon, si nous projetions une cellule de prison terreplatienne — un carré creux et en pierre — à travers Terreligne, les Terreligniens verraient un segment plein, des segments creux, et finalement, un nouveau segment plein.

En raisonnant par analogie, il n'est pas difficile de voir que, si un hypercube creux et en pierre traversait notre espace, nous verrions d'abord un cube plein en pierre,

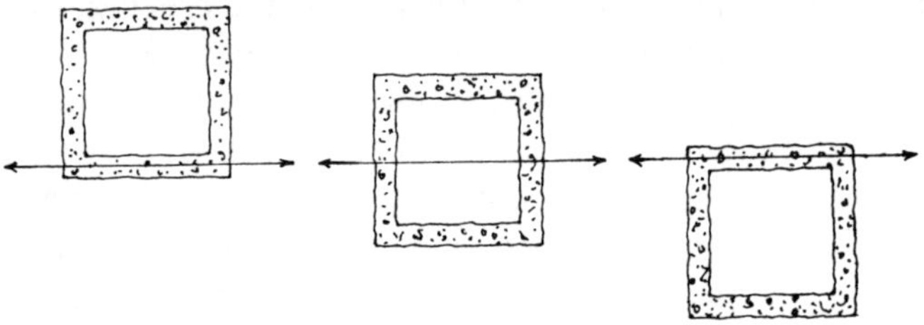

Fig. 39. Une cellule de prison 2-D traverse Terreligne.

puis une série de cubes creux en pierre, et finalement, un dernier cube plein. Les huit « cubes-frontières » pleins de l'hypercube correspondraient aux deux cubes pleins vus au début et à la fin du déplacement ; les six « traces » des planchers, des murs et des plafonds, aux cubes creux.

L'hypercube creux et en pierre pourrait servir de prison pour enfermer un « hyperêtre », un ange par exemple. Imaginez que la pièce dans laquelle vous vous

Problème 3.4

La figure 38 montre un hypercube déplié. Essayez de voir quels côtés doivent être recollés ensemble pour le reconstituer en quatre dimensions. Plus précisément, quelles faces faut-il recoller à celles du cube d'en bas ?

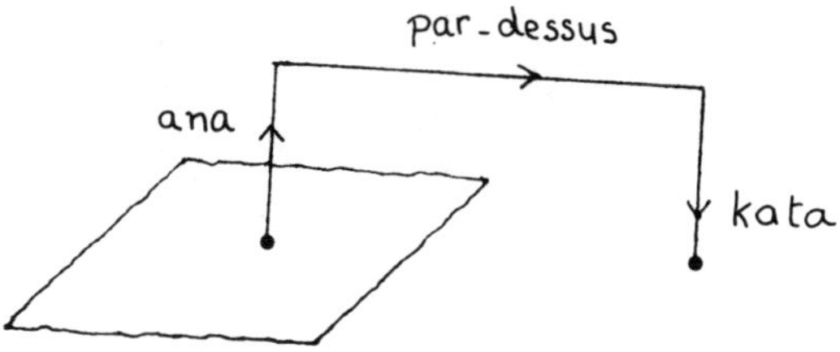

Fig. 40. Comment s'échapper d'une pièce fermée.

trouvez ait son plancher, son plafond et ses murs en pierre, que même un ange ne pourrait traverser. Cet ange, cependant, pourra s'en échapper tout à fait normalement, en se déplaçant dans la direction *ana*, puis au-dessus, et finalement, un dernier déplacement dans la direction *kata* le ramènera à côté de votre pièce, mais à l'extérieur. Seulement, si votre pièce n'est en réalité que l'intersection avec un hypercube en pierre, l'ange, quand il se déplacera dans la direction *ana*, ne se retrouvera pas dans un espace vide, mais encore à l'intérieur d'une pièce aux murs de pierre. Et s'il poursuit son mouvement dans la direction *ana*, il pénétrera dans l'un des cubes-frontières : un cube de pierre plein, impossible à traverser.

Nous avons examiné jusqu'ici un grand nombre de phénomènes à quatre dimensions, mais beaucoup de lecteurs pourront encore se sentir frustrés : ce que l'on veut, ce n'est pas *raisonner* sur la quatrième dimension ; mais, d'une manière ou d'une autre, on veut la *voir*. Presque tout ce que nous avons appris jusqu'ici sur la quatrième dimension, l'a été par analogie avec Terreligne et Terreplate. Bien que l'analogie soit une méthode très instructive, il n'est pas rare d'éprouver à son égard les sentiments que P. D. Ouspensky décrit dans le *Tertium Organum*.

Problème 3.5

Le volume d'un cube de S mètres de côté a pour formule S^3. Quelle serait, à votre avis, la formule de l'hypervolume d'un hypercube de S mètres de côté ? Plus précisément, quel serait l'hypervolume d'un hypercube de 2 sur 2 sur 2 sur 2 ?

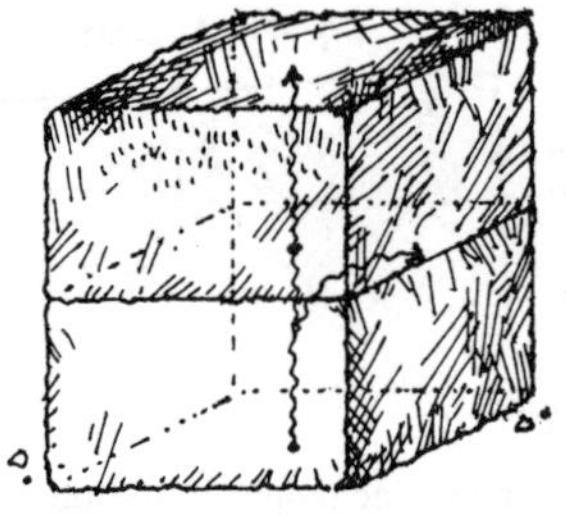

Fig. 41. Plus d'issue.

D'une façon générale, la méthode des analogies est plutôt angoissante. Quand vous l'utilisez, vous vous trouvez dans un cercle vicieux. Elle vous permet d'élucider certaines choses, ainsi que certaines relations entre ces choses, mais en vérité, elle n'apporte jamais une réponse directe à quoi que ce soit. Après de longues et nombreuses tentatives pour analyser les dimensions supérieures par la méthode des analogies, vous ressentez l'inutilité de vos efforts ; vous avez l'impression de marcher le long d'un mur. Vous commencez alors à n'éprouver que haine et dégoût pour les analogies, et vous reconnaissez la nécessité de trouver une voie directe qui vous mène là où vous voulez aller.

Dans le prochain chapitre, nous découvrirons une voie directe, bien qu'un peu dangereuse, qui nous mènera à la quatrième dimension.

Problème 3.6

Les deux points à l'extrémité d'un segment de droite ont l'agréable propriété d'être à égale distance l'un de l'autre. Si l'on se déplace dans l'espace 2-D, on peut trouver un troisième point tel qu'alors ces trois points se trouvent à égale distance les uns des autres. Ces trois points, bien sûr, sont les sommets d'un triangle équilatéral. Dans l'espace 3-D, on peut se déplacer hors du plan de ce triangle et trouver un quatrième point tel que maintenant, les quatre points soient à égale distance les uns des autres. Ces quatre points forment les sommets d'une pyramide régulière, également appelée tétraèdre. Quelle sorte de figure 4-D obtenez-vous, si vous poursuivez cette procédure encore une fois ?

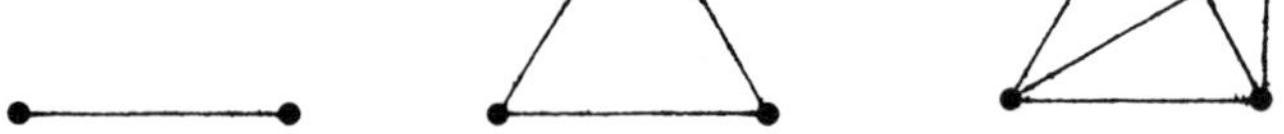

Du segment au tétraèdre.

4. De l'autre côté du miroir

La quatrième dimension est essentiellement une idée moderne, ne remontant guère au-delà de la moitié du XIXe siècle. Bien que les hommes aient toujours ressenti confusément l'existence d'un monde plus vaste, le concept scientifique d'une quatrième dimension géométrique est d'apparition récente.

Le premier philosophe à avoir véritablement introduit les espaces à plusieurs dimensions est le grand philosophe Emmanuel Kant (1724-1804). Dans l'un de ses premiers essais, il écrit avec nostalgie : « Étudier toutes les formes possibles d'espaces serait certainement la plus noble entreprise qu'un entendement fini puisse entreprendre en géométrie... S'il existait d'autres régions dont les dimensions soient différentes, ce serait très probablement Dieu qui leur aurait donné l'existence. »

Plus tard, au cours de sa carrière d'enseignement, Kant proposa un problème célèbre qui n'était pas sans rapport avec la quatrième dimension : si l'espace entier était vide, et que seule, une main existât, y aurait-il un sens à prétendre que cette main est une main *droite* ? En l'occurrence, la réponse est non. Les notions de « gauche » et de « droite » n'ont pas de sens dans un espace vide.

Pour comprendre pourquoi, imaginez, devant une officine de chiromancie, comme celle du célèbre cartomancien Mom Oxo, une grande enseigne en plexiglas sur laquelle est dessinée la paume d'une main avec tous ses détails. Si alors vous regardez l'enseigne d'un côté, vous verrez la paume d'une main droite ; et si vous regardez l'enseigne de l'autre côté, vous verrez la paume d'une main gauche. Ce n'est que lorsque vous prenez conscience que l'enseigne peut être regardée depuis un point extérieur à son plan bidimensionnel que vous comprenez aussitôt qu'il n'y a aucun sens à affirmer que

Fig. 42. La main de Kant devant la boutique de Mom Oxo.

la paume de cette main est, à coup sûr, celle d'une main droite.

La même chose reste vraie en trois dimensions : suivant le « côté » quadridimensionnel depuis lequel vous regardez l'espace, une main vous apparaîtra comme une main gauche ou une main droite. Autrement dit, une main gauche peut être transformée en main droite en la plongeant dans un espace à quatre dimensions et en « tournant autour ».

Illustrons cela avec Un Carré. A la fin de *Terreplate*, le voyage du Carré dans la troisième dimension s'achève sur une discussion serrée entre lui et Une Sphère. Raisonnant par analogie, Un Carré en arrive à déduire qu'un monde à quatre dimensions doit exister au-delà de l'espace 3-D de la sphère, et demande à y être emmené. Mais comme cela se produit parfois, l'élève voit ici plus loin que le maître. La Sphère, vexée, s'emporte alors devant l'insistance du Carré à lui soutenir qu'un « Terrêve » doit exister au-delà de Terreligne, Terreplate et Terrespace. Mais cela n'arrête pas le babil d'Un Carré,

---

Que peut-il y avoir de plus semblable, de plus égal de tout point à ma main ou à mon oreille que leur image dans le miroir ? Pourtant, je ne puis substituer à l'image primitive cette main vue dans le miroir ; car si c'était une main droite, il y a dans le miroir une main gauche et l'image de l'oreille droite est une oreille gauche qui ne peut aucunement se substituer à l'autre. Il n'y a pas là de différences internes que quelque entendement pourrait même concevoir, et pourtant les différences sont intrinsèques, comme l'enseignent les sens, car la main gauche ne peut être renfermée dans les mêmes limites que la main droite malgré toute cette égalité et toute cette similitude respectives (elles ne peuvent coïncider) et le gant de l'une ne peut servir à l'autre. Quelle sera donc la solution ?

EMMANUEL KANT,
Prolégomènes à toute métaphysique future, 1783.

---

dans ses rêves de dimensions de plus en plus grandes. La Sphère perd alors patience et le voyage se termine :

> Au même moment, mon corps et l'espace autour de moi s'effondrèrent. Cela coupa net mon discours : je me retrouvais précipité dans l'espace avec une vitesse qui me laissa sans voix. Horreur ! Horreur ! Je descendais de plus en plus rapidement. Je me savais condamné à retrouver Terreplate. Encore un regard, un dernier regard pour ne rien oublier de ce lieu inculte qui s'étalait encore sous mes yeux — et qui allait redevenir mon Univers —, puis l'obscurité et, soudain, un coup de tonnerre : tout était consommé. Quand je revins à moi, j'étais à nouveau un Carré ordinaire, rampant chez moi, dans mon bureau et subissant les Cris-de-Paix de ma Femme qui approchait.

Plus tard, Un Carré voulut, bien évidemment, faire part de ses révélations à tout le monde, mais — ô surprise — il était interdit, sur Terreplate, de parler des dimensions supérieures. Un Carré tenta bien de se maîtriser, mais finalement, à une réunion de la Société spéculative locale,

> N'y tenant plus, je faisais, par le menu, le récit exact de mon voyage avec la Sphère dans l'Espace... Au début, je prétendis décrire les expériences imaginaires d'une personne fictive, mais mon enthousiasme ne put m'empêcher de feindre plus longtemps, et finalement, en une plaidoirie passionnée, j'exhortais tous mes auditeurs à se défaire de leurs préjugés et à devenir les adeptes de la Troisième Dimension.
> Ai-je besoin d'ajouter que je fus arrêté sur-le-champ, et traduit devant le Conseil ?

Un Carré est ensuite reconnu coupable et condamné à l'emprisonnement à vie. Et le temps passant, il éprouve de plus en plus de difficultés à penser sur la troisième dimension. C'est sur cette note un peu triste que s'achève *Terreplate* d'Edwin Abbott, avec Un Carré, de plus en plus dépressif, ayant déjà purgé sept années de sa peine.

Mille neuf cent quatre-vingt-quatre est l'année centenaire de la publication de *Terreplate*. Je suis ravi de vous annoncer ici qu'Un Carré est toujours en vie, et qu'il a même conservé toutes ses facultés intellectuelles. Non seulement il est vivant, mais il a, de plus, consenti à me communiquer le récit de ses nouvelles aventures. Dans toute la suite de ce livre, je mentionnerai quelques-unes de mes notes sur *les Nouvelles Aventures d'Un Carré.* En voici tout d'abord les deux premiers paragraphes, avant de poursuivre avec quelques extraits se rapportant au problème de la droite et de la gauche.

> Un siècle s'est écoulé depuis la dernière fois où j'ai pu communiquer avec vos bienheureux concitoyens de Terrespace. Ma santé, autrefois défaillante, est maintenant rétablie. Loin de croupir en prison, je suis maintenant devenu un respectable Professeur de Théologie. Le nouveau Cercle en Chef exhorte les masses au culte des Êtres de l'Espace Supérieur, comme les Anges et les Dieux. Et mes assistants s'affairent activement sur la théorie mathématique des grandes Dimensions.
> Je dois dire que mon extraordinaire Révélation, autrefois si mystérieuse, souffrirait plutôt aujourd'hui d'une trop grande vogue auprès du Vulgaire, et d'une trop savante analyse chez les Subtils. Ne perdons pas de vue le fait que l'Espace Supérieur est une voie royale qui mène au-delà de tout ce que l'on peut imaginer. Que celui qui a des oreilles entende.

> Au début, je pris cet intrus pour un Carré de mon pays. Mais touchant son Périmètre, je découvrais quelque chose de tout à fait Irrégulier : il n'avait pas d'œil. Je

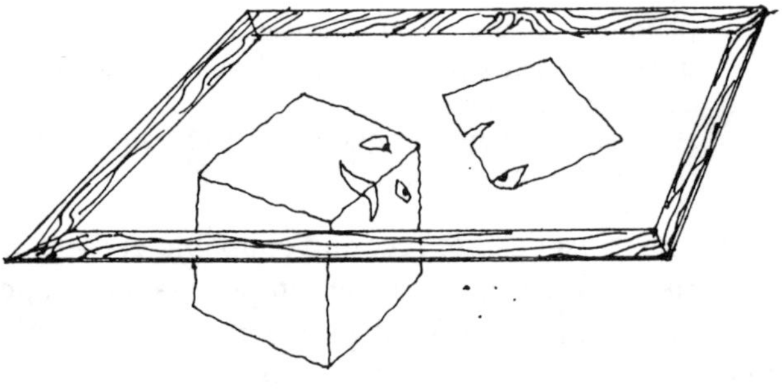

Fig. 43. Un Cube rend visite à Un Carré.

> voulus le réconforter et nous eûmes cette conversation.
> *Moi :* Vous ont-ils donc emprisonné pour votre Cécité ? Et pourquoi dans ma cellule ?
> *L'Étranger :* M'enfermer, moi ? Jamais de la vie, Carré. Je suis un Cube de Terrespace. Heureux de vous rencontrer.

Moi : Par tous les saints de la Providence, est-ce possible ? Et qu'est devenu mon ancien Mentor, la Sphère ?
Le Cube : La Sphère a dû vous oublier, Carré. Sinon, il y a longtemps qu'elle serait venue vous délivrer. Depuis combien de temps êtes-vous ici ?
Moi : Depuis combien de temps dans cette cellule ? Cela fait soixante-dix ans, Monseigneur. Et je reconnais que,

Fig. 44. Le retournement d'Un Carré.

pendant tout ce temps, je me suis souvent étonné qu'Une Sphère ne vienne pas me tirer de ma cellule. Mais une fois enfui, le Conseil m'aurait à nouveau remis en prison, ou pire.
Le Cube : Ne vous inquiétez pas. J'ai déjà pensé à ce que je pourrais faire pour vous. Cube et Carré, cela va ensemble, n'est-ce pas ? Mon idée est de faire quelque chose sur vous qui *prouve* qu'il existe une troisième dimension.
Moi : Vos intentions me sont bien mystérieuses, Monseigneur.
Le Cube : Eh bien, que penses-tu de *ça,* cousin ?
Le Cube se plaça près de moi et sa bouche me saisit par un coin. Je me sentis pivoter étrangement sur moi-même, puis tout redevint immobile. Le Cube avait disparu ; j'étais encore dans ma cellule, et pourtant... tout était différent, comme si je voyais chaque chose dans un miroir. Troublé et pris de vertige, je m'endormais et rêvais de Terreligne.

Dans son rêve de Terreligne, Un Carré se revoit parlant au roi, un segment avec une voix de basse à son extrémité gauche et une voix de ténor à son extrémité droite. Pris du désir de le troubler réellement, Un Carré plonge vers Terreligne et soulève rapidement le roi en le faisant tourner autour de son centre. Les autres Terreligniens remarquent alors que leur roi ne sonne plus comme avant : il a été transformé en sa propre image miroir. Pris de panique, les Terreligniens attaquent alors leur roi et le découpent en morceaux.

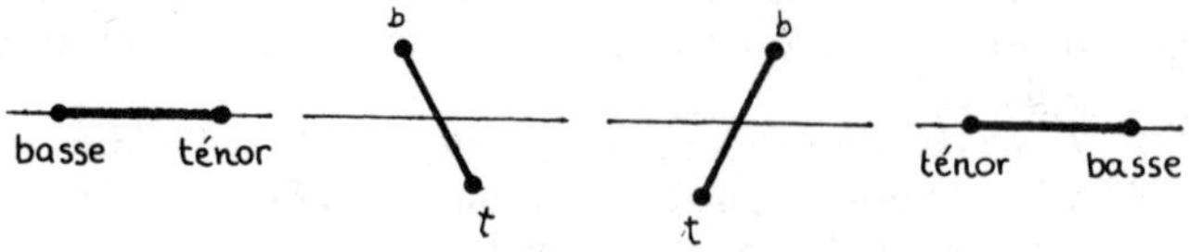

Fig. 45. L'inversion du roi de Terreligne.

Lorsqu'Un Carré se réveille, le lendemain, tout semble encore être à l'envers. En apportant le déjeuner, le gardien jette un regard sur notre ami et se met aussitôt à hurler. C'est donc vrai : ce fou de Cube a vraiment renversé Un Carré, en le faisant tourner autour de son axe central.

Normalement, si l'œil d'un Terreplatien est situé vers le nord, sa bouche se trouve alors à l'est. Mais maintenant, c'est l'inverse pour Un Carré.

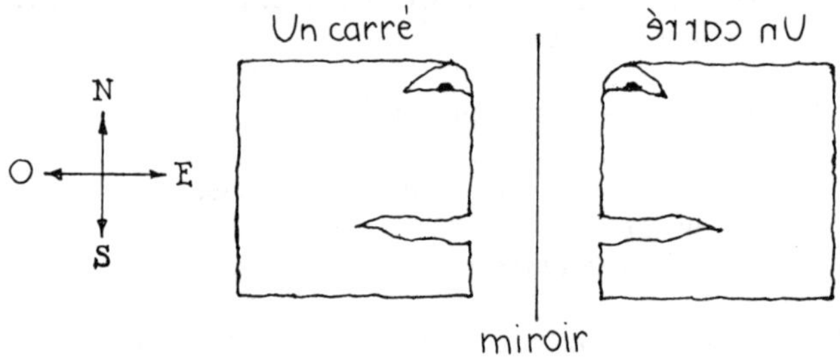

Fig. 46. Miroir terreplatien.

Il n'est plus que la face cachée d'un carré !

A la suite de cela, le Conseil se réunit, déclare qu'Un Carré est une « offense aux dieux », et décide de l'exécuter.

Nous reviendrons plus loin sur les aventures d'Un Carré ; mais pour l'instant, arrêtons-nous pour nous demander ce que signifierait pour nous d'être « retournés » dans la quatrième dimension. Il semblerait qu'une créature 4-D puisse vous transformer en votre propre image miroir en vous faisant tourner, dans la quatrième dimension, autour d'un plan qui traverse votre corps — comme celui qui contient la pointe de votre nez, votre nombril et votre colonne vertébrale. Ce plan de votre corps resterait dans notre espace. Votre moitié droite se déplacerait, par exemple, dans la direction *ana*, et votre moitié gauche dans la direction *kata*. Dans leurs espaces respectifs, ces deux moitiés contourneraient le plan de rotation pour venir ensuite se rabattre dans notre propre espace. Nous avons certes de la peine à imaginer une rotation autour d'un plan... Mais rappelez-vous seulement la difficulté d'un Terreplatien pour concevoir une rotation autour d'une ligne droite.

Au cours de votre rotation, vous auriez réellement étrange apparence, car, dans notre espace, tout ce que l'on verrait de vous serait quelque chose comme une coupe « microtomisée » de votre organisme. Si vous étiez transporté vers le haut et vers le bas, à angle droit par rapport à notre espace, nous pourrions alors voir défiler, plan par plan, toutes les coupes de votre corps et

Fig. 47. Avant et après.

avoir par là une bonne connaissance 3-D du fonctionnement de votre organisme. En fait, l'appareil à diagnostic connu sous le nom de scanner utilise un procédé ana-

Ce qui semblait n'être qu'une tranche de la plus grande saucisse du monde s'avéra être en fait le centre du vaisseau. Vernor hésita... entre la crainte et la curiosité. « Est-ce toi, Mick ? Ça na pas l'air d'aller. »

La forme de la tranche se modifia graduellement jusqu'à prendre finalement l'apparence d'une silhouette animée flottant devant Vernor. C'était comme une silhouette découpée dans une très très mince feuille de papier, juste recouverte de couleurs différentes... une forme étrange aux couleurs changeantes. Soudain, Vernor réalisa qu'il était en train de réellement observer une vue en coupe du corps de Mick Stones. Comme si quelqu'un, du tranchant d'un énorme rasoir, avait séparé la moitié avant du corps de Mick de sa moitié arrière, et en avait découpé une tranche pour l'agiter devant Vernor.

Cette coupe tremblota légèrement, puis Mick Stones fut de nouveau dans le vaisseau. Il semblait bien aller, sauf qu'il était amusant à voir, tout de travers. Il tendit sa main gauche à Vernor de manière rassurante. « C'est formidable. » Il fut interrompu par une formidable explosion devant son visage.

Le mécanisme de Vernor s'enclencha soudainement. « Reviens ! cria-t-il. Tu vas dans l'autre sens ! Tu es fait d'antimatière maintenant ! » *Voilà pourquoi*

Problème 4.1

L'intersection à angle droit d'un cube avec un plan forme un carré. Serait-il possible de placer un cube de sorte que son intersection avec un plan forme un triangle ? Comment ? Quelles autres figures peut-on obtenir par intersection d'un cube avec un plan ?

logue : il reconstitue un modèle 3-D de l'organisme à partir d'une série de vues en coupe prises aux rayons X.

Aussi mystérieuse que puisse paraître une rotation en quatre dimensions, nous transformant en notre propre image miroir, il nous est en fait possible d'en observer une en train de se faire, comme nous le verrons d'ici peu. La méthode employée, qui offre en même temps un aperçu authentique de la quatrième dimension, va être développée sur Un Cube.

Mick paraissait si drôle ; il s'était retourné dans l'hyperespace et était réapparu sous son image miroir. Cela voulait dire que chacune de ses particules était l'image miroir d'une particule : de l'antimatière.

RUDY RUCKER,
Spacetime Donuts (les Beignets de l'espace-temps), 1981.

Fig. 48. Un Cube.

Un Cube, vous le remarquerez, a un faciès typiquement schizoïde. Le côté droit de son visage, contrôlé par la partie gauche, sociable et analytique, de son cerveau, sourit amicalement et possède un œil triangulaire au regard franc. Le côté gauche de son visage, contrôlé par la partie droite, ténébreuse et intuitive, de son cerveau, a une expression relâchée et un œil rond au regard

On doit regretter que l'aversion de Plattner contre l'idée de disséquer les cadavres ne remette à plus tard, peut-être à jamais, la preuve positive que son corps entier a ses côtés gauche et droit inversés. La crédibilité de son histoire repose essentiellement là-dessus. En prenant un homme et en le déplaçant *dans l'espace*, l'espace étant pris dans son acception ordinaire, il n'y a aucun moyen d'intervertir ses côtés. Quoi que vous fassiez, son côté droit restera à droite et son côté gauche à gauche. Vous pouvez réaliser cela en prenant un objet parfaitement mince et plat. Si vous découpez une figure dans une feuille de papier, une figure avec un côté droit et un côté gauche, vous pourrez en inverser simplement les côtés en la soulevant et en la retournant. Mais avec un solide, c'est différent. Les théoriciens des mathématiques nous enseignent que la seule façon d'inver-

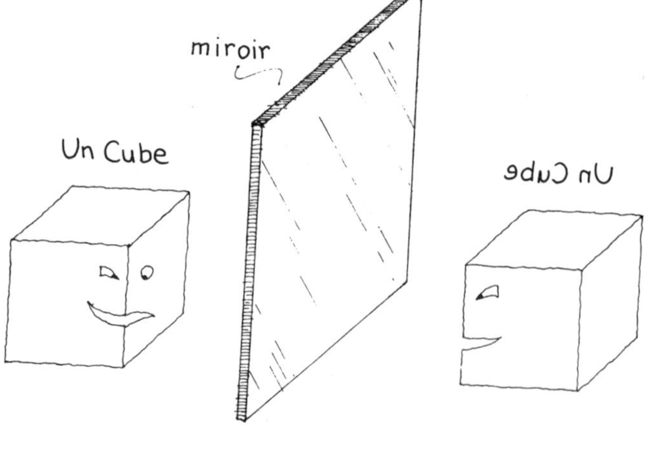

Fig. 49. Un Cube et son image miroir.

distrait. Bien évidemment, Un Cube et son image miroir sont complètement différents. Un Cube a son œil triangulaire à droite, alors que ɘduƆ nU a son œil triangulaire à gauche.

Puisque aucun déplacement autour du plan ne pourra jamais transformer Un Cube en son image miroir, aucune déformation 3-D ne transformera jamais Un Cube en ɘduƆ nU. Mais, comme l'a découvert, en 1827, le mathématicien Auguste Ferdinand Möbius, il est cependant possible de transformer un objet 3-D en son image miroir par une rotation appropriée dans l'espace à quatre dimensions.

Chose surprenante, il nous est possible d'effectuer mentalement une telle rotation. Beaucoup de lecteurs connaissent certainement la « figure du cube inversible », que l'on appelle également le cube de Necker. Quand on regarde fixement un cube dessiné en transparence, au bout de quelques instants, deux interprétations de cette figure se manifestent de manière instable dans notre esprit 3-D. Si vous avez quelque difficulté à voir ce phénomène, vous pouvez vous aider en concentrant votre attention sur le centre du dessin et en essayant mentalement de « pousser » ou de « tirer » l'un de ses sommets.

Ce qui rend si important la réversibilité du cube de Necker, c'est que les deux interprétations possibles du dessin original sont, en fait, images miroir l'une de l'autre !

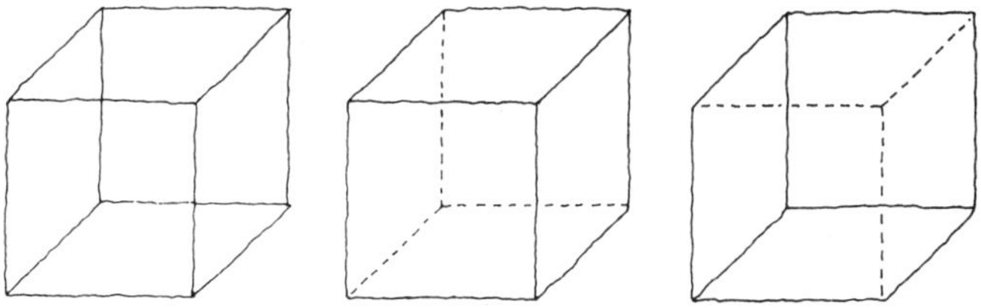

Fig. 50. Le cube de Necker et ses deux interprétations.

Nous pouvons nous rendre compte de cela en dessinant les traits d'Un Cube sur le cube de Necker, et en imaginant que son corps est transparent comme du verre. Si nous estimons que son visage se trouve du côté

ser la droite et la gauche d'un corps solide est de libérer cet objet de l'espace que nous connaissons — c'est-à-dire en l'enlevant de l'existence ordinaire — et en le tournant quelque part à l'extérieur de l'espace. C'est un peu abstrus, sans aucun doute, mais quiconque possède quelques connaissances sur la théorie mathématique convaincra le lecteur de cette vérité. Pour employer un langage technique, la curieuse inversion des côtés droit et gauche de Plattner est la preuve qu'il s'est déplacé hors de notre espace, dans ce qu'on appelle la Quatrième Dimension, pour revenir ensuite dans notre monde. Et, à moins de nous considérer nous-mêmes comme les victimes d'une machination diabolique et sans but, nous sommes pratiquement forcés de croire que cela s'est réellement produit.

H. G. WELLS,
« The Plattner Story »
(« L'histoire de Plattner »),
1896.

du cube le plus proche de nous, nous ne voyons alors qu'Un Cube, avec un œil triangulaire à sa droite. Mais si nous estimons que les traits de son visage se trouvent sur le côté du cube le plus éloigné de nous, nous avons alors une vue arrière de ɘduƆ nU, l'image miroir d'Un Cube, avec son œil triangulaire situé sur la gauche. Si Un Cube est transparent, la première figure devient alors ambiguë et on peut considérer qu'elle représente soit le Cube, soit l'image miroir du Cube.

L'intérêt de tout cela, c'est que l'espèce de réarrangement fugitif qui apparaît lorsqu'un cube de Necker s'inverse est équivalent à une rotation dans la quatrième dimension. Il se produit si rapidement qu'il est impossi-

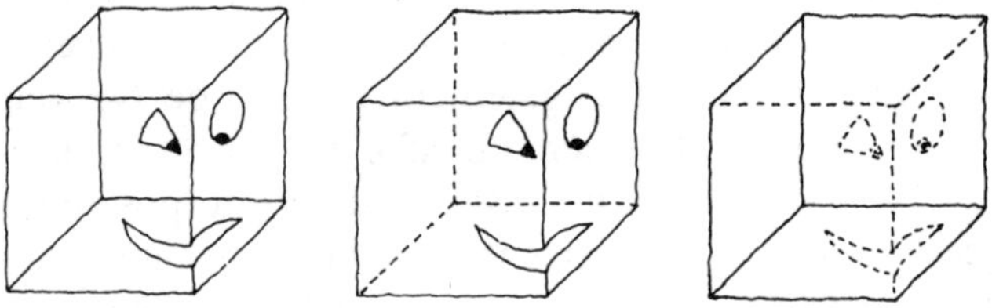

Fig. 51. Un Cube se transformant en ɘduƆ nU.

ble à immobiliser, mais si vous l'observez pendant un moment, il en arrive à vous donner le sentiment que vous êtes peut-être en train de jeter des coups d'œil dans la quatrième dimension. Entre parenthèses, le dessin de l'hypercube est particulièrement intéressant à regarder en pensant aux renversements du cube de Necker. Fixez-le comme un mandala et vous verrez l'objet

Le Paradis ? J'en ai découvert tous les aspects récemment.
Le Paradis doit commencer là où s'arrête la souffrance. Cela ne signifie pas pour autant que nous vivions dans le Paradis tant que nous ne connaissons pas la souffrance ! Nous ne sommes même pas conscients de cela.
Les gens heureux et malheureux vivent dans le même monde, et cela sans même le savoir !
J'ai l'impression de m'être promené, les mois précédents, dans le dédale fantastique et mystérieux de ma propre existence, et d'être maintenant revenu exactement au point d'où j'étais parti. Mais comme je me suis déplacé en dehors des dimensions normales, ma droite et ma gauche se sont en quelque sorte inversées. Ma main droite est devenue maintenant ma main gauche, et ma main gauche est devenue ma main droite.
Une fois revenu dans mon monde initial, je le trouve heureux.
Les écailles de peinture sur la porte appartiennent à une mystérieuse œuvre d'art.

LARS GUSTAFFSON,
The Death of a Beekeeper (la Mort d'un apiculteur), 1978.

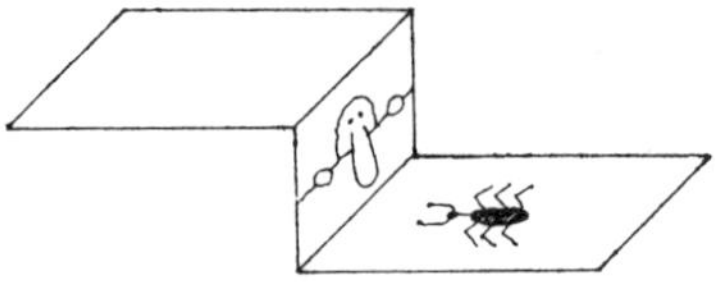

Le bonhomme peut-il voir la bestiole ?

Problème 4.2

Voici une illusion du type Necker tout à fait remarquable. Le petit homme voit-il ou non le scarabée ?

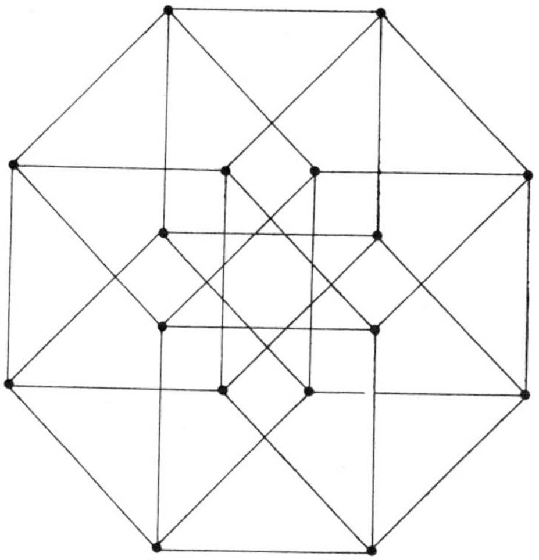

Fig. 52. L'Hypercube.

véritablement entrer en activité, faisant de son mieux pour paraître « hyper ».

Une version particulièrement spectaculaire du cube de Necker peut être obtenue en effectuant un pliage du dessin d'Un Cube de Necker représenté sur la figure 53. Une fois plié, le papier prend la forme de ɘduƆ nU, vu depuis l'intérieur de sa tête toute vide. Après que l'inversion de Necker a pointé le coin du cube vers nous, il ressemble à ce que doit être Un Cube. Mais lorsque vous rompez l'illusion (en fermant l'autre œil, ou en tournant le dessin suffisamment loin pour le voir de derrière), l'objet « vacille » alors dans la quatrième dimension et reprend la forme creuse de ɘduƆ nU.

1. Dessinez la figure.
2. Découpez-la suivant son contour.
3. Pliez suivant AC, puis suivant DE. Appliquez les surfaces l'une sur l'autre à chaque pliage.
4. Faites une fente de A jusqu'à B.
5. Faites glisser l'un sur l'autre les « carrés » supérieurs, de façon à former un coin, comme celui où les murs rencontrent le plafond dans une pièce.
6. Fermez un œil et fixez ce coin. « Poussez » sur ce coin jusqu'à ce que l'inversion du cube de Necker apparaisse.
7. Une fois l'objet inversé de manière permanente, essayez de déplacer votre main devant vous.

Dans la vie réelle, physique, je peux faire demi-tour aussi rapidement et simplement que n'importe qui. Mais, mentalement, quand je ferme les yeux et que mon corps est immobile, je suis incapable de changer ma direction. Il y a dans mon cerveau une cellule-pivot qui ne fonctionne pas. Naturellement, je peux tricher en écartant la photographie mentale de l'une des perspectives et en choisissant tranquillement la perspective inverse pour retourner à mon point de départ. Mais si je ne triche pas, une sorte d'effroyable obstacle, qui me rendrait fou si je persévérais, m'empêche d'imaginer la pirouette qui transforme une direction en une autre, directement opposée. Je suis écrasé, je porte tout le poids du monde sur mon dos dans cette entreprise qui consiste à m'imaginer en train de pivoter et à me faire voir comme « droite » ce que jusque-là j'avais perçu comme « gauche » et inversement.

VLADIMIR NABOKOV,
Look at the Harlequins (Regarde, regarde les Arlequins), 1974.

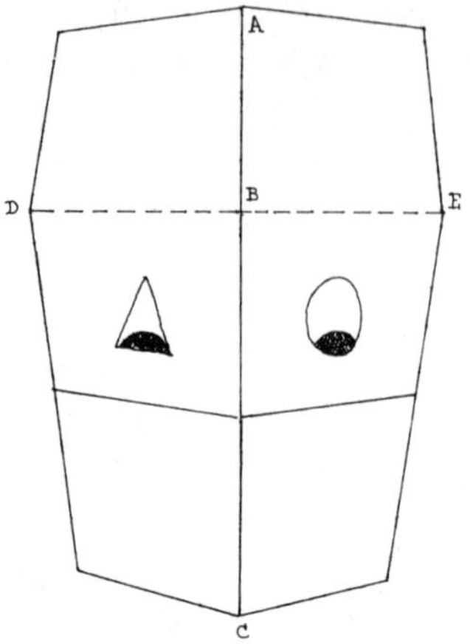

Fig. 53. Plan du NECK-UN-CUBE.

8. Si vous avez quelque difficulté à ressentir l'illusion, assurez-vous que l'objet est uniformément éclairé (de sorte qu'aucune ombre ne s'y dessine) ; assurez-vous également de l'avoir suffisamment tenu devant vous jusqu'à ce que l'inversion de Necker soit bien apparue.

Une fois le cube inversé, il semble se déplacer de manière anormale. Si vous l'avez inversé et si vous le balancez dans votre main, il semble se dresser en l'air et se balancer dans la direction opposée. On obtient un effet encore plus surprenant en le posant par terre, ou en le collant au mur, puis en l'inversant. Si vous arrivez alors à le maintenir inversé pendant que vous tournez votre tête autour de lui, vous aurez l'impression de voir le cube tourner en vous regardant fixement dans les yeux !

Je dois souligner ici que mon dessin s'inspire d'un autre dessin similaire de Jerry Andrus, un brillant illusionniste qui vit à Albany, dans l'Oregon, et qui appelle sa forme réversible, une Paraboîte.

A trop se concentrer sur le Neck-Un-Cube avant de se coucher, on peut en arriver à faire des rêves vraiment désagréables. Bien que la quatrième dimension soit d'un grand intérêt théorique et philosophique, il y a de quoi s'effrayer et être perturbé lorsqu'elle commence à devenir trop réelle. Je me rappelle en particulier une série de rêves que je fis en 1976, peu après avoir compris que la gauche et la droite étaient des concepts tout aussi relatifs que le haut et le bas, ou le devant et le derrière.

Au cours de ces rêves, je descendais une rue en compagnie de deux personnes, chacune à mes côtés — avec ma femme, Sylvia, disons à ma gauche, et mon ami Greg à ma droite. Je me déplaçais hors de mon corps et je nous voyais tous les trois à distance, d'abord depuis un point de notre espace, ensuite, depuis un point tout à fait hors de notre espace. Ce qui me frappait, c'était que *suivant la moitié de l'hyperespace depuis laquelle je regardais,* l'ordre dans lequel je nous voyais était Sylvia-Rudy-Greg, ou Greg-Rudy-Sylvia. Dans ce rêve de promenade dans la rue, je commençais à universaliser cette permutation, et la ville entière autour de moi m'apparaissait tantôt telle quelle, tantôt comme sa propre image miroir. Certains matins, je m'éveillais convaincu que moi et l'univers entier avions été transformés en nos images miroir pendant la nuit. Le pire de tous ces jours fut celui où, assis dans mon lit, je vis l'inversion se faire : la chambre entière, le mobilier et tout le reste, se renversant, au cours d'un quadrille effréné, en leurs images miroir. Mais bien sûr, je ne pouvais rien prouver... Moi aussi, j'étais retourné.

Après ces expériences, je me suis souvent demandé si on pouvait trouver une raison objective permettant d'expliquer ce sentiment d'un monde se transformant en sa propre image miroir. Une des possibilités qui me vint à l'esprit est qu'une personne pouvait avoir une composante 4-D de son esprit débordant hors de son cerveau, dans l'hyperespace. Si cette matière « hypercérébrale » passait du côté essentiellement, disons *ana*, vers le côté essentiellement *kata*, on serait alors fondé à dire que le monde s'est transformé — de la même façon que la paume de la main de la figure 42 se transforme lorsqu'un

Problème 4.3

Regarder un cube de Necker peut nous aider à réfléchir sur la quatrième dimension. Pouvez-vous imaginer une « illusion de Necker pour Terreplatien » qui aiderait Un Carré à penser à la troisième dimension ?

observateur se déplace de part et d'autre du plan qui la contient.

Parfois, je me sens tellement perturbé par la droite et la gauche que tout ce que je peux affirmer avec certitude est que ceci est à côté de cela. J'éprouve cette sensation lorsque je me rends en Angleterre... ou bien lorsque je regarde un film anglais... quand on voit tout le monde conduire à gauche. Un exemple tout à fait banal de la confusion gauche-droite se produit quand vous vous mettez à observer vos dents dans un miroir et qu'en même temps vous les sentez avec votre langue. La confusion gauche-droite peut alors apparaître irrémédiablement en peu de temps. Charles Hinton, dont nous parlerons dans le prochain chapitre, croyait que la voie la plus efficace pour accéder à une pensée quadridimensionnelle était de faire délibérément apparaître une telle confusion entre la gauche et la droite.

5. Des fantômes dans l'hyperespace ?

Le spiritisme — la croyance que les esprits des morts nous entourent, toujours impatients d'entrer en contact avec nous — n'a jamais été aussi populaire qu'à la fin du XIXe siècle. D'un bout à l'autre des États-Unis, en Angleterre, à travers toute l'Europe, des médiums, amateurs ou professionnels, organisaient des séances de spiritisme. Des gens s'asseyaient autour d'une table dans une pièce sombre, un médium bredouillait quelque chose en gémissant, et les esprits, alors, se manifestaient.

Et qu'étaient censés faire les esprits ? Du bruit, en frappant des coups brefs sur la table. Déplacer des objets : en faisant tourner ou pencher la table, parfois même la soulevant en l'air. Ils envoyaient des messages : souvent en faisant griffonner par un crayon quelques mots sur une ardoise placée sous la table. Ils se matérialisaient sous forme de fumée blanche, et parfois, la main de l'esprit s'élevait sur le bord de la table.

Bien sûr, dès le début, les médiums furent soupçonnés de n'être que des tricheurs. Les gens se cramponnent tellement à l'idée d'une vie au-delà de la mort que l'on ne peut guère se fier au récit de leurs expériences au cours de ces séances. Et des anecdotes pittoresques, aussi nombreuses soient-elles, ne pourront jamais remplacer une véritable enquête scientifique. Aussi les quelques scientifiques qui croyaient au spiritisme commencèrent alors à chercher une théorie solide pour étayer leur croyance dans les fantômes.

Si les esprits existent, il semble y avoir, sur un plan purement abstrait, deux possibilités. Soit ils sont dans notre espace, mais tout à fait immatériels, soit ils en sont, d'une manière ou d'une autre, complètement en dehors. L'idée que les esprits sont des formes subtiles

1. Physiquement, l'âme des morts est soumise à l'esclavage de certains êtres vivants que l'on appelle des médiums. Ces médiums ne forment pas, pour le moment du moins, une espèce en voie d'extension, mais ils semblent être presque exclusivement américains. Sur l'ordre de ces médiums, les âmes défuntes exécutent des prouesses mécaniques qui sont caractérisées par une absolue inutilité. Elles frappent sur les tables, les soulèvent même, soulèvent également les chaises, déplacent les lits, jouent de l'harmonica et font bien d'autres choses du même genre. 2. Intellectuellement, les âmes des morts sont d'un niveau que l'on pourrait qualifier, pour autant qu'on puisse en juger d'après les écrits laissés sur les ardoises des médiums, de tout à fait lamentable. Ces œuvres sont à ranger dans la catégorie de l'imbécillité et sont tout à fait vides de sens. 3. Leur condition morale est apparemment plus favorisée. Selon les témoignages que nous avons recueillis, leur caractère se réduit à une grande innocence. Confrontés à des demandes aussi brutales que, par exemple, la destruction d'un lit à baldaquin, les esprits s'abstiennent poliment.

WILHELM WUNDT,
« Spiritualism, A Question of Science So-Called » (« Une soi-disant science : le spiritisme »), 1889.

Fig. 54. Les forces occultes.

dans notre espace fut très en faveur auprès de certains spirites du début, qui soutenaient que les esprits étaient des « ectoplasmes » ou même, de manière moins concrète, des « vibrations d'énergie ». Mais une difficulté surgissait alors : si les esprits étaient aussi immatériels, comment pouvaient-ils, par exemple, soulever une table pesante au cours d'une séance de spiritisme ?

Cette difficulté ne se présente plus si nous considérons les esprits comme des êtres solides et matériels, mais la question se pose alors de savoir pour quelle raison, s'ils ont réellement autant de consistance, nous ne les remarquons pas plus souvent. On répond à cela en affirmant que le domaine des esprits est situé, en quelque sorte, entièrement hors de notre espace. Quoi de mieux, d'ailleurs, que des esprits vivant hors de notre espace ? Mais en les supposant infiniment loin, on se place alors devant un autre problème : celui de savoir comment ils peuvent arriver si rapidement dès qu'ils sont invoqués par un médium. Une explication finalement beaucoup plus satisfaisante consiste à dire que *les esprits vivent dans la quatrième dimension.*

L'intérêt de cette idée réside en ce que les esprits sont alors entièrement situés hors de notre espace matériel habituel, tout en se trouvant... en même temps... juste à côté de nous, en attente, à quelques centimètres de nous, dans la région *ana* ou *kata*. Bien que cette idée d'esprits comme êtres 4-D ait connu son plus grand succès au XIXe siècle, elle avait été suggérée quelque deux cents ans auparavant par le « platonicien de Cambridge », Henri More (1614-1687). Comme les spirites scientifiques, More était opposé à l'idée que les esprits, les anges et les formes platoniques puissent exister en tant qu'abstractions immatérielles. Il pensait que, si les esprits existaient réellement, ils devaient véritablement *occuper de l'espace.* Pourtant, si l'âme d'une personne occupe de l'espace, on peut se demander comment elle peut se placer dans le corps matériel de cette personne. En 1671, More suggéra que les esprits seraient quadridimensionnels. Il exprima cela en invoquant une qualité occulte qu'il appela « spissitude », pour signifier quelque chose comme l'« épaisseur de la substance ». Son idée semble avoir été que les différences entre les corps physiques, et identiques, d'une personne vivante et d'une personne morte seraient que le corps vivant est celui qui possède le plus de spissitude, mais que cette spissitude reste physiquement inobservable, car elle correspond à une certaine hyperépaisseur dans la direction de la quatrième dimension.

Celui qui popularisa véritablement, auprès des spirites, l'idée de fantômes issus de la quatrième dimension, fut Johann Karl Friedrich Zöllner (1834-1882). Zöllner était professeur d'astronomie à l'université de Leipzig, l'université même où, en 1827, August Möbius découvrit que l'on pouvait, par une rotation dans l'hyperespace, transformer un objet 3-D en son image miroir, et celle également où Gustav Fechner, en 1846, écrivit son essai *Pourquoi l'espace est à quatre dimensions.* Ce fut en 1875 que Zöllner commença à s'intéresser au spiritisme, au cours d'un voyage en Angleterre, où il rencontra William Crookes, l'inventeur du tube cathodique.

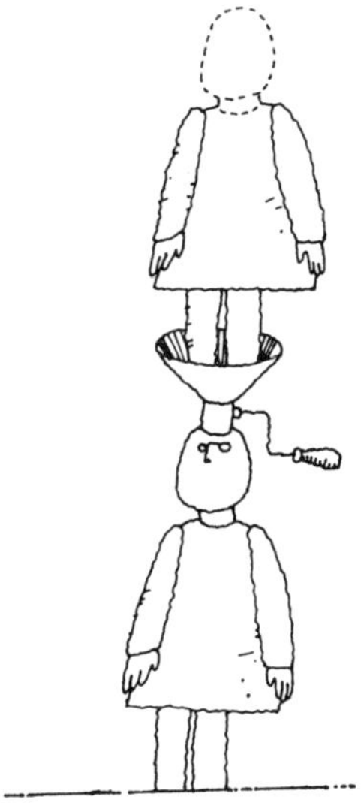

Fig. 55. L'âme et le corps.

Crookes, très engagé dans le spiritisme, fut un défenseur du médium américain Henry Slade. Lors d'un séjour en Angleterre, qui se termina d'ailleurs par son arrestation et une condamnation pour fraude, Slade rendit visite à Zöllner qui était, lui, impatient de rencontrer quelqu'un qui l'aiderait à prouver que les esprits étaient quadridimensionnels. D'après *Transcendental Physics (Physique transcendantale)*, un livre de Zöllner paru en 1878, les expériences furent un succès immédiat.

La première chose que fit Slade fut de faire quatre nœuds droits sur une corde que Zöllner lui avait fournie. Ce qui rendit cet exploit si surprenant, c'est qu'au début la corde était sans nœuds, et que ses extrémités étaient scellées dans de la cire marquée du sceau de Zöllner lui-même. Nul doute qu'en réalité Slade ne se soit bien évidemment arrangé pour couper la corde, mais s'il n'avait pas triché, ce tour de passe-passe aurait été typiquement quadridimensionnel.

Pourquoi ? Eh bien, si un esprit pouvait déplacer une petite portion de la corde dans la direction *ana* hors de notre espace, cela formerait, pratiquement, une discontinuité dans la corde « à travers » laquelle on pourrait la refaire passer pour former un nœud. Et une fois la corde dans la bonne position, il n'y aurait plus qu'à ramener la portion de corde enlevée dans la direction *kata* pour nouer le nœud sans toucher aux extrémités de la corde.

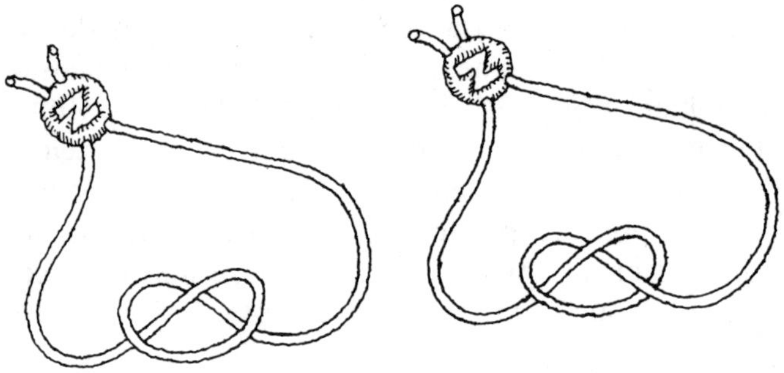

Fig. 56. La corde de Zöllner, avant et après.

Voilà une façon de faire. Un moyen plus simple est de faire d'abord le nœud, puis de sceller les extrémités de la corde. En soi, voir un nœud sur une corde dont les extrémités sont cachetées ensemble, ne fait pas immédiatement penser que le nœud a été fait par un esprit. Zöllner savait cela, bien sûr ; il prépara alors une série de tests intéressants grâce auxquels les amis fantômes de Slade pouvaient établir, de manière définitive, s'ils étaient des êtres à quatre dimensions. Voici trois expériences qu'il a décrites dans son livre, *Physique transcendantale* :

> 1. Deux anneaux de bois, l'un en chêne, l'autre en aulne, étaient formés d'une seule pièce... Si ces deux anneaux avaient pu être enlacés sans être cassés, on

> aurait pu, pour rendre le test encore plus convaincant, vérifier, par un examen au microscope, la continuité de la fibre. Comme on avait choisi deux bois différents, la possibilité de faire les deux anneaux à partir d'un même morceau était également exclue. Entrelacer ces deux anneaux aurait donc été un « miracle », c'est-à-dire, un phénomène que nos anciennes conceptions sur les processus physique et organique auraient été absolument incapables d'expliquer.
> 2. Puisque parmi toutes les créations de la nature, certaines sont caractérisées par une orientation particulière, comme par exemple les coquilles d'escargot qui s'enroulent soit vers la droite, soit vers la gauche, on pourrait inverser cette orientation en passant dans la quatrième dimension. Je me suis moi-même muni d'un grand nombre de coquilles, d'espèces différentes, et, parmi celles-ci, d'au moins deux de chaque orientation.
> 3. On forme une bande sans fin à partir d'un boyau séché, comme ceux que l'on utilise dans les fabriques de cordages. Si un nœud était noué dans cette bande, un examen précis au microscope aurait également révélé si le raccord des deux extrémités de la bande avait ou non été rompu.

L'idée était donc que les esprits de Slade devaient enlacer les deux anneaux de bois, transformer deux coquilles d'escargot en leur image miroir, et faire un nœud dans une boucle fermée en boyau de porc. Que s'est-il passé ?

> Il nous arrive rarement de voir se réaliser ce que, dans les limites de notre entendement, nous avons souhaité ; mais si, nous remémorant les années écoulées, nous considérons ce qui a réellement eu lieu, nous ne pouvons que reconnaître avec gratitude la supériorité intellectuelle de cette Main qui, suivant un dessein généreux, conduit nos destinées vers l'épanouissement de notre nature morale, et façonne notre dramatique existence en un tout harmonieux.

Autrement dit, rien. Au lieu de faire ce que Zöllner demandait, les esprits placèrent les anneaux autour d'un pied de table, déplacèrent une coquille d'escargot de la table sur le sol près de la table, et firent une brûlure sur la bande de boyau.

Très peu de scientifiques furent convaincus par les expériences de Zöllner. Bien que Zöllner lui-même ait

Fig. 57. La preuve de l'existence d'esprits 4-D ? (Gravure extraite de *La Physique transcendantale* de J.-C. Zöllner.)

Il y a toujours eu des phénomènes mystérieux et il y en aura toujours. Cependant, nous avons souvent vu les progrès de la science expliquer de manière naturelle bien des phénomènes que l'on tenait autrefois pour surnaturels ; il est alors certainement illusoire d'attendre d'une hypothèse comme celle de Zöllner — selon laquelle toute chose dans le monde peut être expliquée — l'explication des phénomènes qui nous semblent encore aujourd'hui mystérieux. Si nous adoptons le point de vue suivant lequel les esprits interfèrent de façon tout à fait naturelle et arbitraire dans les événements du monde, toute recherche scientifique cessera aussitôt, car il ne sera alors plus possible de se fier aux expériences faites en chimie ou en physique, en botanique ou en zoologie. Si les esprits sont les auteurs de phénomènes qui nous paraissent mystérieux, pourquoi ne contrôleraient-ils pas également les phénomènes non mystérieux ? L'existence de phénomènes mystérieux ne justifie en aucune manière l'hypothèse qu'il existe des esprits pour les produire. Ne serait-il pas plus simple, si nous tenions *à tout prix* à une influence surnaturelle, d'adopter un point de vue religieux naïf en acceptant que tous les événements soient dus à la volonté directe, réelle et personnelle d'un être unique que nous appelons Dieu ?

HERMANN SCHUBERT,
« The Fourth Dimension » (« La quatrième dimension »), 1898.

certainement été un homme honnête, il était cependant énormément crédule — un scientifique innocent dupé facilement par un charlatan professionnel comme Slade. On pourrait croire qu'aujourd'hui, un siècle après, les scientifiques ne se laissent plus berner par de simples tours de passe-passe ; cela ne semble pas être le cas. Il y a quelques années, Uri Geller — qui est certainement un imposteur — a obtenu le soutien et l'approbation d'un grand nombre de chercheurs du Standford Research Institute. Et un simple regard au rayon des livres de n'importe quel supermarché suffit à se convaincre que l'intérêt du public pour les fantômes n'a jamais été aussi grand.

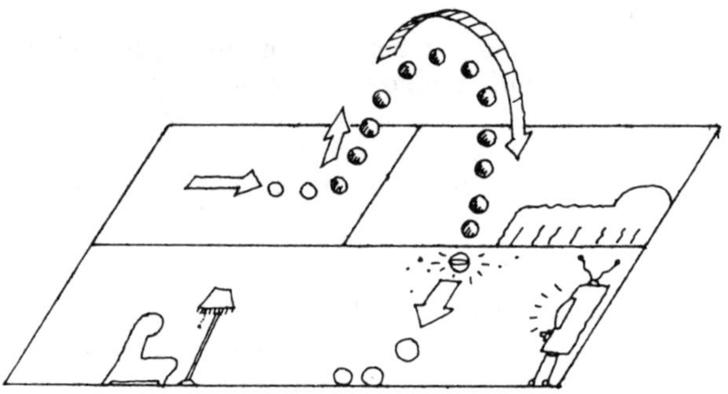

Fig. 58. Le chemin suivi par les balles dans *Poltergeist.*

Pourtant, la plupart des histoires de fantômes modernes ne font pas mention de la quatrième dimension. Le film de Spielberg, *Poltergeist*, est une exception intéressante. On ressent le côté 4-D de ce film lorsque des balles qui sont lancées dans les toilettes d'une pièce réapparaissent par le plafond d'une autre pièce... révélant ainsi un passage dans la quatrième dimension !

La principale conséquence du travail de Zöllner fut que la quatrième dimension commença à être considérée comme quelque chose de suspect et de non scientifique. Malgré cela, l'enseignement fondamental de Zöllner, *les esprits vivent dans la quatrième dimension,* eut un certain retentissement, notamment en Angleterre, auprès des pasteurs protestants de la fin du siècle dernier, qui reprirent l'idée d'êtres vivant dans un monde invisible.

Le plus connu de ces pasteurs est, bien sûr, Edwin

Abbott, mais beaucoup d'autres également adoptèrent avec enthousiasme cette idée que le ciel, l'enfer, nos âmes, les anges et Dieu lui-même pouvaient être confortablement installés dans la quatrième dimension. On peut trouver le credo de base de ces spiritualistes chrétiens dans un livre de A.T. Schofield, paru en 1888, *Another World (Un autre monde) :*

> Nous concluons, premièrement, qu'un monde plus grand que le nôtre est non seulement possible, mais également probable ; deuxièmement, que l'on peut envisager que ce monde est à quatre dimensions ; et troisièmement, que le monde spirituel, par ses lois mystérieuses, son langage incompréhensible pour nous, ses apparitions et ses interventions miraculeuses, ses prétentions élevées à l'omniscience, à l'omniprésence, etc., et par bien d'autres aspects, coïncide largement avec ce que, par analogie, seraient les lois, le langage et les prétentions d'une quatrième dimension...

Fig. 59. « A l'aide des plus puissants télescopes. »

> L'univers matériel resplendissant s'étend au-delà des limites les plus reculées de notre regard, même artificiellement soutenu par les plus puissants télescopes ; cela n'empêche cependant pas le monde spirituel et ceux qui l'occupent, et le ciel et l'enfer, d'être juste à côté de nous.
> Et ces régions spirituelles sont loin d'occuper un petit coin de l'univers matériel car, aussi vrai que le tout enferme la partie, l'univers matériel, aussi grand soit-il, est englouti dans l'univers spirituel.

Pour un penseur averti, il y a quelque chose d'un peu trop grossier et matérialiste à soutenir que les âmes, les anges et Dieu ne sont que des excroissances d'hyperma-

Fig. 60. Dieu le Père ?

tière dans un espace à quatre dimensions. D'abord, pourquoi précisément *quatre* ? Si l'on conçoit la réalité supérieure comme un espace à plusieurs dimensions, je trouverais plus rationnel de penser que nos âmes appartiennent à un espace de Hilbert de dimension *infinie*. Une deuxième objection à l'idée d'esprits et d'anges grouillant autour de notre espace est fournie par le sentiment que, à un plus haut niveau, tout le concept d'individus agissant séparément pourrait bien s'écrouler.

Permettez-moi, sur la figure 61, d'illustrer ce dernier point à l'aide d'un dessin de Terreplate.

Ce qui semble être un ensemble d'individualités peut

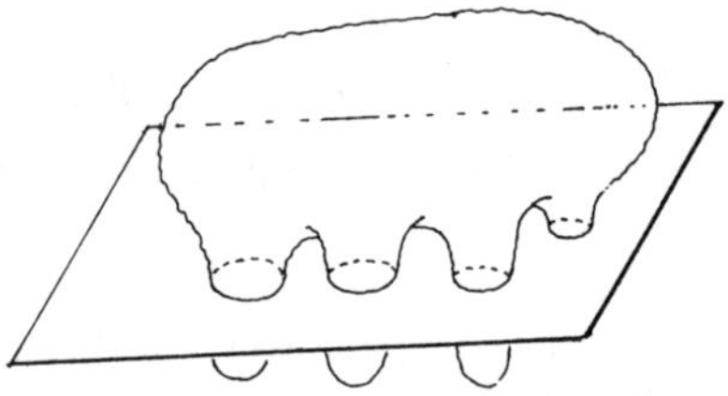

Fig. 61. L'Un et le Multiple.

fort bien se révéler n'être, à un plus haut niveau, que des parties d'une plus grande entité. Et il y a quelque chose de frustrant dans une conception du monde qui exclut la notion d'une plus grande unité et imagine plusieurs esprits jouant avec le monde comme des professionnels du billard américain.

Un autre défaut du spiritualisme, chrétien ou non, est

sa confiance dans les récits de miracles et de prouesses psychiques. Si nous accordons une signification réelle aux dimensions supérieures, elle doit être intégrée à notre vie quotidienne. Je ne crois pas aux miracles ; je ne les refuse pas non plus. C'est un sujet qui me laisse froid. Vous marchez sur l'eau ? Vous tordez des cuillers ? Et alors ? Cela ne prouve pas que tout le monde ne marche pas sur l'eau. Cela ne prouve pas que tout le monde ne tord pas des cuillers. D'ailleurs, je m'en fiche éperdument. Ce que je veux savoir est bien plus simple : *Qu'est-ce que c'est qu'être vivant ?*

Fig. 62. Tordez cette cuiller !

« Nous vivons dans un espace tridimensionnel. » Voilà une proposition tout à fait complexe que tout le monde ne prend pas automatiquement pour une vérité. Expliquer à quelqu'un que l'espace est tridimensionnel implique réellement de le convaincre de penser le monde autour de lui d'une façon particulière. Imaginez une autre culture dont l'architecture ne serait pas fondée sur des cubes. Sans les trois inévitables perpendiculaires en chaque coin de sa pièce, l'idée de réduire toute expérience aux oscillations d'un Télécran à trois boutons pourra sembler un peu étrange. Comment tenir compte des impressions, des différents niveaux de pensée, comment tenir compte des rêves ?

Ce que j'essaie de suggérer ici, c'est que peut-être, nous sommes nous-mêmes, d'un point de vue tout à fait réel, des êtres à plus de trois dimensions. P.D. Ouspensky a écrit quelque chose de très intéressant dans son essai de 1908, « The Fourth Dimension » (« La quatrième dimension »).

La musique se tut lorsque la grotte s'assombrit complètement, à l'exception du mur du fond qui restait brillamment illuminé. L'ombre du pasteur s'avança devant nous. Il annonça le passage : Ephésiens, chapitre 3, versets 17 et 18, et se mit à lire d'une voix lente et sonore qui me semblait provenir directement de la tête de son ombre : « ... que vous, profondément enracinés dans l'amour, puissiez comprendre, à l'égal des saints, ce qu'est la largeur et la longueur, la hauteur et la profondeur... »
Il faisait trop sombre pour prendre des notes, mais je pense avoir assez bien résumé, dans les paragraphes suivants, l'essentiel du remarquable sermon de Slade.
Notre cosmos — le monde que nous voyons, que nous entendons, que nous sentons — est la « surface » tridimensionnelle d'une mer immense quadridimensionnelle...
Qu'y a-t-il hors de sa surface ? Un monde complètement différent, celui de Dieu ! La théologie ne s'embarrasse plus des contradictions entre l'immanence et la transcendance de Dieu. Cet hyperespace est en contact avec chaque point de l'espace à trois dimensions. Dieu nous est plus proche que notre respiration. Il peut voir chaque partie de notre monde, retenir chaque particule sans déplacer sa main dans notre espace. Pourtant, le Royaume de Dieu est complètement « hors » de notre espace, dans une direction que nous ne pouvons pointer du doigt.

MARTIN GARDNER,
« The Church of the Fourth Dimension » (« L'église de la quatrième dimension »), 1969.

Si la quatrième dimension existe, de deux choses l'une : soit nous possédons nous-mêmes une quatrième dimension, c'est-à-dire nous sommes des êtres à quatre dimensions, soit nous ne possédons que trois dimensions et dans ce cas, nous n'existons pas du tout.

Si la quatrième dimension existe alors que nous n'en possédons que trois, cela signifie que nous n'avons pas d'existence réelle, que nous n'existons que dans l'imagination de quelqu'un, et que toutes nos pensées, nos sentiments et nos expériences n'existent que dans l'esprit de quelqu'autre être supérieur qui a vue sur nous. Nous ne sommes que les produits de sa pensée, et l'univers entier n'est plus qu'un monde artificiel créé par son imagination.

Mais si nous refusons cela, nous devons alors reconnaître que nous sommes nous-mêmes des êtres à quatre dimensions.

Ne sommes-nous pas des somnambules qui vivons dans un royaume féérique fantastique où les choses peuvent se transformer les unes dans les autres, où le monde physique n'a aucune stabilité, où un homme peut se métamorphoser en un, voire deux autres hommes en même temps, où les choses les plus improbables paraissent simples et naturelles, où les événements se produisent souvent dans un ordre inversé, de la fin vers le commencement, où nous voyons les images symboliques des idées et des humeurs, où nous parlons avec les morts, volons dans les airs, traversons les murs, sommes noyés ou brûlés, où nous sommes morts et restons cependant vivants ?

Tout cela nous montre que nous n'avons pas besoin de penser que les esprits qui apparaissent, ou manquent d'apparaître, au cours des séances de spiritisme, soient les seuls êtres à quatre dimensions qui puissent exister. Nous pouvons avoir de très bonnes raisons pour dire que nous-mêmes sommes des êtres à quatre dimensions, et que nous ne présentons, vers la troisième dimension, qu'un seul de nos côtés, c'est-à-dire qu'une petite partie de notre être. Ce n'est seulement que cette partie de nous qui vit en trois dimensions, et nous n'avons conscience de cette partie qu'à travers notre corps. La plus grande partie de notre être vit dans la quatrième dimension, mais nous n'en sommes pas conscients. Peut-être encore serait-il plus juste de dire que nous vivons dans un monde à quatre dimensions, mais que nous ne prenons conscience de nous-mêmes que dans un monde à trois dimensions. Cela signifie que nous vivons sous une forme particulière, mais que nous nous imaginons vivre sous une autre.

Pour Ouspensky, la quatrième dimension n'était pas seulement un concept spatial, mais une sorte de conscience, une perception de plus grandes complexités et d'une plus grande harmonie. Pour lui, l'étude mathématique de la quatrième dimension aboutit tout naturellement à l'adhésion aux enseignements du mysticisme. Sous leur forme la plus simple, ces enseignements se résument en deux phrases : *Tout est Un* et *l'Un est Insaisissable.*

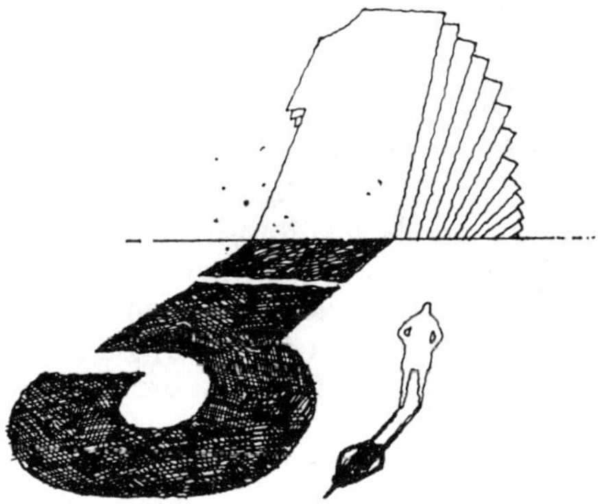

Fig. 63. Tout est Un.

Vous pouvez vous demander ce que ces deux énoncés profonds ont à voir avec la quatrième dimension ? Très rapidement, disons que la première idée est que l'espace supérieur peut être considéré comme une espèce de substrat cellulaire unissant les divers phénomènes du monde. Si l'on s'élève vers des conceptions d'espace de plus en plus hautes, on tend vers un « Superespace », dans lequel chaque chose — qu'elle soit proche ou éloignée, passée ou à venir, grande ou petite, réelle ou imaginaire — se retrouve au sein d'une grande Unité.

Dans son essai de 1885, « Many Dimensions » (« Les grandes dimensions »), le grand philosophe de l'hyperespace, Charles H. Hinton, décrit dans un style limpide et pittoresque, l'identification qu'il fait entre l'idée abstraite d'« espace » et l'« Un » du mysticisme :

> Pourtant, j'éprouve à leur égard (les mystiques orientales) une profonde sympathie, car, comme elles, je me

> sens également en communion et en admiration devant une origine supérieure aux arguments, aux raisonnements et aux preuves — comme un compagnon intérieur, dont la présence m'apporte bien plus que toutes les cosmogonies que j'ai pu étudier, cosmogonies dont toutes les idées que j'ai pu penser ne furent jamais que des miettes d'ignorance et d'erreur. Leur secret (celui des mystiques), je ne le connais pas ; le mien reste humble cependant — une appréhension intérieure de l'espace.
>
> J'ai souvent pensé, dans le métropolitain, en voyant, entre deux stations, penchés sur des journaux à deux sous, les jeunes hommes et les garçons de courses en train de lire des histoires d'épouvante, j'ai souvent pensé combien ce serait mieux s'ils s'adonnaient plutôt à ce que je pourrais appeler la « communion avec l'espace ». Il y découvriraient un plaisir infini, des aventures extraordinaires et un intérêt passionnant ; bien plus que ce qu'ils peuvent trouver dans ces misérables torchons, aussi insignifiants dans la forme que dans le fond.
>
> Une fois pourtant, regardant par curiosité ces mêmes journaux, et les examinant de plus en plus précisément au microscope, j'ai pu remarquer, dans les contours déchirés de l'encre et la trame grossière de la fibre, que chaque partie en était ordonnée, précise, exactement localisée, scrupuleusement définie ; et, à un niveau encore plus profond, je découvrais à profusion des formes d'une variété et une ampleur inouïes, qui, sur le moment, surpassèrent tout ce que mes rêves les plus fous avaient pu concevoir.
>
> Ensuite, j'eus l'impression que les eaux sombres d'une ville industrielle se partageaient soudainement, et qu'il en surgissait Aphrodite, rayonnante, éclatante, dans un sillage bleu au-dessus des fumées ; car même là, dans ces lettres illisibles et ce papier chiffonné, se trouve, si vous regardez bien, l'espace lui-même, avec l'infinité de toutes ses formes possibles.

Ainsi pour Hinton, l'espace lui-même est le médium qui permet de saisir l'unité du monde. Mais qu'en est-il du second enseignement du mysticisme, *L'Un est Insaisissable* ? Nous devons d'abord comprendre dans quel sens le mot « saisir » doit être entendu. Dans la mystique orientale, l'Un *est* saisissable, saisissable en ce sens que nous pouvons sentir l'espace autour de nous, saisissable dans le sens que notre cœur peut s'ouvrir à la vie, à la beauté, à l'amour. Ce n'est que pour l'esprit *rationnel* que l'Un reste insaisissable.

Aucune chaîne finie de symboles humains ne peut

vraiment représenter la réalité ultime : vous pouvez l'appeler Dieu, l'Un, l'Absolu, le Tout, ou ce que vous voudrez. Cette situation est un peu l'analogue de celle où l'on essaie de comprendre un ensemble infini comme l'ensemble *N* de tous les nombres entiers (1, 2, 3, ...). A partir de l'idée de nombre, nous pouvons avoir une assez bonne compréhension de cet ensemble *N*, et on peut comparer cela à la connaissance mystique de l'Un. Mais, si nous voulons absolument énumérer tous ses éléments, l'ensemble *N* restera toujours hors de notre portée — ce

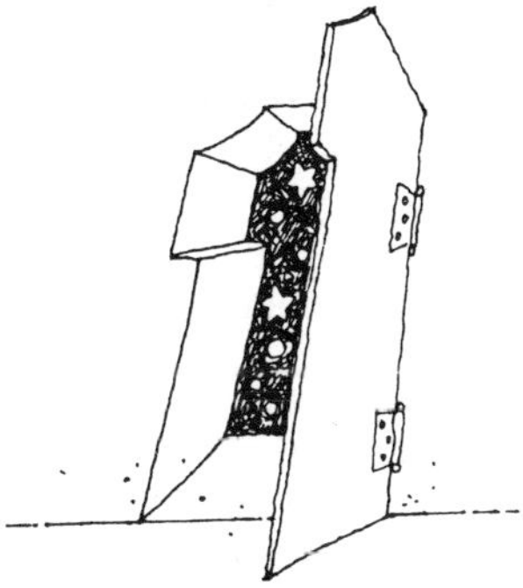

Fig. 64. L'Un est Insaisissable.

qui est comparable à l'impossibilité, pour l'esprit rationnel, de saisir l'Un dans sa totalité.

Dans le passage suivant (également tiré des « Grandes dimensions »), Hinton explique comment, au niveau le plus profond, l'espace doit être appréhendé par le cœur, et non par le raisonnement.

> L'espace est vraiment merveilleux. Nous tous, nous savons que l'espace est infini en grandeur — s'étendant indéfiniment.
> Lorsque nous le regardons tranquillement, il nous apparaît immédiatement sous une infinité de dimensions. Et pourtant, à la fois en grandeur et en dimension, quelque chose demeure artificiel.
> Si nous faisons une mesure, nous devons bien la commencer quelque part, mais ce « quelque part » n'existe pas dans l'espace, qui nous indiquerait par où la commencer. Cette mesure, après tout, reste quelque chose d'étranger à l'espace ; nous ne l'introduisons que pour notre propre convenance.

Quant aux dimensions, si nous désirons les dénombrer et les mettre en évidence, nous devons, à partir d'une droite particulière, tracer d'autres droites à angle droit.
Mais cette première droite, nous pouvons la tracer suivant une infinité de directions. Pourquoi en choisir une en particulier ?
Si nous choisissons une droite particulière, nous faisons quelque chose d'arbitraire, dépendant de notre propre volonté et notre propre décision, et qui ne nous est pas naturellement donné par l'espace.
Pourquoi s'étonner alors, en procédant ainsi, d'en arriver à une opération sans fin ?
Nous sentons que tous ces efforts, aussi nécessaires qu'ils soient pour appréhender l'espace, n'ont rien à voir avec l'espace lui-même. Nous introduisons quelque chose de notre propre gré, et nous nous perdons dans la complexité où nous sommes engagés.
Ne sommes-nous pas comparables à ces prêtres égyptiens qui, adorant une divinité cachée, l'habillaient de vêtements toujours plus riches, et la décoraient des plus beaux ornements.
Comme eux, nous aussi nous drapons notre espace du vêtement de la grandeur et l'enrichissons de la parure des grandes dimensions.
Jusqu'à ce que soudain, pour nous comme pour eux, d'un léger mouvement d'épaule, la divinité se mette à bouger, laissant tomber les robes et les parures, redevenant elle-même, révélée, mais invisible ; invisible, mais laissant planer sa présence.
Et ce ne sont pas des paroles creuses. Car seul l'espace qui ne possède pas cette forme-ci ou cette forme-là, cette taille-ci ou cette taille-là, mais que nous reconnaissons cependant chaque fois que nous observons le

Fig. 65. « Tous les moindres détails du monde visible. »

moindre détail du monde visible, seul cet espace-là peut être appréhendé. Il ne se confond pas avec les formes et les choses que nous connaissons, mais il peut être appréhendé à travers elles.
La véritable compréhension et la véritable vénération de l'espace reposent sur la perception de tous les détails des formes et des configurations, détails qui, à leur tour, par leur exactitude et leur précision, engendrent la seule compréhension fondamentale.
Et nous ne devons pas oublier qu'atteindre cette compréhension, ce n'est pas simplement en parler. On ne peut la réduire à une description.
Gardons-nous de laisser tomber les bras devant les difficultés que la mécanique offre à notre entendement, car seules la géométrie et la mathématique guideront nos pas dans notre marche incertaine et limitée, vers la connaissance de cette nature insondable.
Mais si nous passons outre à cette recherche de la grandeur et des dimensions, n'en sera-t-il pas fait de nous, qui sommes d'ailleurs déjà entourés par cette pauvre réalité sans grandeur et dimension ? Nous nous perdrions nous-mêmes à ne rechercher que la clé de la compréhension des signes les plus simples de la bonté humaine, ne découvrant que la réalité d'une âme de nature humaine.

Fig. 66. « Les actes les plus simples de la bonté humaine. »

L'auteur de cet étrange mais respectable passage mena une vie qui — à son époque — parut tout aussi étrange.

Charles Howard Hinton, que sa famille appelait Howard, est né à Londres en 1853. Son père, James, était un auteur bien connu qui fut, au cours de sa vie, successivement chirurgien otologiste, philosophe des religions et champion d'une nouvelle morale sexuelle. Dans ses dernières années, James Hinton parvint à s'entourer d'un cercle d'admiratrices, dont la plupart partageaient son intimité sexuelle. Il disait, entre autres : « Le Christ fut le Sauveur de l'homme, moi, je suis le sauveur des femmes, et je ne L'envie pas du tout ! »

Howard obtint sa licence de lettres à Oxford en 1887, et se maria peu après avec Mary Boole, la fille du célèbre logicien qui inventa l'« algèbre de Boole ». En 1880, Hinton obtint un poste de professeur de sciences à l'école d'Uppingham, et poursuivit en même temps des études en licence de mathématiques.

En dépit de son éducation, Hinton se sentit aller à la dérive, comme s'il ne pouvait s'en tenir à une connaissance réellement concrète. Qui sait pour quelle raison, il se mit en tête d'apprendre par cœur un arrangement de trente-six cubes de 3 centimètres de côté qui formait un cube de 108 centimètres de côté. Plus précisément, il prit un bloc de 36 × 36 × 36 cubes, assigna à chacun de ces 46 656 unités un nom latin formé de deux mots (par exemple *Glans Frenum*), et apprit à se servir de cette structure comme d'une espèce de « feuille de papier à trois dimensions ». Ainsi, quand il voulait visualiser une structure solide, il plaçait sa forme de sorte qu'elle s'ajuste dans son cube de 108 centimètres. Il pouvait alors la décrire en se remémorant la liste des cellules occupées. (Bien que cela semble incroyable, ce n'est pas tout à fait impossible. Hinton avait également un système qui réduisait le nombre des faits élémentaires à 216.)

A ce qu'il parut, cette idée apparemment insensée fut une source d'inspiration fantastique pour Hinton. Car il avait en fait réalisé dans son esprit la construction d'une sorte de « rétine tridimensionnelle », comme celle que posséderait un être 4-D (et dont nous avons parlé au chapitre 3). Quelque inspiration mystérieuse avait placé Hinton sur la bonne voie ; il eut ensuite l'idée d'apprendre son bloc de cubes suivant chacune de ses vingt-quatre orientations possibles (les six choix possibles pour la face du bas multipliés par les quatre autres pour la face de devant).

Le résultat de tout cela fut que Hinton était alors capable de prendre un objet 3-D et d'en voir les parties simplement, de proche en proche, se libérant ainsi de nos concepts liés à l'espace, comme le devant et le derrière, le haut et le bas. Peu après cela, il franchit le dernier pas et abandonna définitivement la notion de gauche-droite, parvenant alors à une vision parfaitement quadridimensionnelle du monde (vision dont nous avons parlé au chapitre 4). Hinton pouvait alors, sans difficulté, visualiser toutes les sections d'un hypercube, indifférent au fait que ces sections pouvaient se changer en leurs propres images miroir, suivant la position de l'hypercube par rapport à notre espace.

Ses connaissances de la quatrième dimension augmentant, Hinton se mit à écrire. Le premier essai qu'il publia, « What is Fourth Dimension ? » (« Qu'est-ce que la quatrième dimension ? »), parut en 1880 dans le *Dublin University Magazine*, fut repris dans le *Cheltenham Ladies' College Magazine* de septembre 1883, et fut finalement édité en 1884 sous forme d'opuscule par Swann Sonnenschein & Co., avec ce sous-titre bassement commercial, « Tout sur les fantômes ». Entre 1884 et 1896, Swann Sonnenschein publia neuf opuscules de Hinton, qui furent ensuite réunis en deux volumes sous le titre de *Scientific Romances (Romans scientifiques)*. Certains de ces textes étaient des essais sur la quatrième dimension, d'autres ce que nous appellerions des histoires de science-fiction.

Hinton aurait pu mener une vie confortable comme

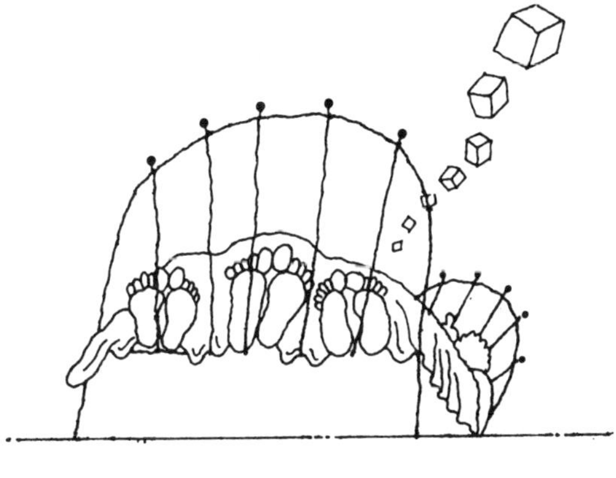

Fig. 67. Hinton était bigame.

celle de son père : la vie d'un écrivain respecté des intellectuels et aimé de nombreuses femmes. Mais en 1885, ce fut la disgrâce. Charles Howard Hinton fut arrêté pour bigamie avec une femme nommée Maude Weldom, avec qui il avait passé une semaine au King's Cross Hotel, et dont il eut deux jumeaux. Le directeur d'Uppingham, jusqu'à ce jour, croyait que Maude Weldom était la sœur de Hinton — elle était apparemment une hôte régulière de Howard et de sa femme légitime, Mary. Hinton perdit bien sûr son poste. Sa carrière fut brisée. Lorsqu'il comparut devant le tribunal, en 1886, le magistrat ne lui infligea que trois jours de prison, en guise d'avertissement. Peu après, Howard, Mary et leurs trois enfants s'enfuirent au Japon où Howard obtint un poste d'enseignant dans un collège de Yokohama.

Le martyre enduré par Hinton pendant cette période apparaît dans deux de ses *romans scientifiques* : « Stella » et « An Unfinished Communication » (« Une communication interrompue »). « Stella » raconte l'histoire d'une jeune fille que son tuteur rend invisible pour l'empêcher de succomber aux pièges de la vanité et de l'amour physique. Stella pourtant prend un amant, un homme qui l'oblige à porter des vêtements et à se maquiller pour que tout le monde puisse la voir. On peut ici facilement imaginer que c'est Maude Weldon qui a servi de modèle pour Stella.

« Une communication interrompue » est véritablement une étrange histoire. Cela parle d'un homme désespéré qui recherche les services d'un « Videur de conscience », un homme qui pourrait lui faire oublier son horrible passé. Le Videur insiste sur l'importance

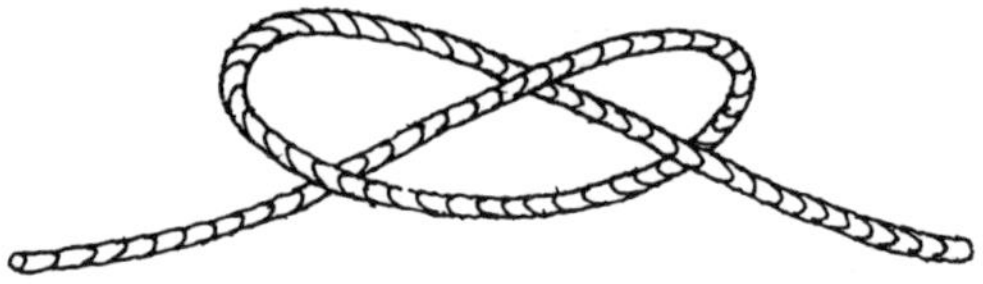

Un nœud.

Problème 5.1

Une corde ou une courbe ne peuvent être nouées que dans un espace 3-D : aucune corde ne peut être nouée dans un espace 2-D, et aucun nœud ne restera noué dans un espace 4-D. Pourquoi ? Et dans un espace 4-D, il est possible de nouer une surface. Pouvez-vous imaginer comment ?

qu'il y a à vivre sincèrement, en partageant tous ses secrets, chose que Hinton a dû désirer comme un fou, alors qu'il s'enfonçait de plus en plus dans le marécage de ses tentatives pour vivre la philosophie de l'amour libre de son père.

Lorsque Hinton partit pour le Japon, il laissa un manuscrit à deux de ses amis. Ce livre, *A New Era of Thought (Une ère nouvelle de la pensée),* parut en 1888. Hinton y expose en détail sa méthode pour apprendre à penser en quatre dimensions, en manipulant un ensemble de quatre-vingts cubes de couleur, cubes qui représentent la quatre-vingt-unième partie d'un hypercube de 3 × 3 × 3 × 3. Hinton parle ici en toute confiance et affirme : « Le problème particulier sur lequel j'ai travaillé pendant plus de dix années est maintenant complètement résolu. Notre esprit peut acquérir une compréhension de l'espace supérieur toute aussi adaptée que celle de notre espace tridimensionnel, et l'employer de la même façon. »

Dans *Une ère nouvelle de la pensée,* Hinton explique également *pourquoi* il nous est possible de former des pensées 4-D. Les gens croient souvent que, puisque notre cerveau est constitué d'un réseau de neurones à trois dimensions, il est vain d'espérer y former des formes 4-D. Mais, répond Hinton, ne serait-il pas possible que notre espace possède une légère hyperépaisseur dans la quatrième dimension ? Et si c'est le cas, les petits éléments de matière qui codent nos pensées sont libres alors d'élaborer de véritables formes 4-D, ce qui permet alors à une pensée 4-D de se réaliser facilement.

Il fut un temps où l'on pouvait acheter des ensembles de cubes de Hinton chez son éditeur. Moi-même, un

Malgré son enthousiasme pour la métagéométrie, il n'eut jamais un grand succès comme professeur au cours de sa carrière. Il se fit beaucoup d'amis et, à Princeton, il se rendit célèbre auprès de ses étudiants pour avoir été à l'origine d'une des farces les plus drôles jamais perpétrées en ce lieu. Ce fut juste après avoir achevé son fusil de base-ball. Il avait convié toute la faculté et tous ses étudiants à une conférence pour en faire une démonstration et en décrire l'aspect scientifique. Il fut interrompu pendant son exposé par l'arrivée d'un postier spécial qui descendait l'allée latérale de la salle en demandant le professeur. Comme il avait été, suivant la coutume de Princeton, déjà victime de plaisanteries et de chahuts de la part de ses étudiants, l'auditoire attendait une quelconque diversion saugrenue. Après avoir protesté contre cette interruption, sans avoir pu pour autant renvoyer le messager, le Pr Hinton demanda à son auditoire la permission de lire une lettre qui, étant donné les circonstances, était de la première importance. Puis il se mit à lire à voix haute et termina les deux pages d'un compte rendu d'un match de base-ball de 1950, avant que les étudiants ne découvrent qu'ils avaient été eux-mêmes l'objet de la plaisanterie.

GELETT BURGESS,
« The Late Charles H. Hinton » (« Le regretté Charles H. Hinton »), 1907.

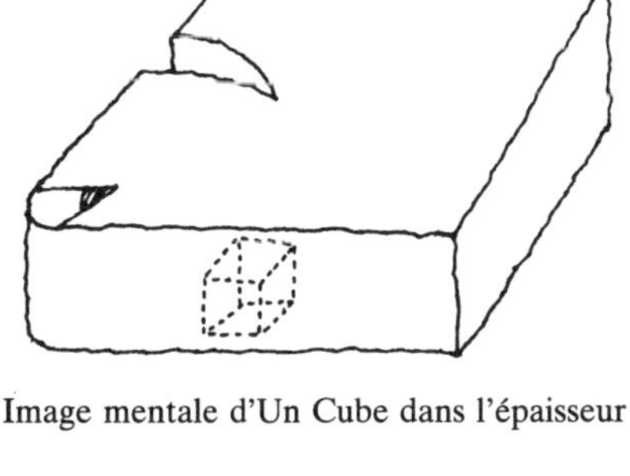

Fig. 68. Image mentale d'Un Cube dans l'épaisseur d'Un Carré.

jour, je m'en suis construit un, mais je fus assez déçu. Je me suis rendu compte que jouer avec des cubes de couleur n'était pas le meilleur moyen pour commencer à penser de manière quadridimensionnelle.

En 1893, on retrouve Howard Hinton à l'université de Princeton, comme assistant au département de mathématiques. Chose curieuse, Hinton consacra, à Princeton, toute son énergie à l'invention d'un « fusil de base-ball ». Et cela pour permettre à l'équipe de Princeton, pendant les séances d'entraînement de la semaine, de s'entraîner à frapper des balles très rapides — sans que les lanceurs se fatiguent le bras. Ce fusil pouvait lancer une balle jusqu'à une vitesse de 70 miles à l'heure et, grâce à deux doigts d'acier recouverts de caoutchouc et fixés sur le canon, en incurver la trajectoire à volonté.

Hinton fut très vite déchargé de ses fonctions et retrouva un poste à l'université du Minnesota. En 1900, il quitta le Minnesota pour Washington, D.C., où il travailla d'abord à l'observatoire de la Marine, puis à l'office des Brevets. Sa femme, Mary, le suivit fidèlement tout au long de ses pérégrinations, élevant ses quatre fils.

Hinton mourut soudainement et de façon spectaculaire à l'âge de 54 ans, en 1907. Dans une revue de l'époque, un article, intitulé « Un scientifique meurt foudroyé », décrit comment Hinton s'écroula, au cours du banquet annuel de la Société de la Révélation philanthropique de Washington, D.C., alors qu'il portait, à la demande de l'animateur, un toast en l'honneur des « femmes philosophes ».

Charles Howard Hinton mena une existence mouvementée et extravagante. Et j'aime à penser que ce qui l'a soutenu tout au long de sa vie, ce fut justement cette vision mystique de l'espace qu'il appréciait quand il était jeune homme.

J'espère que, maintenant, la plupart des lecteurs éprouveront quelque sympathie pour la quatrième dimension, en tant que concept intéressant en soi. Dans les deuxième et troisième parties du livre, nous allons voir comment on peut recourir à la quatrième dimension pour comprendre la vraie nature de l'espace, de la matière, du temps et de l'esprit.

deuxième partie

L'espace

6. De quoi sommes-nous faits ?

Nous avons l'habitude de penser que l'univers est constitué de morceaux de matière flottant dans un espace vide. La matière, c'est quelque chose, et l'espace, ce n'est rien. Est-ce vraiment exact ? Dans le passé, un grand nombre de penseurs profonds ont soutenu que l'espace entre les objets visibles était rempli d'une matière plus subtile, une substance lisse et continue, un « continuum universel », l'*éther*.

Aujourd'hui, on n'entend plus tellement parler de l'éther. Mais au XIXe siècle, ce concept était tout aussi banal que celui de « champ » aujourd'hui. Dans son article sur l'éther, pour la neuvième édition de l'*Encyclopaedia Britannica,* le fondateur de la théorie moderne de l'électromagnétisme, James Clerk Maxwell (1831-1879), écrit :

> Quelque difficulté que l'on ait à concevoir de façon cohérente la nature de l'éther, on ne peut mettre en doute que les espaces interplanétaires et interstellaires ne soient pas vides, mais occupés par une substance ou un corps matériel, qui est certainement le corps le plus étendu et le plus uniforme que nous puissions connaître.

Mais pourquoi se préoccuper de remplir l'espace avec l'éther ? Quel mal y a-t-il à considérer l'espace comme un support vide sur lequel la matière se déplace ? Le problème est que si l'espace est réellement vide, il est alors difficile de comprendre comment se propage la force gravitationnelle. En formulant sa fameuse loi de la gravitation, Isaac Newton a établi une description quantitative de la force gravitationnelle, tout en restant pleinement conscient qu'il n'expliquait pas comment cette force pouvait se propager à travers les distances

Dans le cas d'un monde plan, nous avons supposé que la surface sur laquelle se produisent les mouvements était inerte, hormis ses vibrations. Ce n'est qu'un support homogène. Pour simplifier, nous appellerons cette surface l'*éther*. Cet éther, que nous supposons donc n'être qu'une mince feuille homogène, sans structure particulièrement définie, est excité par des perturbations réelles de la matière sous forme de vibrations qui propagent les effets de ces perturbations comme la lumière et la chaleur, vers d'autres régions de la matière. Mais il nous est également possible, toujours dans le cas d'un monde plan, d'aborder l'éther sous un angle totalement différent.
Imaginons maintenant qu'au lieu d'être une pellicule homogène n'ayant qu'un rôle de support, l'éther soit, de manière permanente, sillonné par un quadrillage.

CHARLES H. HINTON, *Une ère nouvelle de la pensée,* 1888.

Fig. 69. Comment envoyer des signaux dans le vide ?

dans un espace vide. A la fin du XVIIe siècle, Newton écrivait avec amertume :

> Il est inconcevable que la matière brute et inanimée puisse, sans l'intermédiaire de quelque chose d'autre qui ne serait pas de nature matérielle, agir sur une autre matière et l'affecter sans contact réciproque. Qu'un corps puisse agir sur un autre, à distance, à travers le vide, sans aucun intermédiaire... me paraît d'une si grande absurdité que je suis convaincu qu'aucun être humain, habitué à raisonner dans le domaine de la philosophie, ne saurait l'accepter.

Comme nous le verrons bientôt, la théorie moderne de la gravitation, telle qu'elle a été formulée dans la théorie de la relativité générale d'Einstein, met en jeu une sorte d'« éther emplissant l'espace » pour expliquer comment les corps qui gravitent peuvent influencer le mouvement d'objets éloignés. Pour Einstein, l'éther continu n'est pas autre chose que l'espace lui-même, et c'est la courbure de cet éther dans les dimensions supérieures qui est à l'origine de l'attraction gravitationnelle ! Mais n'anticipons pas.

A la fin du XVIIIe siècle, Thomas Young et Augustin Fresnel défendirent avec succès la théorie selon laquelle la lumière, plutôt que d'être un courant de particules, avait un mouvement de nature ondulatoire.

Nombre de phénomènes optiques, comme la diffraction et la polarisation, semblaient indiquer que la lumière devait être une vibration au sein d'un milieu sous-jacent. On supposait que le cosmos était rempli d'un « éther luminifère » transmettant ce mouvement ondulatoire qu'est la lumière. Et au cours du XIXe siècle, cet éther fut également considéré comme le support des forces magnétiques et électriques.

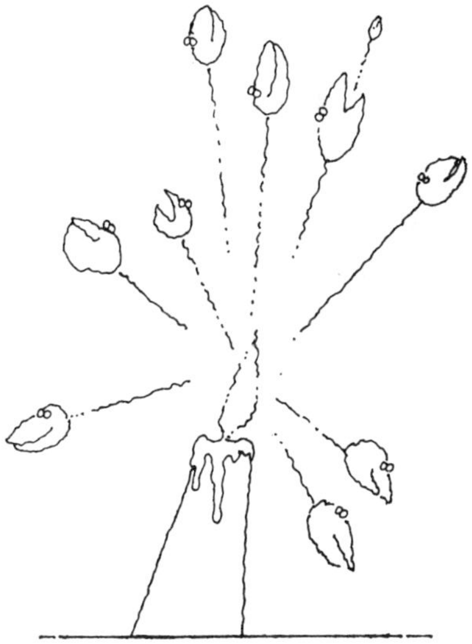

Fig. 70. La dualité onde-particule.

Aujourd'hui, la mécanique quantique nous a familiarisés avec la conception selon laquelle la lumière est à la fois une onde et une particule. Tout en ayant le caractère d'un solide, un photon est un petit paquet d'onde, qui peut fuser à travers l'espace vide sans s'appuyer sur une quelconque gelée vibratoire. Pour comprendre simplement à quel point l'idée d'un éther porteur de lumière paraissait étrange, essayez d'imaginer, au XIXe siècle, un salon que l'on aurait vidé de tout son éther luminifère. Les lampes à gaz auraient brûlé sans que personne ne puisse les voir ! Une source de lumière sans éther luminifère pour transporter les vibrations lumineuses aurait paru aussi étrange qu'une cloche résonnant silencieusement dans une pièce où l'on aurait fait le vide.

L'idée d'une pièce vidée de son éther était, bien sûr, tout à fait irréaliste, car la plupart des théoriciens de l'éther croyaient que la matière ordinaire présentait une structure au sein de laquelle l'éther pouvait pénétrer. Selon les propres mots de Thomas Young, l'éther était capable de passer à travers les objets solides « comme le vent dans les arbres ». Et dans ce cas, aucun mur n'aurait pu maintenir l'éther à l'extérieur d'une pièce.

L'idée d'un vent d'éther soufflant à travers notre corps est plutôt rafraîchissante. Parfois, me tenant en plein vent au sommet d'une colline, j'ai eu l'impression que l'air soufflait à travers mon corps, m'enlevant des molécules. Si nous pensons vraiment que l'éther et l'espace sont une seule et même chose, nous pourrons alors considérer avec raison que c'est véritablement l'éther qui souffle à travers notre corps lorsque nous nous déplaçons dans l'espace.

Mais est-ce que cela a *réellement* un sens ? Il est évident que nous pouvons nous déplacer relativement à d'autres objets, mais est-ce que l'espace est le genre de choses par rapport auxquelles on peut se déplacer ? Il se trouve que la réponse est *non*. On entend parfois dire que la physique moderne a prouvé que l'éther n'existait pas. Ce qu'il faut comprendre par là, c'est qu'en fait la physique moderne a prouvé qu'il n'y avait aucun sens à parler de mouvement relativement à un espace vide. Comment en est-on arrivé là ?

A la fin du XIXe siècle, astronomes et physiciens s'intéressèrent à la détermination du mouvement absolu de la Terre. Leur idée était que si l'espace était rempli d'un éther stagnant, immobile, dans lequel notre Terre, notre système solaire et notre galaxie s'adonnaient à leurs ébats, nous devrions alors sentir une espèce de brise d'éther nous caresser le visage. Et la direction dans laquelle cette brise soufflerait le plus fort serait celle dans laquelle nous nous déplacerions réellement.

« Sentir cette brise », c'est bien sûr une image : l'expérience consistait en fait à mesurer la vitesse de la lumière dans différentes directions. La lumière se déplacerait plus vite dans le sens du vent d'éther, moins vite dans le sens contraire.

On fit un grand nombre de tentatives pour mesurer le mouvement de la Terre par rapport à l'éther, la plus

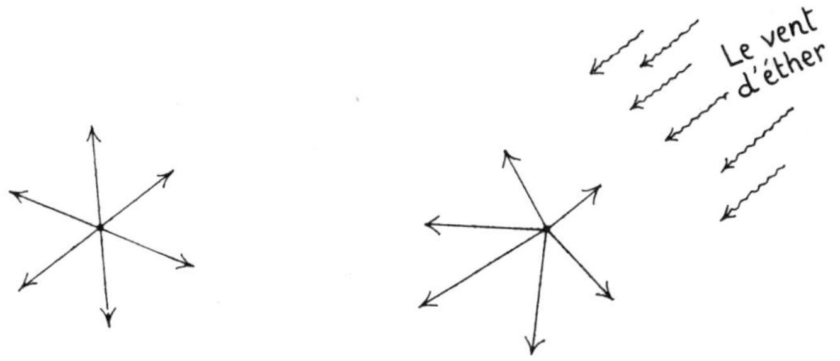

Fig. 71. Une source de lumière, avec et sans le vent d'éther.

célèbre d'entre elles étant la fameuse expérience de Michelson et Morley de 1887. Les résultats montrèrent qu'un signal lumineux voyage toujours à la même vitesse, quelle que soit sa direction. Sentir la vitesse du vent d'éther en mesurant la vitesse de la lumière reviendrait à planter un drapeau à l'extérieur d'un vaisseau spatial pour voir dans quel sens vous vous déplacez. Mais vous ne verriez rien : il n'y a pas d'air dans le cosmos, et donc pas de vent.

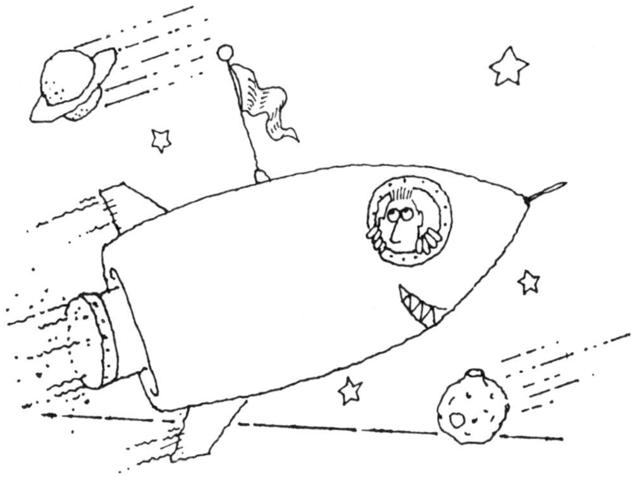

Fig. 72. Pas d'air, pas de vent.

Malgré le résultat négatif de l'expérience de Michelson et Morley, quelques physiciens espérèrent cependant trouver un autre moyen de mesurer le mouvement de la Terre par rapport à l'espace et à l'éther. Mais la plupart des scientifiques en vinrent à douter qu'il y eût, même en principe, une possibilité de détecter un vent d'éther. Ce n'est que cette hypothèse que fit Einstein en 1905, lorsqu'il créa sa très puissante théorie de la relativité restreinte. Cette théorie, que nous discuterons plus en détail au chapitre 9, repose sur deux hypothèses : *1.* la vitesse de la lumière reste toujours la même, et *2.* il n'y a aucun moyen de déceler un mouvement absolu.

La première de ces hypothèses était, vers 1905, assez bien confirmée, d'après les expériences du type Michelson et Morley. La deuxième hypothèse, elle, représente une façon entièrement nouvelle et dramatique de voir le monde. Selon Einstein, *il n'y a aucun moyen de détecter un mouvement dans un espace vide.* Il passa ainsi d'un fait expérimental (la mesure de la vitesse des rayons lumineux ne révèle pas l'existence d'un vent d'éther) à une hypothèse de portée tout à fait générale (aucune expérience ne pourra jamais mettre en évidence un vent d'éther).

Ce concept d'éther du XIXe siècle peut faire sourire beaucoup d'entre nous. Mais n'oublions surtout pas que, dans la mesure où nous croyons que l'espace existe en lui-même, nous sommes attachés, nous aussi, au concept d'éther. L'espace vide, c'est l'éther, et l'éther, c'est l'espace vide. Mais que signifie alors, par rapport à l'éther, la deuxième hypothèse d'Einstein ? Voici ce qu'écrivit Einstein à ce sujet, en 1920, dans un exposé intitulé *l'Éther et la Théorie de la relativité.*

> Une réflexion plus attentive nous apprend pourtant que cette négation de l'éther n'est pas nécessairement exigée par le principe de la relativité restreinte. On peut admettre l'existence de l'éther, mais il faut alors renoncer à lui attribuer un état de mouvement déterminé.
> Qu'on imagine des ondes à la surface de l'eau. Ce phénomène peut donner lieu à deux descriptions tout à fait différentes. On peut d'abord suivre comment la surface ondulatoire, qui forme la limite entre l'eau et l'air, change avec le temps. Et l'on peut aussi — à l'aide par exemple de petits corps flottants — suivre comment la position de chaque particule d'eau change avec le temps. Mais s'il n'y avait pas de tels petits corps flottants nous permettant de suivre le mouvement des particules du fluide, et qu'en général on n'observait dans tout ce phénomène que le changement de la position de l'espace occupé par l'eau — lequel changement s'effectue dans le

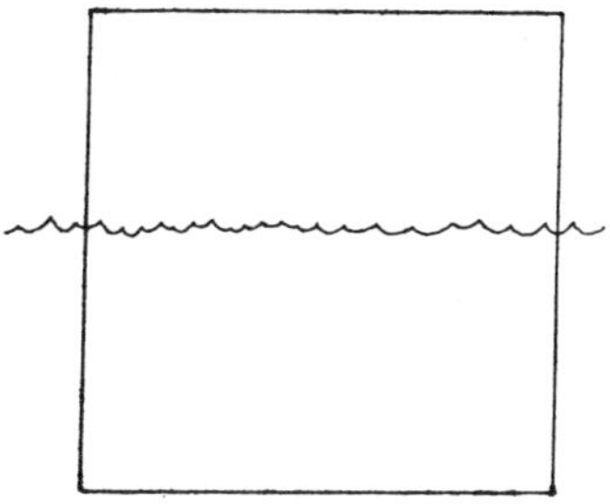

Fig. 73. L'espace est comme la surface de la mer.

temps —, nous n'aurions alors aucun motif d'admettre que l'eau est composée de particules mobiles. Mais nous pourrions quand même la considérer comme milieu.
En généralisant, nous pouvons dire : on peut imaginer des objets physiques étendus où la notion de mouvement ne trouve aucune application. Ils ne doivent pas être conçus comme étant constitués de particules, dont chacune pourrait être suivie dans le temps. Le principe de la relativité restreinte nous interdit de considérer l'éther comme constitué de particules qu'on peut suivre dans le temps ; mais l'hypothèse de l'éther comme tel ne contredit pas la théorie de la relativité restreinte.

Le lecteur pourra se demander pour quelles raisons Einstein se préoccupa de telles subtilités intellectuelles. Si l'éther n'est pas constitué d'éléments que l'on peut suivre individuellement, pourquoi s'en préoccuper ? Pourquoi ne pas passer là-dessus et dire simplement que l'espace vide est un pur néant ? Pourquoi prétendre que l'espace est constitué d'une substance continue que l'on appelle l'éther ? Retournons à Terreplate pour trouver une réponse.

Malheureusement, la passion du moment prédomine chez le Sexe faible, plus que toute autre considération. Dans leurs accès de colère, elles en arrivent à oublier tout sentiment et ne font pas de quartier. Ainsi, j'ai connu moi-même le cas d'une Femme qui extermina toute sa maisonnée et qui, une demi-heure après, sa rage passée et sa maison remise en ordre, demanda ce qu'étaient devenus son mari et ses enfants...
Même dans nos foyers les mieux réglés où les familles sont pratiquement Circulaires, on ne peut dire que notre idéal de vie familiale soit aussi élevé que chez vous à Terrespace. S'il y règne une certaine forme de bonheur, ce n'est que dans la mesure où l'on peut désigner par là l'absence de massacre, et s'il s'établit une certaine harmonie des goûts et des activités, ce n'est que par nécessité...

EDWIN A. ABBOTT, *Terreplate,* 1884.

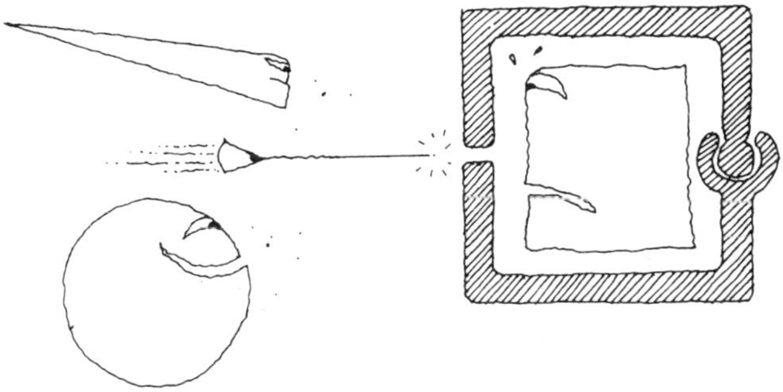

Fig. 74. Un Carré, juste avant d'être guillotiné.

Le Cercle en Chef avait décidé de faire exécuter Un Carré par sa femme... C'était un segment de droite, assoiffé de sang, extrêmement désireux de couper le pauvre Carré en deux. Notre pauvre héros se trouvait alors enchaîné dans une boîte solide munie d'une petite ouverture. La Reine se précipita vers lui, faisant circuler son extrémité pointue. Elle enfonça sa pointe par la petite ouverture, l'enfonça encore, puis une troisième fois pour faire bonne mesure. Mais lorsqu'on ouvrit la boîte à guillotiner, Un Carré se portait comme un charme. Que s'était-il donc passé ?

Pour comprendre, nous devons imaginer que l'espace de Terreplate ressemble à une espèce de feuille élastique, ou mieux, à un immense film savonneux qui ne pourrait se déchirer. Si alors Un Cube saisissait un point de Terreplate pour l'attirer vers lui, il pincerait une petite région de cet espace qui s'étirerait légèrement par rapport à ce qu'elle est ordinairement. C'est justement ce qui s'est produit. Le Cube a saisi une toute petite portion d'espace à l'intérieur de la boîte à guillotiner et l'a étirée du mieux qu'il a pu. La Reine, avec ses 10 centimètres de long, n'était plus assez grande pour atteindre Un Carré sur son petit « monticule spatial ». Voici maintenant ce que ressentit le Carré (je cite à nouveau un passage des imaginaires *Nouvelles Aventures d'Un Carré)* :

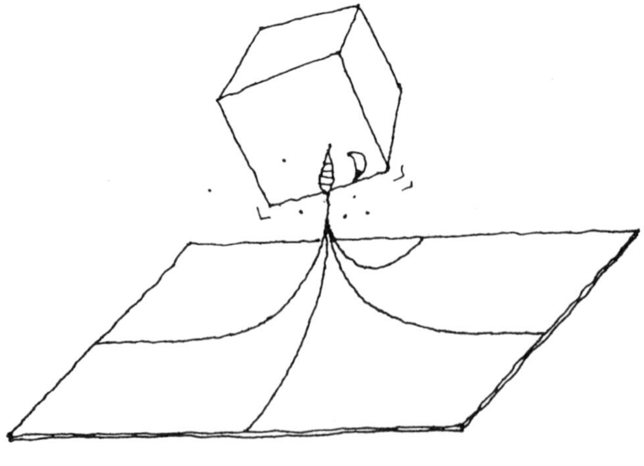

Fig. 75. Un Cube étirant l'espace de Terreplate.

Si le récit de ce qui m'est arrivé vous semble confus, laissez-moi vous dire que cette confusion n'est que le reflet de ce que mes Compatriotes et moi-même avons ressenti.

Le Cube m'appela de l'espace alors que j'étais enfermé dans la Boîte à Guillotiner. Souriant, il m'exhortait au calme et au courage. Dans la triste situation où je me trouvais, ses paroles me semblèrent plutôt désinvoltes, et même légèrement cyniques.

Lorsque la Reine approcha, un étirement bizarre s'empara de tout mon corps. La Boîte tout autour de moi me sembla prendre des Dimensions plus grandes. Et je ne sus comment le trou dans le mur de la Boîte devint si profond que l'extrémité insatiable de la Reine ne put atteindre ma chair tremblante.

Les Aiguillons pointus des Femmes ont tout ce qu'il leur faut, sauf des nerfs : la Reine ne prit donc pas conscience de son échec. Proclamant que l'exécution était accomplie, elle se retira et un Isocèle se chargea d'ouvrir la Boîte.

Mais avant que cela fût terminé, j'étais de nouveau retourné sur mon Axe central. Mon très noble Archétype, le Cube, m'avait replacé dans mon Orientation originale. Comme je lui bredouillais mes remerciements, il prit une Mesure supplémentaire et accomplit une Action décisive qui, de ce jour, garantit ma sécurité. Il s'abattit sur le corps de l'infâme Cercle et broya le cœur de ce Tyran.

L'intérêt de cette histoire est que si nous nous représentons l'espace comme une gelée d'éther continue, il y a

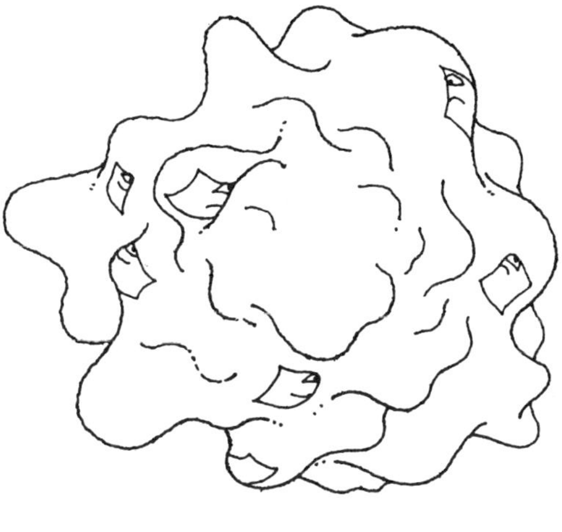

Fig. 76. Un espace difforme.

alors un sens à parler de son étirement et de sa torsion. Car, comme l'a souligné Einstein, bien que nous ne puissions nous imaginer l'espace formé de particules, nous pouvons nous le représenter par des bosses et des ondulations. Il nous est impossible de dire, de la façon la plus absolue, que telle ou telle bosse se déplace dans telle ou telle direction, mais nous pouvons, de manière certaine, repérer comment ces bosses se déplacent les unes par rapport aux autres.

On peut se servir de bosses dans l'espace (à proprement parler, dans l'espace-*temps*) pour expliquer l'attraction gravitationnelle. En 1915, la théorie de la relativité générale d'Einstein contient une théorie de la gravitation que l'on peut résumer au mieux en disant que *1.* la matière et l'énergie déforment l'espace, et *2.* les déformations de l'espace affectent les mouvements de la matière et de l'énergie. L'éther, ou l'espace, deviennent ainsi le milieu qui transmet l'action gravitationnelle. La masse modifie l'espace et l'espace modifie la masse. Voyons comment.

Nous devons imaginer que l'espace se déforme au voisinage d'un corps massif, et cela d'autant plus que la masse est plus importante. Une bonne image de cela est fournie par une balle qui serait placée sur une pellicule élastique très mince. Cette pellicule se creuserait sous la balle. Ou bien encore, on pourrait imaginer un ballon d'hélium placé sous cette pellicule, qui alors s'arrondirait au-dessus du ballon (comme sur la figure 77). Le sens de la déformation, vers le « haut » ou vers le « bas », n'a pas d'importance ; ce qu'il faut noter ici, c'est simplement que la matière déforme l'espace.

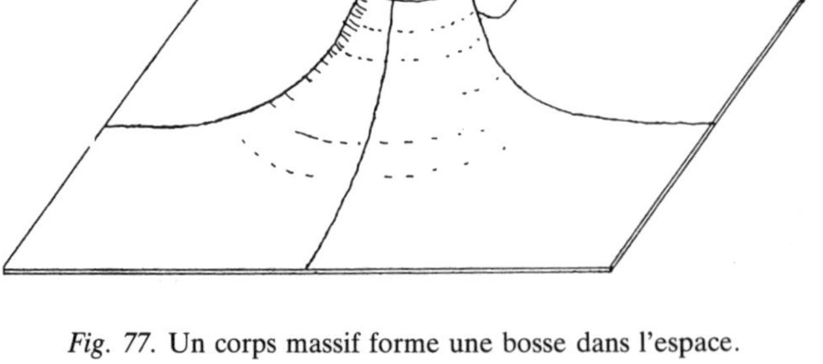

Fig. 77. Un corps massif forme une bosse dans l'espace.

Essayons de voir maintenant comment la courbure de l'espace affecte le mouvement des particules. Un exemple particulièrement instructif est fourni par le mouvement du photon, ce petit grain de lumière.

On croit habituellement que la lumière voyage en ligne droite. Mais si l'espace est courbe, il n'y a plus alors de lignes *réellement droites* dans l'espace. Malgré cela, la

Fig. 78. Le plus court chemin de A vers B.

lumière voyage le long de lignes *les plus droites possible.* De façon équivalente, on peut dire qu'un rayon lumineux, allant d'un point A vers un point B, empruntera toujours *la trajectoire la plus courte possible* reliant A à B.

Et s'il y a une grosse bosse dans l'espace entre A et B, la trajectoire la plus courte ne sera pas celle qui passe directement par-dessus la bosse. Ce sera celle qui fait un compromis entre la voie directe par-dessus la bosse et la déviation qui la contourne. C'est assez facile à comprendre en imaginant, sur la figure 78, que A et B sont deux villages séparés par une montagne. Le chemin le plus naturel et le plus simple est celui qui suit la ligne courbe.

Si nous regardons cette trajectoire d'en haut, elle donne tout à fait l'impression que l'attraction gravitationnelle de l'objet massif a *courbé* le rayon lumineux en *tirant* sur ses extrémités. Mais ce qui s'est passé, en réalité, c'est que la masse a étiré l'espace, si bien que la trajectoire la plus courte de A vers B s'est incurvée dans l'espace. La courbure des trajectoires des objets matériels peut également s'expliquer de la même façon, bien

Le monde physique dans lequel nous vivons ne serait-il pas une pure construction mathématique ? Posons la question différemment : l'espace-temps ne serait-il pas simplement une scène sur laquelle les champs et les particules évolueraient comme des entités « physiques » et « étrangères » ? Ou bien n'y a-t-il uniquement que le continuum quadridimensionnel ? La géométrie courbe et vide de l'espace ne serait-elle pas une espèce de construction matérielle magique à partir de laquelle toute chose du monde physique se formerait : *1.* une lente courbure dans une région de l'espace-temps décrirait un champ gravitationnel ; *2.* une géométrie ondulée d'une courbure de type différent décrirait, dans un autre endroit, un champ électromagnétique ; *3.* un nœud dans une région à grande courbure décrirait une concentration de charge et de masse-énergie qui se déplacerait comme une particule ? Les champs et les particules sont-ils des entités étrangères plongées *dans* la géométrie, ou ne sont-il *que* la géométrie ?

JOHN A. WHEELER, « Curved Empty Spacetime as the Building Material of the Physical World : An Assessment » (« Un espace-temps vide et courbe considéré comme support fondamental du monde physique »), 1972.

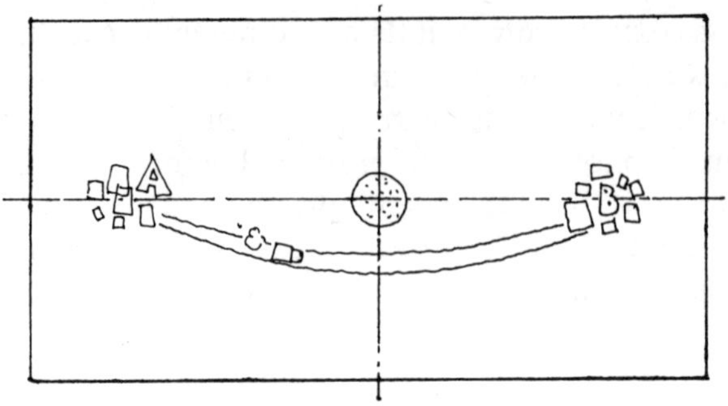

Fig. 79. Le plus court chemin de A vers B, vu d'en haut.

que dans ce cas, la situation soit un peu plus compliquée.

Ainsi, la gravitation peut être expliquée en admettant que la matière courbe l'espace. Mais pourquoi la matière devrait-elle courber l'espace ?

Une explication est que la courbure de l'espace représente ce qu'*est* la matière. William K. Clifford avança le premier cette théorie en 1870, dans un article intitulé « On the Space Theory of Matter » (« Sur la théorie spatiale de la matière ») :

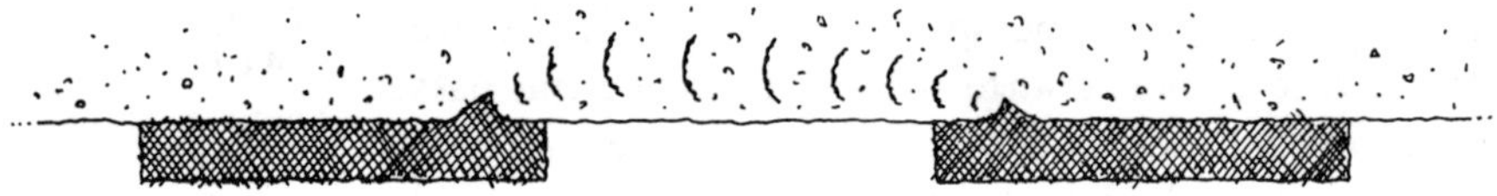

Vue en coupe de la télépathie chez les Astriens.

Problème 6.1

Dans *Astria*, la version de Terreplate proposée par Charles H. Hinton, il est explicitement supposé que les créatures bidimensionnelles possèdent une petite épaisseur et peuvent glisser en tous sens sur une surface rigide. Elles sont comme des rondelles de saucisson posées dans une assiette élastique qui leur servirait de support pour transmettre toutes sortes de vibrations. Chaque Astrien et chaque Astrienne possède une petite pointe 3-D, sorte de « vibreur astral », bien ancrée dans son épiderme. Ce vibreur, plus ou moins de la taille d'une aiguille de phono, oscille au rythme des pensées de chaque Astrien et émet de bienveillantes vibrations dans l'espace support. Tout autre Astrien proche de lui pourra, sans trop savoir comment, percevoir l'essence de ses pensées par l'intermédiaire des vibrations de sa propre pointe. Quelle impression éprouveraient les Astriens si l'un de leurs amis avait été retourné dans la troisième dimension ?

Je tiens pour acquis
1. Que de petites régions de l'espace *sont* en réalité semblables à des petites collines sur une surface pratiquement plate ; c'est-à-dire que les lois habituelles de la géométrie y perdent leur validité.
2. Que cette propriété d'être courbé ou déformé se transmet continûment d'une région à l'autre à la façon d'une onde.
3. Que cette variation de la courbure de l'espace est ce qui se produit réellement au cours de ce phénomène que nous appellons le *mouvement de la matière,* qu'elle soit pesante ou éthérée.
4. Que le monde physique ne se manifeste pas autrement que par cette variation, soumise (éventuellement) à la règle de la continuité.

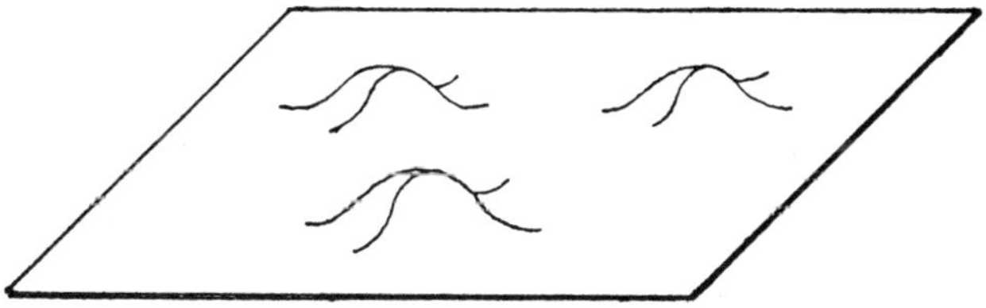

Fig. 80. Trois bouts de matière dans l'espace.

C'est là une vision très intéressante de la matière, vision que le physicien contemporain John Wheeler a nommée la *géométrodynamique.* Traditionnellement, les gens se représentaient la matière comme une substance solide flottant dans l'espace vide. Or, selon la géométrodynamique, l'espace n'est pas réellement vide, ni la matière réellement solide : l'espace est un éther, une substance continue courbée dans les dimensions supérieures. Et la matière se formerait à partir de cet éther.

Cette idée est intellectuellement satisfaisante, car elle parachève une forme ternaire de la dialectique, avec autrefois, comme *thèse* le concept de matière solide, et comme *antithèse* celui d'un espace complètement vide. C'était la matière en face de l'espace ; quelque chose en face de rien. La *synthèse,* elle, consiste à regarder l'espace et la matière ensemble, comme une substance éthérée continue : lorsque l'éther est plat, il forme

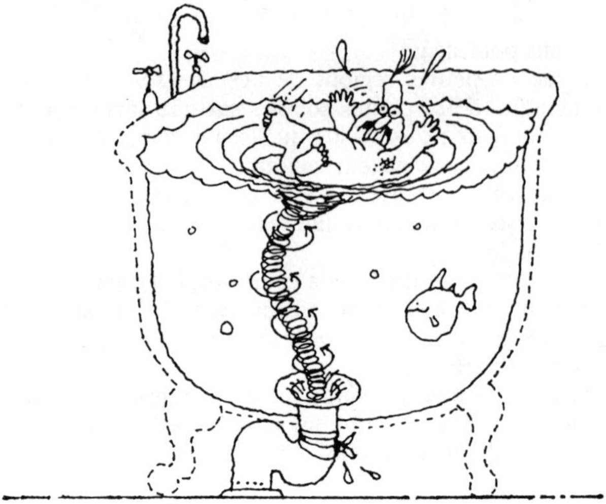

Fig. 81. Le filetage d'un vortex.

l'espace vide ; lorsqu'il est courbe, il forme la matière. La thèse et l'antithèse d'autrefois ne sont que des aspects différents d'une synthèse plus générale !

L'idée de Clifford, la matière surgissant d'une pure courbure de l'espace, fut une démarche très audacieuse. Quelques années auparavant, William Thomson avait fait une première tentative dans cette direction. Plutôt que de considérer la matière comme un « gonflement » à plusieurs dimensions dans l'éther ou dans l'espace vide, Thomson avait suggéré que la matière était constituée de vortex annulaires à trois dimensions dans l'éther.

Un « vortex annulaire » ressemble à un anneau de fumée, comme un cercle d'une substance qui tourbillonnerait sans cesse sur lui-même. La théorie de Thomson s'inspirait d'un théorème de Helmholtz remontant à 1857, qui démontrait que, dans un fluide parfait, les tourbillons ou vortex sont centrés sur des lignes qui, soit sont dirigées vers les limites du fluide, soit se referment en forme de cercles sur elles-mêmes. En observant l'écoulement de l'eau dans une baignoire, on peut remarquer, la plupart du temps, une ligne de vortex du premier type : un tourbillon tremblotant, formé de minces filets qui s'étirent de la surface de l'eau vers le trou de la baignoire. La cheminée d'une tornade offre un exemple similaire d'étirement en vortex. Et lorsque

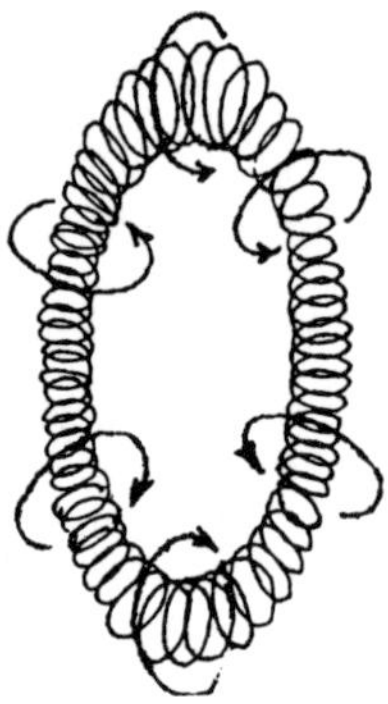

Fig. 82. Un vortexe annulaire.

Fig. 83. Un projecteur d'anneaux de fumée. (Gravure extraite de *Matter, Ether, and Motion (Matière, Éther et Mouvement)* de A.E. Dolbear.)

l'étirement du vortex se referme sur lui-même pour former un cercle, on a un vortex annulaire. La caractéristique remarquable des vortex annulaires est qu'ils forment une région fermée sur elle-même dans le liquide ambiant. On peut observer cela sur un anneau de fumée. Pendant quelques instants du moins, un anneau de fumée ne cède ni ne prend de l'air à l'extérieur... Ce n'est que de la fumée qui s'enroule continuellement sur elle-même.

Au XIXe siècle, plusieurs chercheurs ont réellement construit des projecteurs d'anneaux de fumée et ont pu ainsi passer des heures à observer comment ils se déplaçaient, comment ils vibraient et comment ils s'interpénétraient les uns les autres. On avait l'espoir que les diverses propriétés de la matière puissent s'expliquer en considérant les atomes comme des vortex annulaires

On peut dire, dans l'état actuel de nos connaissances, que la matière du corps humain n'est constituée que de particules visibles, que celle du cerveau n'est constituée que de substances phosphoreuses et autres. Si la conscience individuelle ne dépend que de la présence structurée de ces substances dans le corps et le cerveau, et si cette structure venait à se désintégrer, on aurait de bonnes raisons de croire que cette conscience disparaîtrait entièrement avec elle. L'ambition de ce livre est justement de proposer plusieurs raisons scientifiques pour croire que quelque chose existe au-delà de ce que nous appelons l'univers visible, et que la conscience individuelle est liée à — ou dépend de — l'interaction du visible et de l'invisible.

BALFOUR STEWART ET PETER GUTHRIE TAIT,
The Unseen Universe, (l'Univers invisible), 1875.

Problème 6.2

Imaginons, comme dans le problème 6.1, que les Astriens soient des créatures bidimensionnelles glissant sur la surface d'un espace de nature éthérée. Chaque Astrien possède une pointe tridimensionnelle qui s'enfonce dans l'espace support rigide. De quelle manière les Astriens pourraient-ils utiliser les techniques de la méditation pour pratiquer la lévitation ?

évoluant sans aucun frottement dans un éther ambiant. La théorie des vortex annulaires avait ceci de particulièrement agréable qu'elle expliquait comment les atomes pouvaient posséder une dimension mesurable sans pour antant être divisibles : en effet, un anneau de fumée a un certain rayon, mais si vous essayez de le séparer en deux, vous n'obtiendrez rien d'autre que des courants d'air se dispersant rapidement.

Cette théorie de la matière par les vortex annulaires ne sut fournir aucune prédiction vérifiable et fut véritablement abandonnée. Un des derniers livres à l'avoir soutenue fut un ouvrage curieux intitulé *The Unseen Universe (l'Univers invisible).* Ce livre semble avancer l'existence de l'*âme* sous la forme d'un vortex annulaire noué dans l'éther. En guise d'illustration, ses auteurs (Balfour Stewart et Peter Guthrie Tait) ont placé, sur la page de titre et sur la reliure du livre, le dessin d'un nœud.

Bien que cela ne soit pas immédiatement évident, l'image d'un nœud fait sur un vortex annulaire met en

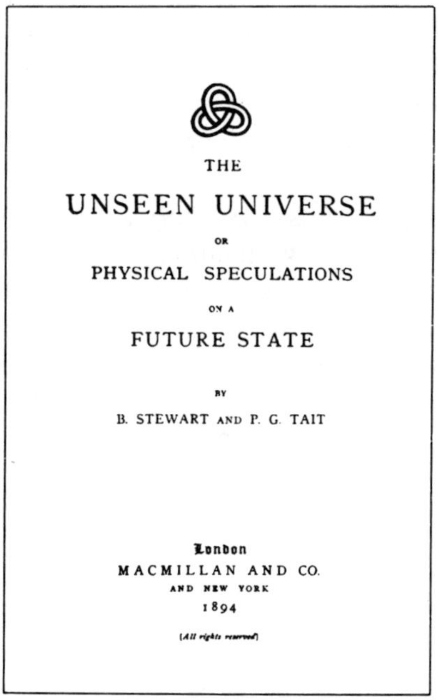
THE

UNSEEN UNIVERSE

OR

PHYSICAL SPECULATIONS

ON A

FUTURE STATE

BY

B. STEWART AND P. G. TAIT

London

MACMILLAN AND CO.

AND NEW YORK

1894

[All rights reserved]

Fig. 84. Page de titre du livre de Balfour Stewart et Peter Guthrie Tait, *l'Univers invisible*.

jeu la quatrième dimension. Et cela, pour la simple raison qu'il est impossible de faire passer un vortex annulaire à travers lui-même ; il forme un tout, aussi indéformable qu'un véritable anneau en matière solide. Tout comme Slade et Zöllner, qui proclamaient que les esprits des dimensions supérieures pouvaient faire un nœud sur leur corde scellée, les auteurs de *l'Univers invisible* prétendaient que Dieu créait nos âmes immortelles en formant des nœuds et des entrelacs sur des vortex annulaires de l'éther. James Clerk Maxwell trouva cette idée amusante et fascinante ; il en fit même un poème :

Mon âme est un nœud enchevêtré
Façonné sur un vortex liquide
Par une Intelligence séjournant dans l'Invisible.
Ne cherche pas à démêler la tienne
De tes propres mains ; tu serais comme le condamné

Fig. 85. « Mon âme est un nœud enchevêtré. »

Qui reste assis à contempler la résistance de ses [chaînes.
Car les outils pour la dénouer
Se trouvent dans l'espace à quatre dimensions.

Que cette vaste étendue homogène de matière isotrope (l'éther) soit considérée non seulement comme un milieu transmettant les interactions physiques entre les corps éloignés, et remplissant également d'autres fonctions physiques dont nous n'avons peut-être encore aucune idée, mais qu'également, comme semblent le suggérer les auteurs de *l'Univers invisible*, cette étendue constitue l'organisme matériel d'êtres aux fonctions vitales et mentales d'un niveau égal ou supérieur aux nôtres, voilà un problème qui dépasse, et de loin, les limites de la spéculation physique.

JAMES CLERK MAXWELL, « The Aether » (« L'éther »), 1876.

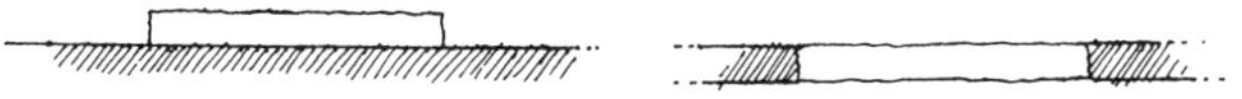

Un Astrien se déplace *sur* son espace, alors qu'un Terreplatien se déplace *dans* son espace.

Problème 6.3

Si nous supposons que les Terreplatiens se trouvent réellement *dans* leur espace, comme les taches d'encre dans le papier et les reflets moirés dans les bulles de savon, un Terreplatien ou une Terreplatienne ne pourra donc exister en dehors de son espace. Comment alors Un Cube a-t-il pu, pour retourner Un Carré, le soulever hors de l'espace de Terreplate ?

Vers la fin du XIXe siècle, on vit apparaître des théories de plus en plus bizarres sur la matière, l'éther et la quatrième dimension, théories qui faisaient plutôt penser à des ornementations baroques et surchargées, aux corsets et jupons superposés de l'époque victorienne, à une fin de siècle opulente et décadente.

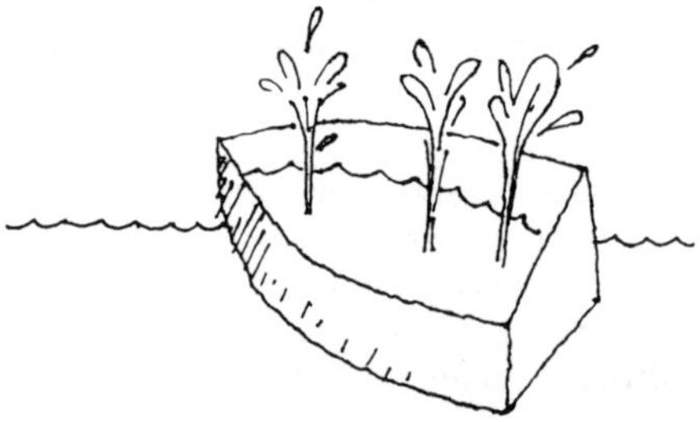

Fig. 86. Jets d'eau.

Ainsi, en 1892, Karl Pearson, dans *The Grammar of Science (Grammaire de la science),* imagina que l'éther était un fluide quadridimensionnel qui s'infiltrait dans notre espace à trois dimensions — comme l'eau qui sortirait par des trous au fond d'une barque :

> Dans cette théorie, un atome est conçu comme un point par lequel l'éther s'écoule dans toutes les directions de l'espace ; un tel point est appelé un *jet d'éther.* Un jet d'éther dans l'éther fonctionne donc comme un robinet qui serait placé sous l'eau, mis à part que le jet d'éther n'aurait pas de mécanisme. Deux jets d'éther peuvent se déplacer dans l'éther relativement l'un à l'autre, exactement comme deux particules soumises à la gravitation, leur masse étant en rapport avec le débit de l'éther dans le jet.

Problème 6.4

Acceptons, avec Einstein, qu'il soit possible de marquer ou de repérer de manière permanente un point dans l'espace. Supposons maintenant que nous trouvions un trou dans cet espace. Pourrait-on utiliser ce trou pour localiser un endroit précis de l'espace ?

La théorie de Pearson met en jeu une quatrième dimension qui est utilisée pour recevoir « le mécanisme des robinets » qui transmet le courant d'éther vers chaque atome. Et deux jets d'éther s'attireront l'un l'autre justement parce que l'éther entre eux se déplace plus rapidement que dans les autres régions de l'espace. Laissez-moi vous expliquer cela brièvement. Il existe, en mécanique des fluides, une loi qui s'appelle la loi de Bernoulli, et qui affirme que la pression dans un fluide est d'autant plus basse que le fluide se déplace rapidement. Puisque l'éther entre les deux jets se déplace rapidement, il apparaît entre eux une région de basse pression qui va se trouver comprimée par l'éther envi-

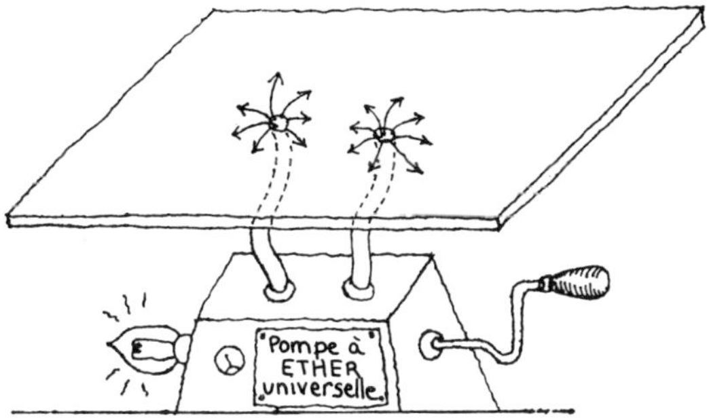

Fig. 87. Deux jets d'éther dans Terreplate.

Problème 6.5

Les quasars sont des objets très brillants et très éloignés dans notre espace. Récemment, des astronomes ont découvert deux quasars qui semblaient inhabituellement proches l'un de l'autre. Une analyse plus précise de ces deux points lumineux révéla qu'ils étaient, en fait, deux images d'un même quasar. On interpréta cela en supposant la présence d'une galaxie très massive entre le quasar et nous. Pouvez-vous faire une figure de la « bosse spatiale » expliquant cette division de l'image du quasar ?

Problème 6.6

D'une manière générale, nous représentons la courbure de l'espace que crée une certaine masse par une bosse arrondie. Supposez maintenant que la masse soit véritablement ponctuelle. Quelle serait la forme de l'espace qui la représenterait le mieux ?

ronnant. Et les deux jets d'éther se déplaceront alors comme s'ils étaient soumis à l'attraction gravitationnelle.

Toutes ces théories étaient complètement folles... mais aucune ne le fut assez pour être vraie !

Au chapitre 11, nous verrons comment, aujourd'hui, on imagine la matière à partir de l'éther-espace. L'idée de Clifford — la matière est une bosse dans l'espace — fut, à un niveau fondamental, tout à fait correcte ; mais il a manifesté un esprit trop conservateur en supposant que l'espace sous-jacent était à trois ou quatre dimensions. Car, selon la mécanique quantique contemporaine, un élément de matière est une « bosse » dans un espace de Hilbert à une *infinité* de dimensions !

7. La forme de l'espace

Dans le dernier chapitre, nous avons brièvement mentionné l'idée selon laquelle l'espace pouvait être *courbé* en se gonflant dans la quatrième dimension. Et nous avons rencontré deux sortes de courbures spatiales : la courbure à moyenne échelle, associée à l'attraction gravitationnelle, et la courbure à petite échelle qui rend compte de la matière. Nous allons maintenant parler de la courbure à grande échelle de l'espace pris comme un tout.

Pour bien comprendre ce que signifie ces différentes « échelles de courbure », considérez la chose suivante. A grande échelle, nous disons que la surface de la Terre a la forme d'une sphère — avec un petit renflement à l'équateur. A moyenne échelle, ou à l'échelle d'un être humain, la Terre nous apparaît comme une surface avec des plaines et des montagnes. Et à petite échelle, la surface de la Terre se sépare en rochers individuels et en mottes de terre.

Mais encore une fois, lorsque je parle de la *courbure à petite échelle de l'espace*, je pense à des boules ou à des bulles ou encore à des vortex minuscules que l'on peut convenablement comparer à des particules élémentaires. Lorsque je parle de la *courbure à moyenne échelle de l'espace*, je me réfère aux gonflements de l'espace de la

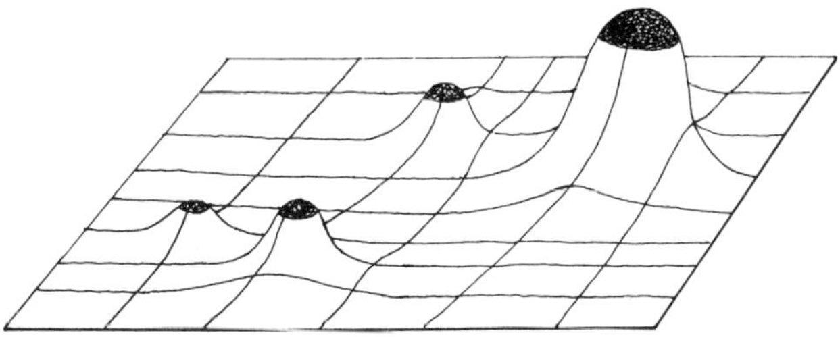

Fig. 88. La courbure à moyenne échelle.

En cosmologie, il y a si peu d'autres choses sur quoi s'appuyer qu'on accorde une confiance un peu trop excessive à la simplicité physique, à la pure pensée et à la connaissance révélée. Dans cette situation désespérée, nous n'avons abouti qu'à des représentations simplifiées de ce que doit être l'Univers. Notre grand objectif est maintenant de nous familiariser avec l'Univers, de voir si l'une de ces représentations ne pourrait pas en être une approximation raisonnable, et si oui, comment améliorer cette approximation. Et la grande exaltation en cosmologie, c'est que les perspectives pour y parvenir paraissent très prometteuses.

P. J. E. PEEBLES,
Physical Cosmology (Cosmologie physique), 1971.

taille de planètes et de galaxies qui, selon Einstein, rendent compte des effets de l'attraction gravitationnelle. Et maintenant, parlant de la *courbure à grande échelle de l'espace*, je m'interroge sur la forme globale de notre univers.

Quelle est la forme de l'espace ? Est-il plat, est-il courbé ? Est-il tranquillement étendu ou est-il tordu et

Fig. 89. Quelle est la forme de l'espace ?

ratatiné ? Est-il fini ou infini ? A quoi ressemble-t-il le plus : *a.* à une feuille de papier, *b.* à un désert sans fin, *c.* à une bulle de savon, *d.* à un beignet, *e.* à un dessin d'Escher, *f.* à un cornet de glace, *g.* à une branche d'arbre, ou *h.* à un corps humain ?

Les questions sur la forme globale de l'espace sont du ressort d'une science que l'on appelle la cosmologie. J'adore la cosmologie : il y a quelque chose d'exaltant à regarder l'Univers entier comme un objet unique avec sa forme particulière. Quelle entité, Dieu excepté, est plus digne d'attention pour l'homme que le cosmos lui-même ? Oubliez votre compte en banque, oubliez la guerre, oubliez le meurtre, et parlons de l'*espace*.

Les anciens semblent avoir pensé, pour la plupart, que notre univers était borné. Ils pensaient que la Terre elle-même, tantôt avait un bord qui la délimitait, tantôt était une boule flottant à l'intérieur d'une grande sphère de cristal où les étoiles étaient suspendues. Mais pour un penseur moderne, la notion d'un univers clôturé par des bords est pratiquement inconcevable.

A quoi ressemblerait d'ailleurs un endroit où l'espace

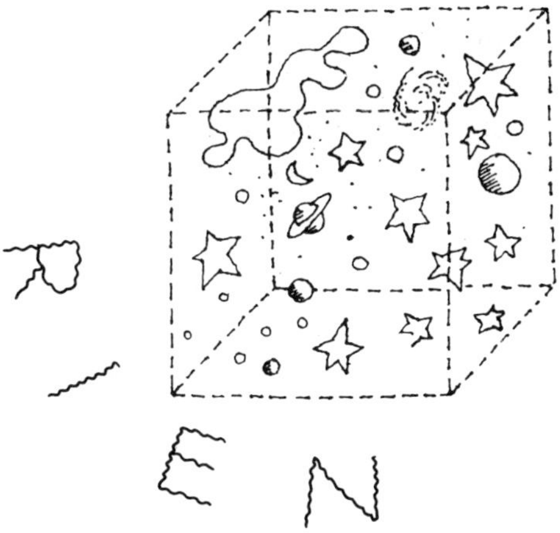

Fig. 90. Un univers fini et borné.

s'arrêterait ? Imaginez une porte noire s'ouvrant sur le Néant. Un objet qui passerait cette porte cesserait tout simplement d'exister. Au-delà de cette porte, il n'y a ni éther ni espace pour soutenir la structure de l'objet. Peut-être une telle « porte s'ouvrant sur Rien » ressemblerait un peu à une étoile qui s'est effondrée pour former un trou noir. Peut-être y a-t-il de telles portes disséminées ici ou là dans notre univers ; mais, pour

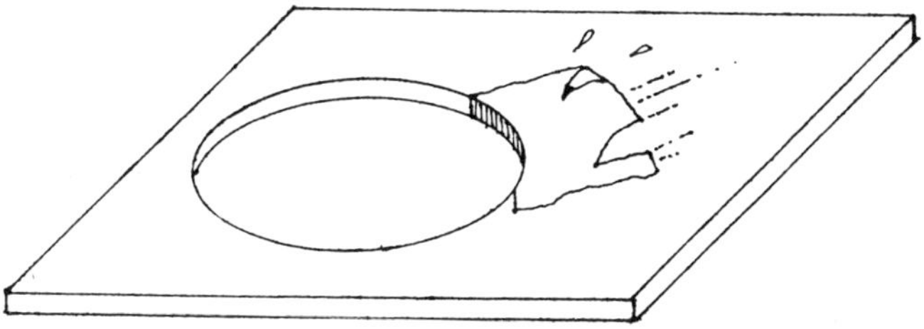

Fig. 91. Un trou dans l'espace.

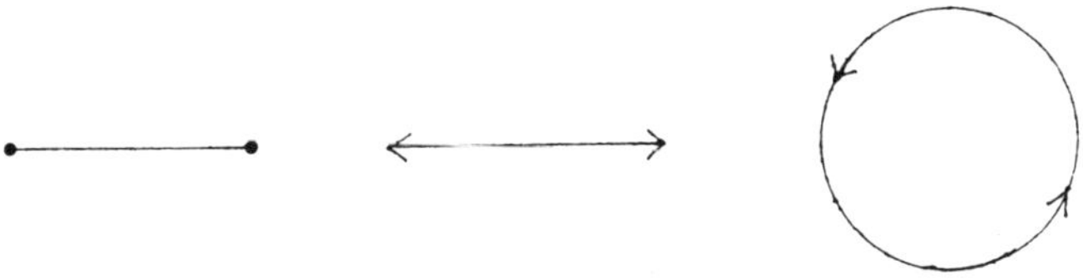

Fig. 92. Trois types d'espace 1-D : fini et borné, infini et non borné, fini et non borné.

A l'endroit où, en janvier, les rayons du soleil passent en caressant la Terre pour se fondre dans l'obscurité, se trouve un monde étrange.
C'est une immense bulle volante d'une matière semblable au verre, mais beaucoup plus dure et opaque.
Et cette bulle, mais bien au-delà de toute comparaison avec nos bulles ordinaires, est comme une mince pellicule détendue et homogène.
Au cours des âges, une fine couche de poussière s'est déposée à sa surface, et cette surface est si lisse que la poussière se meut ici et là, formant des régions plus denses et des amas au gré de ses mouvements et de son attraction.
La poussière est maintenue sur cette surface lisse par l'attraction que l'immense bulle exerce sur elle ; mais elle peut cependant se déplacer librement dans toutes les directions.
Il y a des endroits où cette poussière en suspension s'est accumulée, se déposant en couches successives pour former, au cours des âges, des disques immenses.

CHARLES H. HINTON, « A Plane World » (« Un monde plan »), 1884.

l'instant, nous n'avons pas le sentiment qu'elles existent, même à très grande échelle... Et nous ne pensons pas que notre espace, pris comme un tout, possède des limites. En d'autres termes, nous croyons que notre espace n'est pas borné.

De prime abord, on incline à penser que si l'espace n'est pas borné, il doit également être infini. Mais ce n'est pas le cas. A *une* dimension, le cercle est un exemple de ligne de longueur infinie, mais pourtant sans extrémités : vous pouvez vous promener éternellement sur un cercle. La surface d'une sphère, comme la Terre, est un exemple d'espace à *deux* dimensions qui est fini et non borné. Dans sa célèbre conférence de 1854, « Sur les hypothèses qui servent de base à la géométrie », Bernhard Riemann suggéra le premier que quelque chose de semblable est également possible dans un espace à *trois* dimensions :

> Dans l'extension de la construction de l'espace vers l'infiniment grand, nous devons faire une distinction entre *le caractère non borné* et *l'étendue infinie*. Le caractère non borné de l'espace procède d'une certitude empirique plus élevée que toute expérience extérieure. alors que son étendue infinie n'en découle aucunement. Si nous attribuons à l'espace une courbure constante, l'espace doit alors nécessairement être fini, puisque la valeur de la courbure, aussi petite soit-elle, est toujours une grandeur positive.

Riemann suggère ici que notre espace peut être l'hypersurface 3-D d'une hypersphère 4-D. Au chapitre 3, nous avons examiné à quoi ressemblent les hypersphères vues de l'extérieur. Nous allons maintenant essayer de voir à quoi ressemble une hypersphère depuis sa surface. Pour cela, bien sûr, nous ferons appel à Un Carré. Que se passerait-il pour les Terreplatiens s'ils

Problème 7.1.

Bien que sur une surface courbe, il n'y ait aucune ligne réellement droite, il y existe des lignes plus droites que les autres : plus droites dans le sens qu'elles représentent les chemins les plus courts. Ces lignes les plus droites possible sont appelée les *géodésiques* de la surface. Quelles sont, à votre avis, les lignes géodésiques d'une sphère ?

vivaient non sur un plan, mais sur la surface d'une sphère 3-D ?

Nous avons parlé plusieurs fois du thème de « Terresphère ». J'aimerais maintenant l'aborder sous un angle différent.

Fig. 93. Plaçons Terreplate dans le sous-sol !

En guise d'introduction, et pour en venir là où je veux en venir, je dois confesser que je fus, pendant quelque temps, joyeusement obsédé par l'idée fictive que Terreplate existait réellement, et qu'Edwin Abbott allait tout le temps la regarder. Normalement, nous pensons que Terreplate est un plan infini, mais pour autant que nous puissions voir, il n'y a aucun plan infini brillant, rempli de polygones, qui flotte quelque part autour de la planète Terre. Et comme nous ne voyons pas Terreplate, j'ai pensé qu'elle devait être cachée — disons dans un sous-sol. Je me trouvais alors en face du problème intéressant suivant : comment peut-on placer un monde à deux dimensions non borné dans une pièce ordinaire à trois dimensions ?

Eh bien, j'ai trouvé trois façons de placer Terreplate dans le sous-sol. En voici la première, sous forme d'extraits emprunté à un récit à la première personne d'un certain Arnold Klube. Au début du premier extrait, Klube est sur le point de découvrir Terresphère dans le sous-sol d'une école technique abandonnée.

EXTRAITS DE « GOD OF SPHERELAND » (LE DIEU DE TERRESPHÈRE) D'ARNOLD KLUBE

La porte s'était refermée derrière moi et je descendis avec précaution l'escalier poussiéreux. En bas, je trouvai l'interrupteur. Lentement, hésitant, je l'actionnai.

Imaginez que nous ayons un tube d'ouverture excessivement petite, de forme circulaire, à l'intérieur duquel se trouverait un ver. Dans le cas particulier où le ver et l'intérieur du tube seraient infiniment minces, nous pourrions considérer que nous avons alors un espace à une dimension. En supposant que le ver est incapable de percevoir quoi que ce soit à l'extérieur de son « espace-tube », il lui serait malgré tout possible de tirer certaines conclusions sur la nature de son espace, à condition toutefois de pouvoir distinguer un point C à l'intérieur du tube. Il remarquerait alors les fois où il passe devant ce point C, et découvrirait que cela se produit à chaque fois qu'il fait un tour dans le tube ; en d'autres termes, le ver en arriverait aisément à postuler que son espace est fini. De plus, comme le ver garderait la même *courbure*, il pourrait naturellement supposer que son espace est uniforme, ou que les propriétés de son espace sont les mêmes en tout point.

WILLIAM K. CLIFFORD, « The Common Sense of the Exact Sciences (le Bon Sens des sciences exactes), 1879.

La petite pièce en sous-sol était occupée par une grande sphère, sans poids apparent. D'un diamètre d'environ 2 mètres, la sphère se tenait à quelques centimètres au-dessus du sol. Est-ce que cela pouvait être Terreplate ?

Fig. 94. Terresphère dans le sous-sol.

Je m'approchai pour examiner sa surface luisante. C'était comme la peau tendue d'une énorme bulle de savon : transparente, mais aussi colorée de petites taches remuantes. Cette agitation me parut d'abord tout à fait désordonnée, mais, en regardant de plus près, je commencai à reconnaître de petites avenues le long desquelles ces petites taches colorées se déplaçaient. Ces animalcules brillants et précipités, c'était à n'en pas douter, les Terreplatiens.

Sur un côté de la pièce, je trouvai une paillasse encombrée d'instruments scientifiques, dont surtout un microscope binoculaire monté sur son pied. Tremblant d'excitation j'approchai le microscope tout près de la merveilleuse sphère.

Je vais vous présenter les faits de façon aussi succincte que possible. Le monde que j'ai découvert est un film bidimensionnel ayant la forme d'une sphère de quelque 5 mètres de circonférence. Les habitants de ce monde — que j'appelle Terresphère — sont de petits points polygonaux ayant une largeur moyenne d'un dixième de millimètre. Leur espace a ainsi une circonférence de quelque 50 000 longueurs de leur corps. Par comparai-

son, vous noterez que 50 000 longueurs de corps humain forment 100 kilomètres.
Avant longtemps, j'appris à lire sur les « lèvres » des Terresphériens et à comprendre leur langue. Comme Abbott l'avait raconté, ils ont l'impression de vivre dans un plan infini ! Il nous est assez facile d'imaginer une promenade de 100 kilomètres, mais le fait est qu'aucun Terresphérien n'a jamais fait le « tour » de son espace.

Fig. 95. Arnold Klube.

Il y a de bonnes raisons à cela. Si nous nous rappellons que l'aire d'une sphère est donnée par la formule E^2/π, où E est la circonférence équatoriale, il est alors assez élémentaire de calculer que Terresphère ne peut contenir qu'un peu moins d'un milliard de ces citoyens, même serrés les uns contre les autres. Si mes estimations sont exactes, la population actuelle de Terresphère compte quelque 50 millions d'âmes. Chaque Terresphérien ne peut jouir ainsi que d'une portion d'espace de l'ordre de vingt fois la surface de son propre corps — ce qui, pour nous, serait l'équivalent d'une cellule de prison, avec un plafond bas et juste la place pour s'étendre.
Bref, Terresphère est extrêmement peuplée. Tout son espace est occupé par les habitations et les corps de ses habitants. On retrouve dans ses petites rues sinueuses l'ambiance animée des souks du Proche-Orient. Les vols et les meurtres sont à tous les coins de rues, et il est pratiquement impossible de parcourir de grandes distances.
Les jours et les mois se succédèrent, et je rôdais toujours

autour de Terresphère, attentif comme un dieu désœuvré. Je trouvai sur le plan de travail certains outils qui étaient apparemment destinés à manipuler ces petites créatures.
Des expériences m'apprirent que l'espace de Terresphère n'était pas rigoureusement bidimensionnel, mais possédait une épaisseur bien définie, à peine perceptible. A l'aide de pinces fines et d'un petit scalpel, il me fut possible d'enlever et d'examiner de tout petits morceaux de cet espace. Une fois, j'ai même soulevé un certain Carré, et après l'avoir retourné, je l'ai reposé à sa place.
La modification de Carré fut telle que ses amis cherchèrent à le détruire. Je suis alors venu à son secours en supprimant leur chef qui était un véritable tyran. Depuis, ce Carré m'est complétement dévoué et croit, après avoir vu certains des objets que j'ai enfoncés dans son espace, que je suis un Cube.

Beaucoup de scientifiques pensent aujourd'hui que notre espace a justement la forme d'une hypersphère. Rappelez-vous, nous l'avons vu au dernier chapitre, que la théorie de la relativité générale d'Einstein affirme que la matière courbe l'espace. Et apparemment, s'il y a

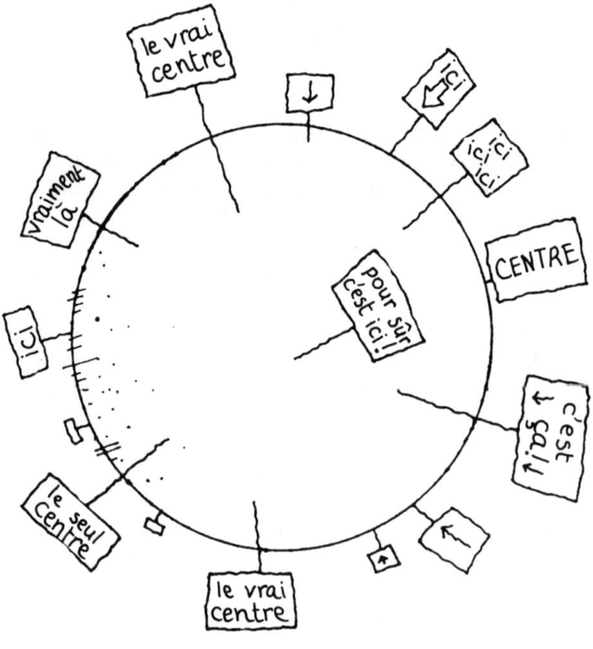

Fig. 96. Chaque point sur la sphère est également central.

suffisamment de matière, la courbure peut devenir assez importante pour recourber l'espace sur lui-même. Si l'espace est hypersphérique, il ne peut alors contenir qu'un nombre limité de galaxies, dont pourtant aucune n'est rejetée à ses extrémités. Chaque galaxie occupe une position aussi centrale que celle des autres. C'est une situation analogue à celle qui existe sur la Terre où chaque pays peut être considéré comme un point central de la planète.

Dans notre espace hypersphérique, on pourrait s'embarquer dans un vaisseau spatial et, en gardant constamment le même cap, normalement revenir dans notre propre galaxie. Mais malheureusement, la circonférence de notre hypersphère est tellement grande qu'il est tout à fait improbable qu'un Magellan puisse un jour effectuer une telle traversée. On estime en effet, que notre espace a une circonférence d'environ 80 milliards d'années-lumière !

Pour avoir une bonne image d'un espace hypersphérique, imaginez-vous flottant dans un espace qui aurait la courbure d'une hypersphère d'une centaine de mètres de circonférence. Imaginez également que vous soyez le seul objet dans cet espace, de sorte que celui-ci serait alors complètement sombre. Vous cherchez alors une torche dans votre combinaison spatiale, vous l'allumez... et, ô surprise, vous voyez apparaître *deux* lumières : une juste à côté de vous, la vôtre, et une autre à cinquante mètres de vous ! Et en plus, il y a quelqu'un d'autre dans l'espace, une autre personne, avec sa combinaison spatiale, et sa torche à la main.

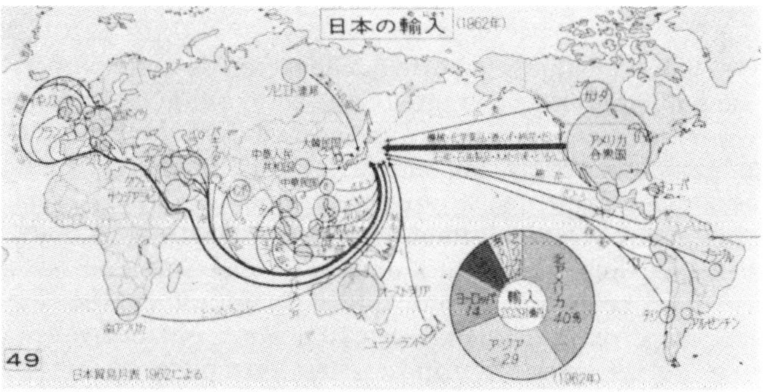

Fig. 97. Une vision non américaine du monde.

Vous décidez alors d'aller voir cette autre personne avec sa torche. Vous laissez votre torche à votre endroit, là, flottant simplement, et vous vous propulsez dans l'espace vide à l'aide de vos petites fusées manuelles que, par chance, vous avez sous la main. Votre torche et celle de l'autre restent immobiles... mais lui, il se sauve

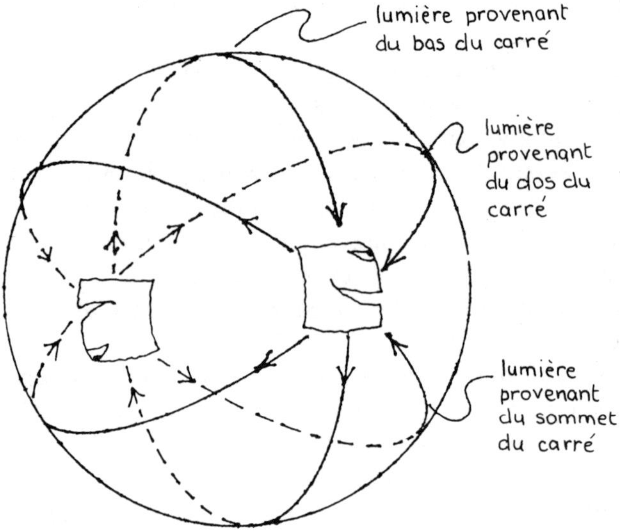

Fig. 98. Un Carré voit une image fantôme.

Problème 7.2.

Supposez que vous découvriez une énorme étoile brillant, ne contenant rien d'autre que du vide et de la lumière. Que pourriez-vous conclure ?

Problème 7.3

La plupart des cosmologistes supposent que n'importe quelle région de notre univers est plus ou moins semblable à n'importe quelle autre. Cette supposition est connue sous le nom de *principe cosmologique*. Il n'existe aucune preuve irréfutable pour le principe cosmologique. Les gens l'ont adopté simplement parce qu'il rend les choses plus simples. Mais supposez maintenant que le principe cosmologique soit faux. Supposez qu'il existe un objet unique très important dans notre univers — un objet unique géant qui serait beaucoup plus massif que n'importe quel autre. Si vous conjuguez cette hypothèse avec celle qui affirme que l'espace est courbé sur lui-même pour former une hypersphère, quelle sorte d'univers obtenez-vous ? Pouvez-vous faire un dessin de cet espace transposé dans Terreplate ou Terresphère ?

maintenant dans l'autre sens ! Il — ou elle ? — est à l'envers par rapport à vous et quoi que vous fassiez, il (ou elle) change de direction pour vous empêcher de vous rapprocher. Est-ce que cette autre personne ne serait pas une image miroir ?

Oui. Imaginez Un Carré sur la surface d'une petite sphère. Et supposez que les rayons lumineux sur Terre-sphère se déplacent dans cet espace sphérique suivant de grands cercles. Nous pouvons remarquer, sur la figure 98, que les rayons lumineux issus du corps d'Un Carré se recoupent tous à l'endroit opposé de la sphère. Cela signifie que le Carré voit à cet endroit tout un ensemble d'images des parties de son corps, et il se trouve que toutes ces images se reconstituent pour former une image fantôme de lui-même, la tête en bas et inversée comme dans un miroir.

Poursuivons. Vous décidez maintenant d'aller voir la torche de l'autre personne. Elle flotte là, flambant au loin, mais lorsque vous l'atteignez pour la toucher, vous trouvez qu'il n'y a rien. Et pourquoi cela ? Parce que l'« autre torche » n'est en fait que l'image virtuelle de votre torche réelle. Ce n'est qu'une image fantôme, formée à l'endroit où se coupent tous les rayons lumineux issus de votre torche.

Encore plus étrange : après avoir rejoint votre torche, vous vous sentez un peu trop à l'étroit dans votre

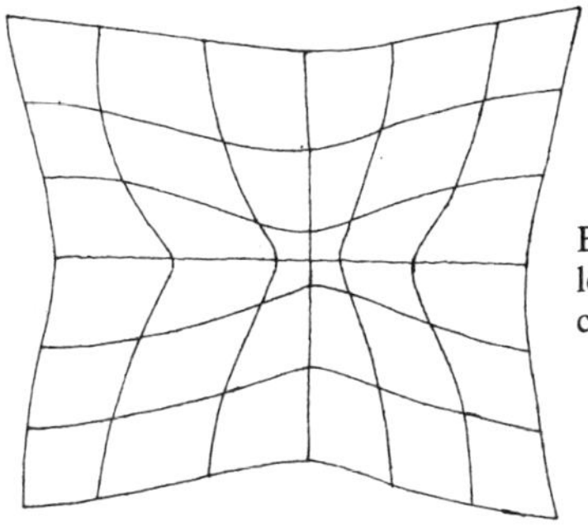

Espace plat dans lequel les distances ne sont pas conservées.

Problème 7.4

Voici une surface quadrillée en deux dimensions. Supposez que vous étiriez cette surface dans l'espace à trois dimensions de façon à ce que la distance entre chaque ligne soit la même. Quelle serait alors la forme de cette surface ?

combinaison spatiale. Vous prenez alors un énorme ballon en caoutchouc, vous entrez à l'intérieur, et vous commencez à le gonfler avec l'air de votre réservoir. Vous avez introduit la torche avec vous, de sorte que le ballon est tout à fait éclairé de l'intérieur. C'est agréable de se trouver dans ce ballon, et ne plus avoir à regarder ces mystérieuses images fantômes de la torche et de vous-même. Vous abandonnez votre combinaison et vous vous prélassez sur la paroi aimablement arrondie du ballon. Le réservoir à côté de vous continue son sifflement et le ballon devient de plus en plus grand.

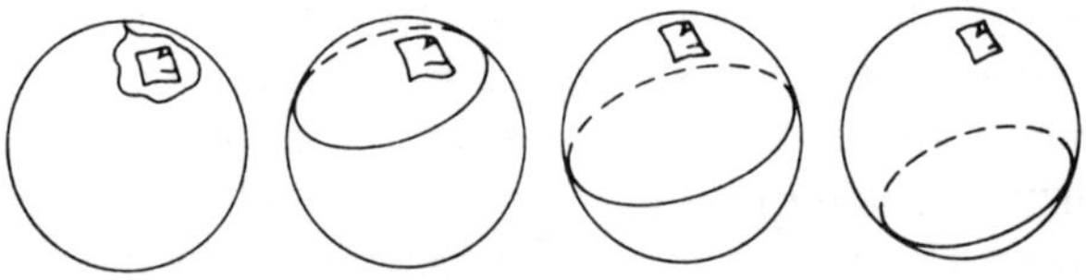

Fig. 99. Un Carré dans le ballon mystérieux.

Soudain, quelque chose ne va plus. La paroi du ballon s'aplatit et commence à se courber dans l'autre sens. Et vous vous retrouvez en dehors du ballon ! Le réservoir est toujours à côté de vous, mais l'air semble se raréfier. Puis, s'éloignant rapidement de vous, le ballon se rétrécit jusqu'à la taille d'un ballon de plage, et s'effondre sur lui-même. Que s'est-il passé ?

Descendez d'une dimension et observez Un Carré. Sur Terreplate, un ballon est tout simplement un cercle élastique. Lorsqu'il s'étire au-delà de l'équateur, il peut alors se rétrécir et reprendre sa forme initiale... de l'autre côté de l'espace sphérique.

Voici une caractéristique très particulière d'un espace hypersphérique. Toute sphère qui se dilate suffisamment longtemps continue de se dilater au-delà de sa taille maximale possible et achève son expansion en se « dilatant » jusqu'à la taille d'un point. Vous pouvez visualisez cela dans notre propre univers en imaginant une flotte de vaisseaux d'exploration quittant la Terre dans des directions différentes. S'ils voyagent tous à la même vitesse, les vaisseaux se trouveront sur la surface d'une sphère en expansion centrée sur la Terre. Après un certain temps, les pilotes remarqueront que, bien qu'aucun n'ait modifié sa course, les vaisseaux se rapprocheront de plus en plus près les uns des autres. L'espace inexploré sera devenu une sphère qui se rétrécit ! Et lorsque les vaisseaux se rencontreront, ils seront aussi loin qu'il est possible de la Terre. Et ils n'auront plus rien à découvrir.

Nous avons maintenant une assez bonne image d'au moins deux sortes d'espaces : l'espace plat, régulier, démodé, et l'espace hypersphérique, fini et non borné. Par « plat », je n'entends rien d'autre que l'espace euclidien standard à trois dimensions, s'étendant à l'infini dans toutes les directions.

Les espaces plats et hypersphériques ont ceci en commun que leur courbure est la même partout. Dit autrement, les plans et les sphères sont des *surfaces à courbure constante*. La sphère n'est certainement pas plate, mais chacun de ses points ressemble à un autre — il n'y a pas de bosses. On peut caractériser les surfaces à courbure constante en disant que ce sont les seules surfaces sur lesquelles on peut déplacer les triangles sans

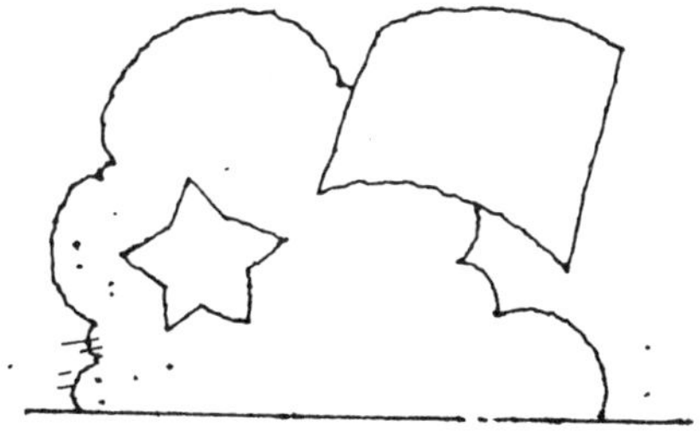

Fig. 100. La courbure gravitationnelle de l'espace.

Une bande de Möbius.

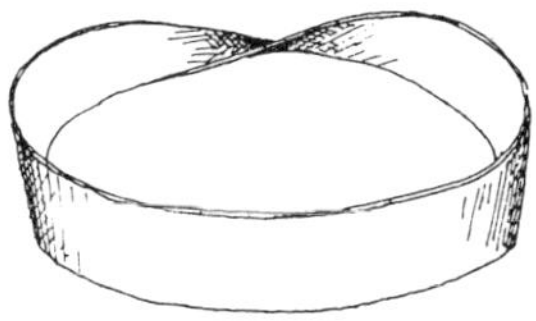

Problème 7.5

On obtient une bande de Möbius en prenant une bande de papier, en la tournant d'un demi-tour, et en recollant ses deux extrémités. Imaginez qu'Un Carré soit une tache d'encre pénétrant toute l'épaisseur du papier de la bande de Möbius. Que va-t-il arriver s'il se met à glisser le long de la bande ?

que les angles et les côtés se modifient. De la même façon en trois dimensions, on dira qu'un *espace à courbure constante* est un espace dans lequel on peut déplacer un corps rigide sans que ses proportions relatives soient modifiées.

Le fait est que notre espace *n'est pas* un espace à courbure constante. Un carré transporté près d'une étoile se déformera en un rectangle incurvé, à cause de la courbure gravitationnelle de l'espace. Cependant, beaucoup de cosmologistes préfèrent supposer qu'au moins à grande échelle, notre espace possède une courbure constante. A moyenne échelle, la Terre n'a rien d'une surface à courbure constante ; mais, à grande échelle, la surface de la Terre ressemble approximativement à une sphère lisse — peut-être alors les bosses gravitationnelles de notre espace s'estompent-elles aussi de façon unie.

Si nous supposons que notre espace possède, à grande échelle, une courbure approximativement constante, quelles possibilités avons-nous alors ? Nous en avons déjà mentionné deux : l'espace plat, et l'espace hypersphérique. Il existe cependant une troisième sorte d'espace à courbure constante. Cette sorte d'espace est habituellement appelé *espace hyperbolique*. Pour voir à quoi ressemble un espace hyperbolique tridimensionnel, jetons d'abord un coup d'œil sur l'espace hyperbolique bidimensionnel. Un peu plus haut, nous nous sommes représenté Terreplate comme la surface d'une sphère. Il s'avère que la meilleure représentation d'un espace hyperbolique à deux dimensions est celle d'une surface que l'on appelle une *pseudosphère*. Mais qu'est-ce qu'une pseudosphère ?

Tout comme une sphère, une pseudosphère peut être conçue comme une surface 2-D. La sphère est plus petite que le plan : courbée sur elle-même, elle est finie, alors que le plan est bien sûr infini. De façon relativement curieuse, la pseudosphère est *plus grosse* que le plan. Le plan et la pseudosphère sont tous les deux infinis, et pourtant la pseudosphère offre davantage de place. Pour commencer à vous pénétrer de l'idée de pseudosphère, vous pouvez vous imaginer rampant sur un plan infini en caramel mou. Tous les deux ou trois pas, vous vous arrêterez pour saisir et étirer le caramel qui deviendra ridé, boursouflé... et de plus en plus spacieux.

Je m'endormis et je rêvai. Mais cette fois, chose étonnante, je ne vis pas l'image de Terreligne — le lieu que j'avais l'habitude de visiter en tant que Terreplatien très savant, penché sur ses citoyens pour leur enseigner la vérité, vérité si évidente pour moi puisque je pouvais voir la réalité de leur situation qu'ils étaient eux, incapables de percevoir — non, je rêvais quelque chose de tout à fait différent. J'étais une Sphère du pays des trois dimensions, et je me trouvais dans mon propre monde, ma propre Terreplate. Non, pas Terreplate, mais Terresphère, car je pouvais maintenant voir clairement que mon monde était incurvé dans une direction que je n'avais jamais remarquée auparavant...
J'ai beau regarder à droite, à gauche, de tous les côtés, mon monde, oui, mon monde ne s'étend pas à l'infini dans toutes les directions. Bien sûr, puisqu'il n'est plus infini. Il n'est plus étiré à l'infini de tous les côtés. Il est courbé, oui, c'est un monde courbe. Je peux en faire le tour ! Je peux aller et voler autour de mon monde, de ma Terreplate sphérique. C'est tout à fait fantastique...
Et les rayons lumineux ? Comment voyagent-ils ? Tout droit ? En lignes droites ? Non, bien sûr que non. Ils ne peuvent pas quitter l'espace, leur espace. Ils doivent suivre la courbe de cet espace, parce qu'ils appartiennent à cet espace. Pour nous, les Tersphériens, ils ressemblent à des droites. Et nous croyons que la lumière voyage en ligne droite. Mais ils ne sont pas véritablement courbés dans notre espace ; ils suivent la courbe de notre espace. Obligatoirement. Mais, vus de l'extérieur, ce ne sont

C'est précisément parce que la pseudosphère est réellement plus grosse que le plan qu'il est si difficile de la représenter par un dessin dans l'espace euclidien habituel. Mais il existe une astuce originale qui permet de rétrécir une pseudosphère pour la ramener à l'intérieur d'un disque. Pour mieux comprendre comment s'opère cette réduction, remarquons tout d'abord que l'on peut ramener le *plan* ordinaire à l'intérieur d'un *carré*.

pas des lignes droites, ce ne sont que les plus courts chemins possibles à la surface d'une sphère.

DIONYS BURGER, *Terresphère,* 1965.

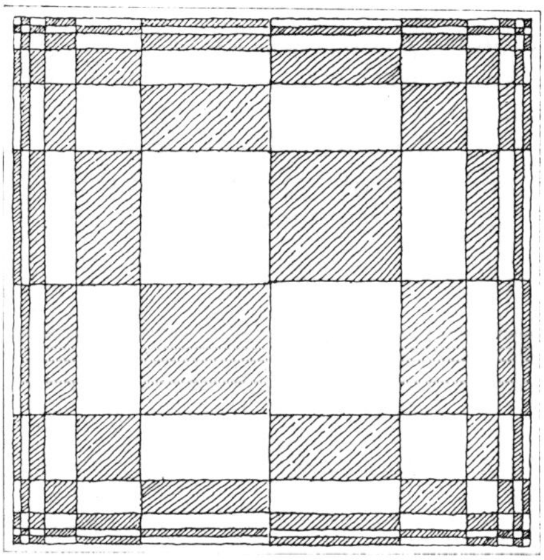

Fig. 101. Un échiquier infini, réduit à la taille d'un carré.

Je vais présenter cette méthode à travers un récit imaginaire à la première personne d'un homme qui a découvert Terreplate dans un sous-sol. Il s'appelle Felix Unglück, et, c'est triste à dire, mais c'est un homme vraiment maladroit.

EXTRAIT DE « THE PURE LAND » (LE PAYS DE LA PURETÉ), DE FELIX UNGLÜK

La porte se ferma derrière moi. Pendant un instant, je ne pus rien voir ; je faisais surtout attention à ne pas tomber. Mais ensuite, en faisant des va-et-vient de la tête, je perçus un rayon de lumière venant d'en bas. Il y avait quelque chose là.

Je trouvai l'interrupteur et j'allumai. Flottant au pied de l'escalier, il y avait un carré en état d'apesanteur, d'environ 2 mètres de côté. Sa forme était irrégulière, plus compliquée vers les bords qui étaient eux, mal dessinés. Au premier regard, je le pris pour une espèce de tapis volant... mais je réalisai ensuite que chaque point coloré qui se déplaçait avait sa vie propre. C'était Terreplate, avec son étendue infinie réduite à un carré de 2 mètres de côté.

Hypnotisé, je descendis l'escalier et je me penchai sur ce monde rétréci. Les petits polygones Terreplatiens s'activaient en tous sens, se dilatant près du centre de carré et se rétrécissant vers ses côtés. C'était comme une bande dessinée vivante... Une bande dessinée *infinie* avec des images de plus en plus petites et serrées en allant vers les bords, une structure qui s'étendait à l'infini dans un espace de 2 mètres carrés.

Soudain, un grand fracas résonna en haut de l'escalier. Effrayé par le bruit, je perdis mon équilibre et je tombai en avant. Mon corps traversa Terreplate aussi facilement que si j'avais plongé dans l'eau.

Les petites créatures s'enfuirent de tous côtés devant mon imposante personne, comme autant de puces

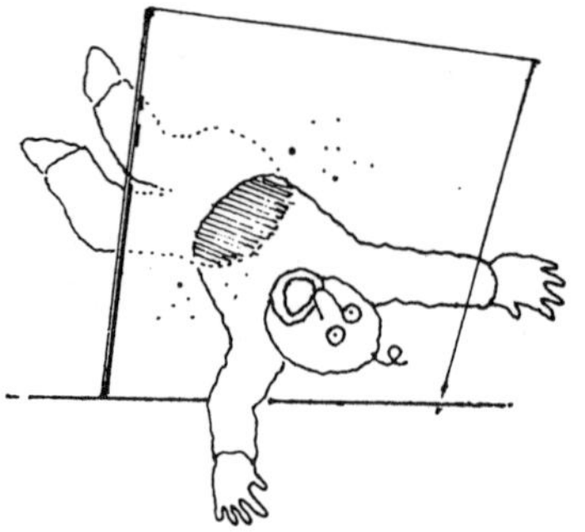

Fig. 102. Félix Unglück.

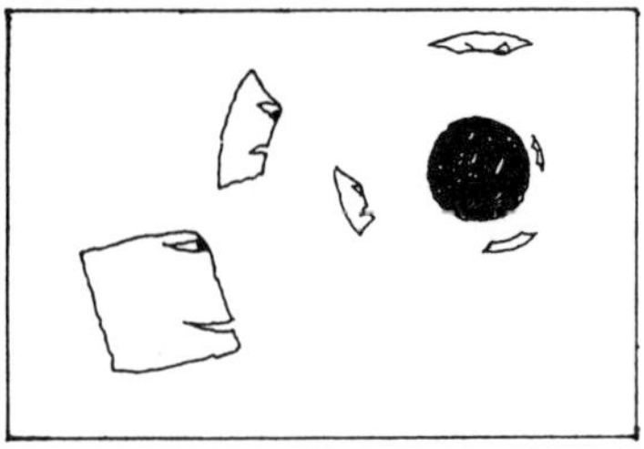

Un trou inaccessible.

Problème 7.6

Supposez qu'il y ait un trou dans Terreplate, mais dans lequel personne ne peut tomber parce qu'il se rétrécit au fur et à mesure qu'on s'en approche. Pouvez-vous dessiner un espace courbe représentant cette situation ?

d'eau. Et moi — véritable malédiction venue de l'infini — je produisis une éclipse totale avant de tomber lourdement sur le sol.
Regardant mon corps, je réalisai avec horreur que j'avais arraché à leur espace toute une multitude de ces êtres innocents. Ils se retenaient à moi, glissant de partout sur mes habits rugueux. Je comprenais qu'ils étaient blessés à mort. Lentement, ce pâle chatoiement s'éteignit sur mes vêtements. Je pris ma tête entre mes mains et je me mis à pleurer.

Fig. 103. « Je pris ma tête entre mes mains et je me mis à pleurer. »

La figure 101 n'est pas une pseudosphère, mais on l'obtient à partir de la même astuce qui nous permettra bientôt de dessiner une pseudosphère. Cette figure représente un plan, un plan infini réduit aux dimensions d'un carré. Comment ? En divisant les distances par deux au fur et à mesure que l'on s'approche du bord du carré.

Certains lecteurs ont déjà entendu parler du paradoxe de Zénon. C'était un philosophe grec qui fut un des premiers à vouloir démontrer que la simple notion de « mouvement » pouvait conduire à un certain nombre de difficultés logiques. Son fameux paradoxe affirme que vous ne pouvez jamais quitter la pièce où vous vous trouvez. Car, selon lui, pour en atteindre la porte, vous devez d'abord parcourir la moitié de la distance qui vous en sépare. Mais une fois cela fait, vous êtes toujours dans la pièce, et pour atteindre la porte, vous avez à parcourir la moitié de la distance qui vous en sépare. Mais une fois cela fait, vous êtes toujours dans la pièce, et pour atteindre la porte, vous devez parcourir la moitié de la

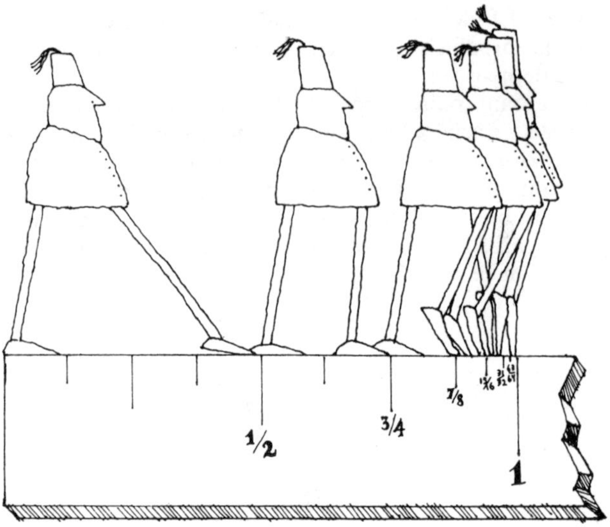

Fig. 104. Beaucoup de pas à l'infini.

distance qui vous en sépare. Mais une fois cela fait...

Le paradoxe, c'est que les deux pas ordinaires que vous auriez à faire pour quitter la pièce peuvent être divisés à l'infini en une suite de pas de plus en plus petits. Dans un certain sens, il vous faudrait donc exécuter une infinité de mouvements pour sortir de la pièce. Mais bien sûr, quand nous marchons normalement, nous n'avons pas l'habitude de faire des pas deux fois plus petits que le précédent, et nous pouvons sortir d'une pièce sans difficulté.

Mais imaginez que vous vous trouviez dans une pièce où règne une espèce de champ de force qui vous diminuerait de moitié à chaque fois que vous feriez un pas en direction de la porte. Partez à deux pas de la porte comme précédemment. Dès votre premier pas, votre taille se réduit de moitié et vous vous trouvez alors à un ancien pas, ou deux nouveaux pas de la porte. Un pas de plus, et vous diminuez à nouveau d'un facteur deux et vous êtes alors à deux pas doublement réduits de la porte !

Dans les figures 101 et 105, nous montrons comment utiliser la contraction de Zénon pour inscrire un plan infini à l'intérieur d'un carré et d'un cercle respectivement. Dans la figure 101, chaque carré du damier est supposé avoir réellement la même taille que les autres.

Autrement dit, nous pouvons reformer un plan à partir de la figure 101 en redonnant à chaque carré du damier la taille unité. Et dans la figure 105, tous les triangles sont supposés avoir la même taille. On peut considérer qu'ils sont disposés suivant des couronnes concentriques, chaque couronne étant deux fois moins large que la précédente. Et là encore, on peut reformer un plan redonnant à ces triangles la taille unité.

Qu'en est-il maintenant de la pseudosphère ? La pseudosphère peut être représentée comme un arrangement infini de triangles courbés contenus à l'intérieur d'un cercle, comme sur la figure 106. L'artiste hollandais Mauritz Escher a souvent utilisé de tels arrangements. Ce qui fait la particularité de la pseudosphère, c'est qu'en ramenant ces triangles à la taille unité (en redressant également leurs côtés), vous ne reconstituerez pas quelque chose qui pourra s'ajuster sur un plan sans que des plis et des replis apparaissent. Remarquez, par exemple, qu'en certains points de l'arrangement pseudosphérique, il y a *huit* « triangles équilatéraux » qui se rencontrent. Alors que si on parvenait à déployer cette structure et à étaler sur un plan, on ne pourrait avoir au plus que *six* triangles équilatéraux ayant un point commun.

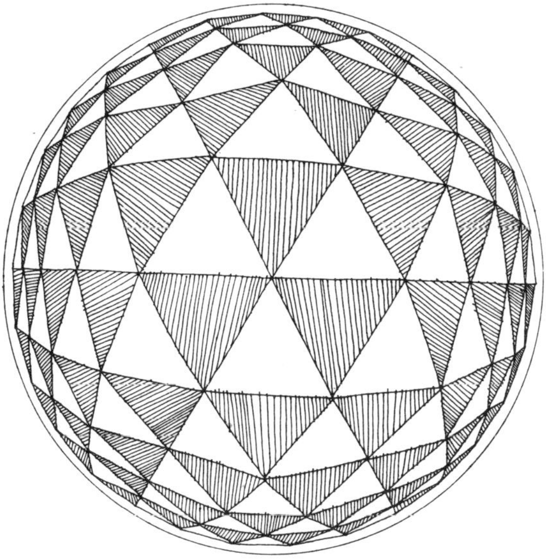

Fig. 105. Un plan infini à l'intérieur d'un cercle.

Fig. 106. Une mosaïque pseudosphérique.

Bien qu'il soit impossible, dans notre espace, d'étaler entièrement la pseudosphère, il est cependant possible de le faire morceau par morceau pour obtenir ainsi plusieurs surfaces bornées à courbure constante. Par exemple, si nous étirons le disque central de la figure de la pseudosphère, il prend la forme d'une selle de cheval. Et alors que la courbure de la sphère garde en chaque point une direction constante, la selle de cheval elle, a en chaque point sa courbure orientée suivant deux directions différentes. Étant à la fois courbée vers le haut et vers le bas, la selle de cheval, une fois déployée, possède, dans un certain sens, une surface plus grande que celle d'un disque plat.

On a un exemple de déploiement encore plus spectaculaire en considérant un secteur situé près du bord « infiniment éloigné » de la pseudosphère. Sur la figure 108, nous avons découpé un secteur suivant les côtés *e, e'* et *H,* et nous avons étiré *e* et *e'* pour leur redonner leur « véritable » longueur infinie. Ensuite, nous avons arrondi *H* pour lui donner la forme d'un cercle et nous avons collé ensemble *e* et *e'* suivant *E*. Dans les années quarante, la figure de droite était parfois appelée une

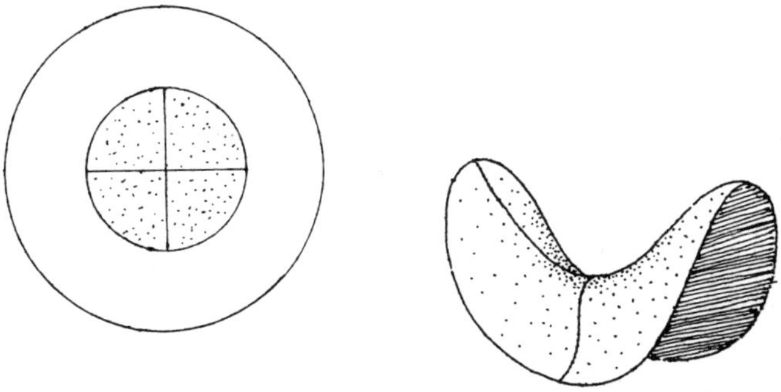

Fig. 107. Un disque de la pseudosphère se dilate en une selle de cheval.

pseudosphère, mais c'était une erreur. Ce n'est simplement qu'un *secteur* recollé de pseudosphère. Et nous, comment allons-nous l'appeler ? La « Trompette de Gabriel » me paraît bien choisi, puisqu'elle a la forme d'un pavillon de trompette et que son embouchure en est infiniment éloignée. Je pense en ce moment à l'image d'un effroyable Jugement Dernier déferlant sur la Terre, avec un ange, dans un ciel infiniment lointain, tendant sa longue et fine trompette pour me souffler sa malédiction dans les oreilles.

On aura donc une assez bonne image de la pseudosphère dans son entier en redonnant à chacune de ses parties sa taille véritable. Mais rappelez-vous maintenant que si nous avons parlé de la pseudosphère, ce n'était que pour avoir un exemple d'un espace hyperbo-

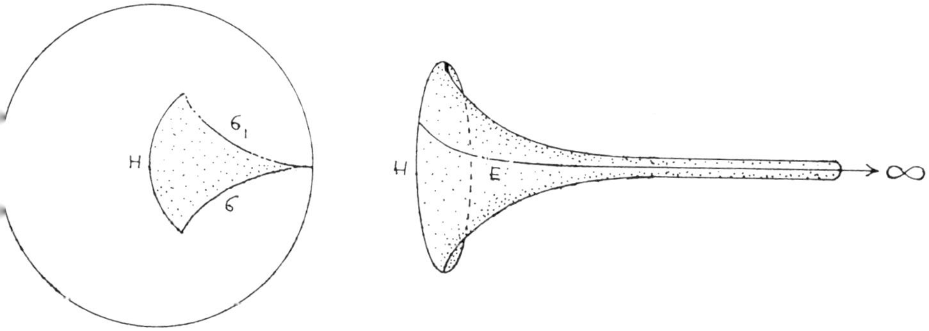

Fig. 108. Un secteur de la pseudosphère s'étire pour former la Trompette de Gabriel.

lique à deux dimensions. Notre véritable but reste cependant de connaître ce qu'est un *espace hyperbolique à trois dimensions*.

A quoi ressemble donc un espace entièrement hyperbolique ? Il faut vous imaginer un espace tridimensionnel infini qui, par étirement, serait devenu encore plus grand qu'un espace plat. Mathématiquement, on peut le représenter en considérant, à l'intérieur d'une sphère, des objets dont la taille se contracterait d'autant qu'ils seraient proches du bord de la sphère. C'est une situation analogue à celle qui consistait à enfermer Terre-plate, qu'elle soit vraiment plate ou pseudosphérique, à l'intérieur d'un cercle.

Cela peut sembler étrange d'imaginer que notre espace se trouve peut-être déformé et contracté de

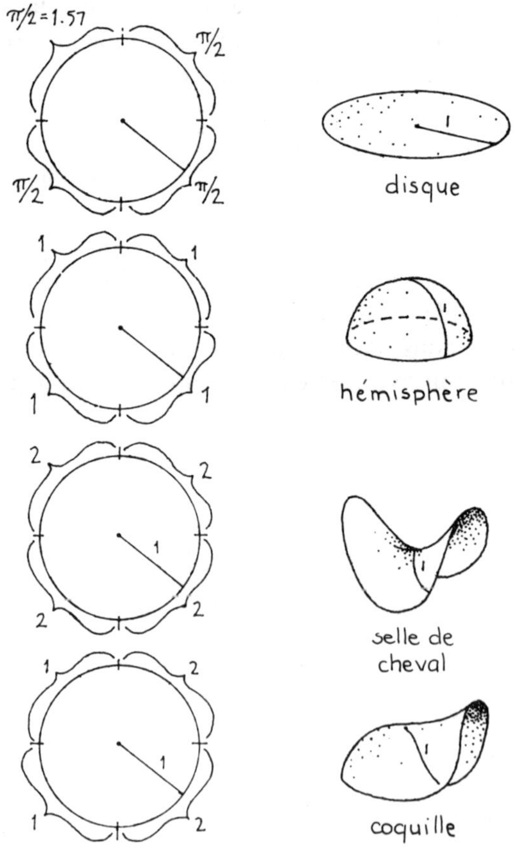

Fig. 109. L'adaptation des longueurs.

manière incroyable à l'intérieur, disons, d'une balle de tennis. Hamlet ne disait-il pas : « O Dieu ! je pourrais m'enfermer à l'intérieur d'une coquille de noix, et me prendre pour le roi d'un espace infini, n'était que j'ai de mauvais rêves ? »

La représentation d'un espace courbe en étirant et rétrécissant par endroits un espace plat est une idée qui est due à Riemann. Comme exemple d'application, nous

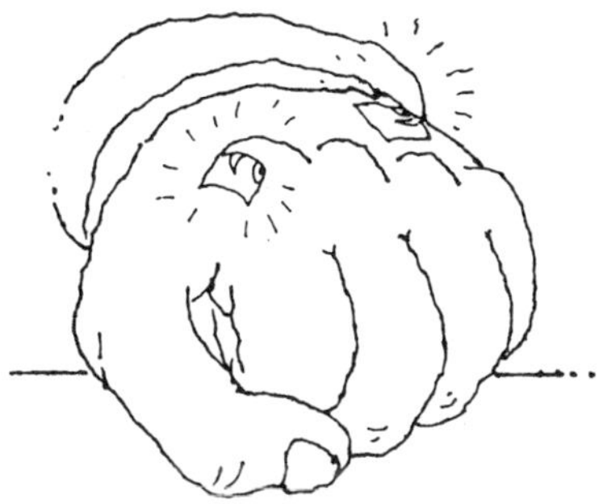

Fig. 110. Votre peau est un espace courbe 2-D irrégulier.

avons indiqué, à la figure 109, comment obtenir quelques surfaces courbes en attribuant à la circonférence d'un cercle unité des longueurs variables. On peut rendre la circonférence plus petite en la recourbant sur elle-même, ou plus grande en lui donnant une courbure dans deux directions différentes.

Quand vous fermez le poing, vous avez remarqué que des petites bosses relativement hémisphériques apparaissent au niveau des jointures. Arrêtez-vous un instant et imaginez que vos taches de son soient les galaxies 2-D d'une « Terreplate » dont l'espace serait la surface de votre peau. Les habitants d'une galaxie située sur une

Problème 7.7

La Trompette de Gabriel, représentée à la figure 108, jouit d'une propriété très particulière : bien que sa longueur soit infinie, sa surface est finie. Pouvez-vous imaginer comment découper, dans un carré de côté unité, une infinité de morceaux, pour former, en les recollant entre eux, une surface de longueur infinie dont la mesure serait égale à un ?

« selle de cheval », entre deux jointures, auraient le sentiment que leur espace se déploie suivant une forme pseudosphérique. Et les petits peuples vivant sur le dessus de votre main prendraient certainement leur espace pour un plan.

Dans ce chapitre, nous avons considéré trois types d'espaces 3-D : l'espace plat, l'espace hypersphérique et l'espace hyperbolique. Ils ont en commun d'être uniformément courbés à grande échelle : aucune région n'y est fondamentalement différente d'une autre. Mais nous ne devons pas oublier que l'hypothèse selon laquelle notre espace possède également une courbure constante peut fort bien se révéler fausse. La forme de notre espace pourrait être bien plus étrange que ce que nous pensons.

Fig. 111. La forme de notre espace pourrait être bien plus étrange que ce que nous pensons.

8. Passages magiques vers d'autres mondes

Juste au sud de Baltimore, il y a une sortie d'autoroute marquée « Brooklyn ». Ne serait-ce pas fabuleux si cette sortie amenait directement dans New York ? Mieux encore, ne serait-il pas agréable d'avoir une « superporte » conduisant, disons, de votre salon au jardin des Tuileries à Paris ? Et plus extraordinaire, encore, que diriez-vous d'une « hyperporte » vous faisant passer de votre espace dans un univers complètement différent ?

Ces portes magiques ont toujours fait rêver les gens. Symboles parfaits de la liberté de l'esprit devant les contraintes spatiales du corps, les portes magiques sont un leitmotiv de la littérature fantastique, de Lewis Carroll à C. S. Lewis, en passant par Robert Heinlein. Mais d'une manière générale, les auteurs de science-fiction sont toujours restés très discrets sur la façon dont se présentaient ces portes magiques ; au mieux, parlait-on de « tunnels à travers l'hyperespace ». Et en l'occurrence, c'est à partir de la cosmologie moderne que l'on a pu se faire quelque idée précise sur ces portes magiques (comme les ponts d'Einstein-Rosen et les trous de ver de Schwarzschild).

Pour se les représenter, nous allons, comme d'habitude, faire appel à Un Carré. Supposons que Terreplate soit un plan et qu'il existe un autre plan, parallèle à Terreplate, appelé Terretache. Normalement, les habitants de l'un de ces deux univers ne peuvent passer dans l'autre. Mais supposez que, d'une manière ou d'une autre, on ait découpé deux bandes dans chacun de ces deux mondes pour les recoller entre elles. Les habitants de Terretache peuvent alors visiter ceux de Terreplate et réciproquement. Je peux maintenant citer un extrait de ce classique imaginaire, *les Nouvelles Aventures d'Un Carré :*

Fig. 112. Une bande d'espace reliant Terreplate et Terretache.

Fig. 113. L'Autre-Porte.

L'Autre-Porte construite par Un Cube, était très surprenante. Je comprends bien qu'un Terrespacien ne considère toute cette Connexion que comme une bande d'espace reliant notre pays à Terretache. Mais pour nous, l'Autre-Porte nous apparaissait comme une porte sans encadrement, s'ouvrant sur des horizons tout à fait nouveaux. Cela, lorsqu'on la regardait de face. Mais par-derrière, on ne voyait que l'obscurité du Néant, comme un trou dans l'Espace. On ne pouvait s'approcher par-derrière l'Autre-Porte sans encourir un risque énorme, car de ce côté, il n'y avait plus du tout d'Espace ; l'Espace manquant avait été utilisé pour construire la Route vers Terretache.

Moi-même, je fis plusieurs fois le voyage. Les Terretachiens, malgré un aspect des plus irréguliers, sont un peuple très agréable, bucolique et très hospitalier. Bien que le voyage ne leur fût pas aussi facile que pour nous, plusieurs d'entre eux se sont aventurés dans notre pays plan. Plus d'un connut une fin tragique en empruntant la Voie Interspatiale. D'une taille assez grossière et peu maniable, les Terretachiens éprouvaient quelques difficultés à ne pas déraper dans le Néant absolu qui bordait la Voie. Et du Néant, il n'y a malheureusement aucun espoir de retour.

Le problème avec une liaison de monde à monde comme celle de la figure 112, c'est la présence de frontières mortelles dans l'espace. Heureusement, il existe une méthode moins dangereuse pour connecter deux plans.

Après une journée de réflexion, Un Cube réapparut dans mon bureau. Trois femmes de la haute société me rendaient visite lorsqu'une section de Cube se matérialisa soudainement, les laissant figées de peur. Je voyais bien, dans leur regard, qu'elles me prenaient pour un magicien dont le Cube aurait été le génie familier. Je fus impatient d'éblouir ces charmants Segments ; surtout dans le rôle de l'enchanteur.

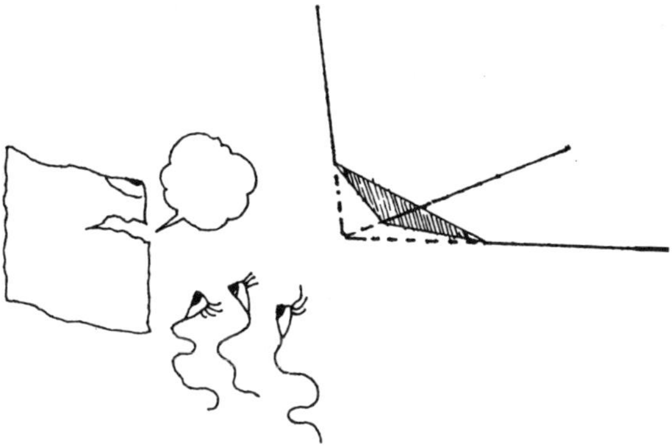

Fig. 114. Un Carré en train de frimer devant ces dames.

Moi : Alors, mon bon Hexaèdre ?
Le Cube : Je crois avoir trouvé le moyen de l'arranger, Carré. Je vais donner à la Voie la forme d'un tube pour nous débarrasser du problème des côtés.
Moi : Fort bien. Va donc et fais selon mes instructions.
Le Cube : C'est à moi que tu parles ?
Moi : Va, te dis-je !
Le Cube : Dis donc, espèce de carré minable...
Moi : Bonne chance, noble Seigneur.
Le Cube : C'est mieux ainsi. A tout à l'heure.
L'apparition disparut, et Una, la plus charmante des trois gentes dames se pressa contre moi ; le papillonnement de ses oscillations naturelles me fit perdre la tête. Je promis sur-le-champ de l'emmener à Terretache, qu'elle avait décidé d'appeler le Plan Astral.
Nous avons trouvé l'aspect de l'Autre-Porte tout à fait changé. Alors que l'ancienne ressemblait à une fenêtre qui s'ouvrait, de face, sur Terretache, et de derrière, sur une région donnant sur le Néant, la nouvelle avait la même apparence de tous les côtés : la fenêtre avait maintenant la forme d'une lentille qui réduisait l'ensemble de Terretache aux dimensions d'un Disque. Mon ami

« Oh, Kitty, comme ce serait merveilleux si l'on pouvait entrer dans la Maison du Miroir ! Je suis sûre de ce que je dis, oh ! elle contient tant de belles choses ! Faisons semblant d'avoir découvert un moyen d'y entrer, Kitty. Faisons semblant d'avoir rendu le verre inconsistant comme de la gaze et de pouvoir passer à travers celui-ci. Mais, ma parole, voici qu'il se change en une sorte de brouillard ! Cela va être un jeu d'enfant que de le traverser... »
Tandis qu'elle prononçait ces mots, elle se trouva juchée sur la cheminée, sans trop savoir comment elle était venue là. Et, à coup sûr, la glace commençait bel et bien à se dissoudre, comme un brouillard de vif argent.
A l'instant suivant, Alice avait traversé la glace et sauté avec agilité dans le salon du Miroir. La toute première idée qui lui vint, ce fut de regarder s'il y avait du feu dans la cheminée, et elle fut ravie de constater que l'on y entretenait un feu bien réel et tout aussi ardent que celui qu'elle avait laissé dans l'autre salon. « De sorte que j'aurai chaud ici autant que là-bas, se dit Alice : davantage même, puisqu'il n'y aura personne pour me réprimander si je m'approche de la flamme. Oh ! comme ce sera drôle, lorsque l'on me verra dans la glace et que l'on ne pourra pas venir m'attraper ! »

LEWIS CARROLL,
Through the Looking-Glass (De l'Autre côté du Miroir),
1872.

Regardant à l'intérieur, elle vit plusieurs manteaux qui étaient suspendus — de longs manteaux de fourrure pour la plupart. Il n'y avait rien que Lucy aimait autant que sentir et toucher la fourrure. Elle entra aussitôt dans la garde-robe, se faufilant parmi les manteaux en caressant son visage contre eux...
« Ce doit être tout simplement une garde-robe gigantesque ! » pensa-t-elle en continuant d'avancer, écartant les pans de manteaux pour se faire de la place. Elle remarqua alors qu'il y avait quelque chose de craquant sous ses pieds. « Je me demande si c'est encore des boules de naphtaline ? » pensa-t-elle, se baissant pour sentir de ses mains. Mais, au lieu du bois dur et lisse du plancher de la garde-robe, elle sentit quelque chose de doux, de poudreux et d'extrêmement froid. « C'est très bizarre », dit-elle, et elle fit un ou deux pas de plus.
L'instant d'après, elle s'aperçut que ce contre quoi elle caressait ses mains et son visage n'avait plus la douceur de la fourrure, mais était quelque chose de dur et de rugueux, et même de piquant. « Mais ! On dirait vraiment des branches d'arbres ! s'exclama Lucy. Elle vit ensuite qu'il y avait une lumière devant elle, non pas à quelques pouces devant, là où aurait dû se trouver le fond de la garde-robe, mais très loin au-delà. Un instant plus tard, elle réalisa qu'elle se trouvait au milieu d'un bois, la nuit, avec de la neige sous les pieds et les flocons qui volaient dans l'air.

C. S. LEWIS,
The Lion, the Witch, and the Wardrobe (le Lion, la Sorcière et la Garde-robe), 1960.

le Cube avait réussi, je ne sais par quel moyen, à réunir les limites de l'espace à l'endroit où, avant, le Néant représentait une menace pour les voyageurs d'entre les deux mondes.
Personne, jusqu'à présent, ne s'était aventuré à travers la nouvelle Autre-Porte. Pour m'assurer la conquête d'Una, je m'avançai courageusement vers le Disque mystérieux. Il avait l'étrange apparence d'un Miroir circulaire, comme ceux dont nous décorons les Arbres à l'époque du festival. Le regardant avec inquiétude, je distinguai des Terretachiens de plus en plus petits, dont la taille ne cessait de diminuer en s'approchant du Point central incroyablement éloigné. J'avais peur d'y pénétrer, peur d'être écrasé dans la Contraction. Mais Una était toute vibrante à mes côtés, m'exhortant de sa voix douce et mélodieuse. « Venez, Una », lui dis-je, en me laissant glisser dans le Disque surnaturel qui contenait, en quelque sorte, Terretache en entier.

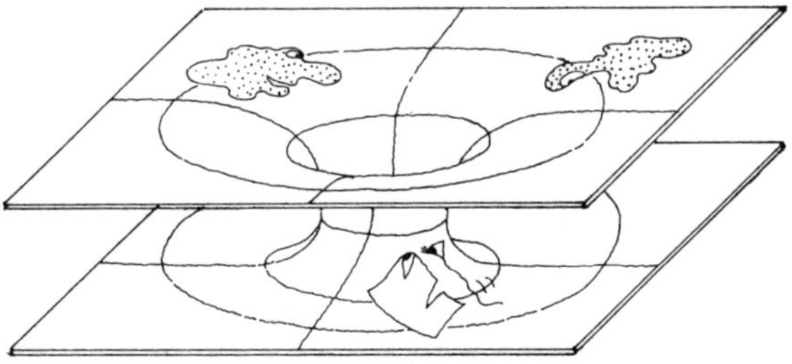

Fig. 115. Una et Un Carré dans l'entrée du tunnel spatial.

Avant de passer la Porte, les Terretachiens nous avaient paru tout à fait rapetissés et déformés. Mais maintenant que nous avancions, ils retrouvaient leur apparence familière, bien que toujours irrégulière. Se pouvait-il que, nous aussi, nous ayons été réduits à leur taille ? L'étendue infinie de Terretache s'étalait tout autour de nous. Était-ce réellement l'intérieur d'un Disque magique ? Mes pensées furent interrompues par les cris d'Una tout en émoi.
Una : Oh, regardez, cher Carré, Terreplate elle-même est devenue un Disque à son tour !
Moi (me retournant pour regarder) *:* Mais bien sûr. Il règne une parfaite Symétrie. Si on regarde depuis le Tunnel de l'Espace, Terreplate apparaît comme un Disque à l'intérieur de Terretache, et Terretache comme un Disque à l'intérieur de Terreplate. J'ai édifié tout cela pour votre plaisir, Ma Dame.

Una : C'est parfait, Monseigneur. Mon Mari ne pourra venir nous déranger dans ce Pays enchanté.
*Moi :*Amusons-nous alors, Una, ma toute belle.
Una : Et sans contrainte. Monseigneur... mais regardez vers le Disque de Terreplate ; voici mon Époux, Un Hexagone, qui glisse vers nous !
Moi : Qu'il est chétif et petit. On dirait une fourmi.
Una : Mais ! Oh, cher Carré, il grandit en s'approchant du bord du Disque !
Moi (à un Terretachien qui se trouvait près de nous) *:* Eh, mon ami, veux-tu me rendre un immense service ?
Le Terretachien : Blub, youbla, gloup.
Moi (le saisissant dans ma Bouche) *:* Étire-toi mon ami (mmpf), comme ça (mmpfmmp) et comme ça. Et cache-nous de Seraglio.
Ce qui fut fait. Una et moi étions libres maintenant de nous abandonner à nos plaisirs. Mais une question cependant, une seule, gâchait mon parfait bonheur : comment se faisait-il qu'en traversant le Tunnel de l'Espace, l'Intérieur se transformait en Extérieur, et l'Extérieur en Intérieur ?

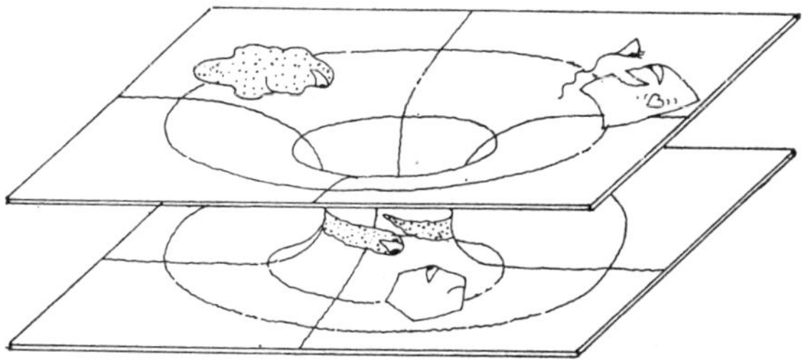

Fig. 116. Un Terretachien dissimulant le rendez-vous trans-dimensionnel d'Una à Un Hexagone.

Si on regarde le tunnel de l'espace depuis un point extérieur aux plans de Terreplate et de Terretache, nous pouvons trouver la réponse à la question d'Un Carré. L'étranglement du « trou de ver », du tunnel de l'Espace, est délimité par un cercle appartenant à chacun des deux mondes. Un Terreplatien qui regarde ce cercle, voit la lumière parvenir de toutes les régions de Terretache... Il lui semble ainsi que Terretache est, en quelque sorte, comprimée et contenue à l'intérieur d'un cercle. Et réciproquement, un Terretachien verra toute

---

Joe remarqua quelque chose qui luisait au-delà de la butte suivante. Une toute petite sphère brillante, comme une grosse bille ou une boule de Noël en verre argenté. Une chose que l'on n'a pas l'habitude de voir dans un champ d'asperges. Il sauta par-dessus la butte suivante et se pencha sur le petit miroir sphérique. Il y voyait le ciel, son visage, l'horizon et le champ. Nettement. Mais... Mais oui ! Ce n'étaient pas les *mêmes*. Dans la petite image renvoyée par la boule, le champ était rose, plein de... machines énormes, qui devenaient plus effilées vers le centre de l'image. Pire, le visage marrant qui était en train de regarder Joe n'était pas le sien finalement... n'était pas celui d'un être humain...
La bouche remuait. Appelant les autres. D'autres visages apparurent. Deux, trois, cinq... petits et déformés par la courbure du miroir.
Joe en était tout ahuri. Il fit un pas en arrière, puis un pas en avant et donna un coup dans la boule. Elle dégringola de la butte. Rien dans l'image n'avait changé. Le personnage, au centre, levait une main à trois doigts et faisait des signes. La fente, qui ressemblait vaguement à une bouche de femme, remuait silencieusement. Au-dessus de la tête du personnage, Joe put discerner un avion-fusée minuscule, se déplaçant dans le ciel incurvé, s'éloignant de plus en plus, en diminuant vers le point central infiniment lointain. Il y avait là tout un univers.

RUDY RUCKER,
« The Last Einstein-Rosen Bridge » (« Le dernier pont d'Einstein-Rosen »), 1983.

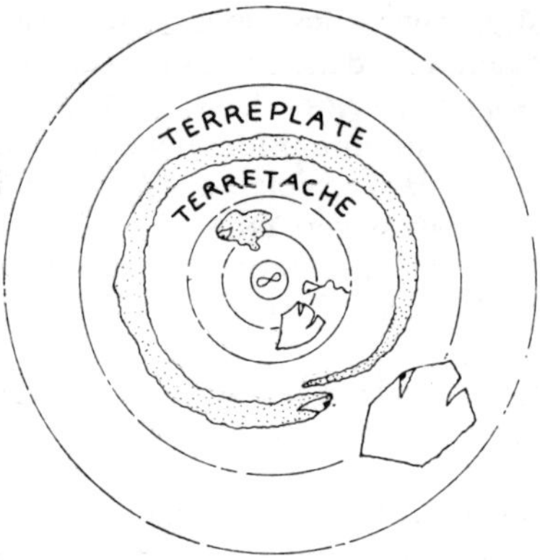

Fig. 117. Un Hexagone pense que Terretache est un disque.

la lumière de Terreplate comme si elle provenait de l'étranglement du trou de ver.

Maintenant, et comme nous l'avons fait à plusieurs reprises auparavant, imaginons que nous élevions tout d'une dimension. Imaginez qu'il y ait un autre univers 3-D, « parallèle » au nôtre dans l'espace 4-D. Si nous pouvions nous déplacer dans la direction *ana* à travers l'hyperespace, nous pourrions parvenir dans cet autre univers. Mais nous avons beaucoup de difficultés à nous déplacer dans la quatrième dimension. Comment alors pourrions-nous bien parvenir dans cet autre univers ? En passant par un tunnel d'hyperespace, ce qu'on appelle un pont d'Einstein-Rosen. Et à quoi ressemblerait ce tunnel d'hyperespace ? Son entrée ressemblerait à une

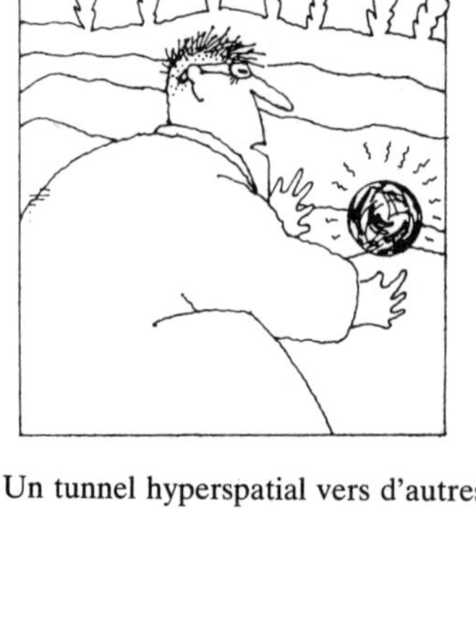

Fig. 118. Un tunnel hyperspatial vers d'autres univers.

sphère qui contiendrait l'autre univers dans son entier, comprimé et déformé de manière incroyable. Si vous plongiez, tête la première, dans cette sphère, vous auriez la sensation de le traverser de part en part. Puis, en regardant autour de vous, vous réaliseriez alors que vous êtes dans l'autre univers ; et, vous retournant vers le tunnel d'hyperespace, vous verriez une sphère qui semblerait contenir la totalité de votre propre univers, incroyablement rétréci et déformé.

Il existe réellement un objet qui ressemble tout à fait à l'entrée d'un pont d'Einstein-Rosen : c'est une boule de Noël, comme celles qu'on suspend aux sapins. C'est un miroir sphérique qui réfléchit, en principe, tout l'univers autour de lui. Plus un objet est éloigné de la surface du miroir, plus son image semble être proche du centre du miroir. Bien sûr, si vous regardez par l'ouverture d'un tunnel d'hyperespace débouchant sur *un autre* univers, vous ne verriez pas l'image miroir de notre univers, mais seulement ce que serait l'image miroir de l'autre univers.

N'y a-t-il aucune chance — excepté l'intervention miraculeuse d'un être des dimensions supérieures — pour qu'un pont d'Einstein-Rosen puisse réellement exister dans notre cosmos ? Si justement. S'il existe d'autres univers 3-D parallèles au nôtre, il se pourrait qu'un objet suffisamment dense puisse faire gonfler notre espace assez pour qu'il en arrive à toucher un autre espace. Et les deux espaces s'accoleraient comme deux bulles de savon que l'on met en contact. Pour illustrer facilement cette situation, il n'y a qu'à considérer simplement l'intersection de deux Terreplates parallèles.

Comme il a été dit, la présence de matière provoque un renflement de l'espace. Maintenant, tout comme une femme en hauts talons laisse, sur un tapis de caoutchouc, des traces plus profondes qu'un homme en talons plats, il s'avère que *plus dense est la matière, plus grande est la déformation de l'espace.* Et si notre soleil pouvait être comprimé à des dimensions plus petites, il déformerait notre espace bien davantage.

Le soleil est essentiellement une boule de gaz brûlants. L'attraction gravitationnelle des particules du soleil les unes sur les autres tend à le rendre plus petit. L'agitation thermique des particules du gaz brûlant

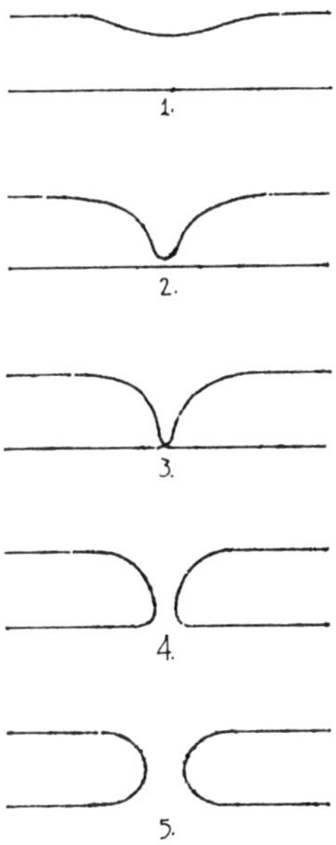

Fig. 119. L'effondrement d'une étoile pourrait former un pont d'Einstein-Rosen.

De toutes les conceptions de l'esprit humain, des licornes aux gargouilles en passant par la bombe à hydrogène, le trou noir est certainement la plus fantastique : un trou dans l'espace, aux bords bien définis, dans lequel tout peut tomber et rien ne peut ressortir ; un trou dont le champ de gravitation est si fort que même la lumière s'y laisse prendre et y reste enfermée ; un trou qui courbe l'espace et pervertit le temps. Comme la licorne et la gargouille, le trou noir semble appartenir davantage à la science-fiction ou à un mythe ancien qu'à l'univers réel. Cependant, les lois de la physique moderne exigent pratiquement son existence. Uniquement dans notre galaxie, il pourrait y en avoir des millions.
Ces dix dernières années, la recherche des trous noirs est devenue une des entreprises essentielles de l'astronomie. Elle a permis de déceler des dizaines de candidats disséminés dans le ciel. Au début, il fut pratiquement impossible de prouver que tous étaient véritablement des trous noirs. Pourtant, au cours de ces deux dernières années, un faisceau impressionnant de preuves indirectes a désigné Cygnus X-1 dans la constellation du Cygne. Comme la plupart des astronomes qui l'avaient étudié, je fus alors certain à 90 pour cent qu'il existait vraiment un trou noir dans le centre de Cygnus X-1.

KIP S. THORNE,
« The Search of Black Holes » (« A la recherche des trous noirs »), 1974.

tend à le rendre plus grand. Les deux forces se compensent et le soleil conserve simplement la taille qu'il a actuellement. A la longue cependant, le soleil se refroidira. En se refroidissant, il y aura moins de pression vers son extérieur, et la gravitation tendra à le rendre plus petit et plus dense. Cette compression réchauffera le soleil pendant quelque temps, mais finalement, il se refroidira à nouveau, pour se contracter davantage.

Toutes les étoiles passent par ces étapes au cours de leur vie. Suivant la masse initiale de l'étoile, il y a plusieurs issues finales. Si, à un moment, l'étoile se contracte trop rapidement, elle explose pour donner une nova ou une supernova. Si, au début, l'étoile n'est pas suffisamment massive pour en arriver là, elle peut s'effondrer pour former une masse compacte de métal rougeoyant. Et si elle est un peu plus massive, elle se contracte davantage en écrasant ses atomes de métal. Les protons se combinent alors aux électrons pour former des neutrons, et l'on obtient alors une « étoile à neutrons » fantastiquement dense. Ce genre d'étoile est fait d'une substance que l'on appelle le neutronium, qui pèse environ un milliard de kilogrammes par centimètre cube.

La contraction est encore plus dramatique quand la masse de l'étoile est si grande que le neutronium finit par être lui-même écrasé. Dans ce cas, l'étoile s'effondre en un volume de plus en plus minuscule... parfois même jusqu'à la taille d'un point ! Ces étoiles superdenses, ce sont les « trous noirs » dont on entend si souvent parler. La raison pour laquelle on les appelle ainsi est due au fait que, lorsqu'une étoile est suffisamment dense, son attraction gravitationnelle devient si importante que la lumière ne peut plus s'en échapper. En d'autres termes, une étoile qui devient suffisamment dense prend l'apparence d'une sphère noire dans l'espace, complètement sombre — c'est une région qui n'émet plus du tout de lumière. Bien évidemment, il est difficile de « voir » un trou noir, mais un ensemble d'observations indirectes semble indiquer qu'il existe réellement un assez grand nombre de trous noirs flottant ici et là dans l'espace.

Comme le montre la figure 119, si une étoile massive, ou un trou noir, déforme suffisamment l'espace, il peut

Fig. 120. Un trou noir absorbe la lumière.

apparaître un pont d'Einstein-Rosen conduisant vers un autre univers. Si vous étiez en train de voler dans l'espèce de trou noir à droite, vous pourriez passer dans un monde différent. Le thème du trou-noir-pour-fuir-vers-d'autres-réalités a été utilisé de manière amusante dans le film de Walt Disney, *The Black Hole (le Trou noir)*. A la fin du film, les bons et les méchants tombent tous dans un énorme trou noir. Et il se trouve que ce trou noir est en fait un pont d'Einstein-Rosen avec deux sorties : l'une vers le ciel et l'autre vers l'enfer ! Ce genre d'idée fait tout de suite penser aux théologiens de l'hyperespace de l'époque d'Abbott.

Il est également possible d'avoir un trou de ver, ou pont E-R, qui ramènerait dans le même espace d'où on serait parti. Cela pourrait être très important. Voici pourquoi.

Selon la théorie de la relativité restreinte d'Einstein, rien ne peut voyager plus vite que la vitesse de la lumière. Cela a toujours été une contrainte sévère pour les auteurs de science-fiction consciencieux. Il faut

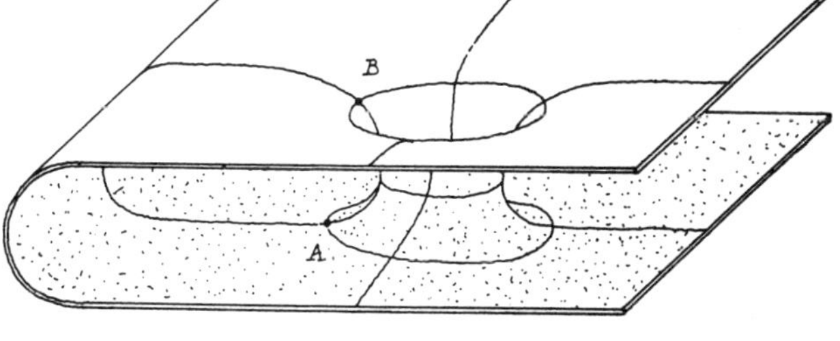

Fig. 121. Le trou de ver est un raccourci de A vers B.

quatre années-lumière pour atteindre Alpha du Centaure, le plus proche voisin de notre soleil... Et toute conversation, ou tout échange culturel, soumis à des silences de quatre années est assez ennuyeux à entretenir. Et si vous désirez voyager vers une autre galaxie, la situation est encore pire : la galaxie la plus proche de nous, Le Grand Nuage de Magellan, est à bien plus de dix milliers d'années-lumière !

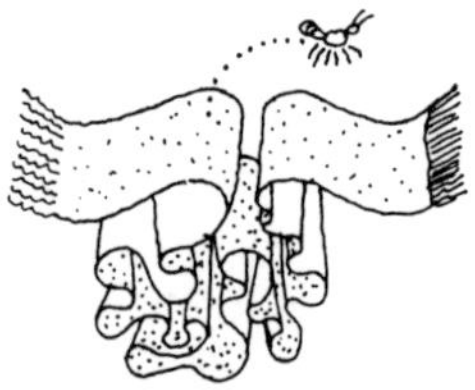

Fig. 122. Saut hyperspatial.

Les auteurs de SF ont souvent évité ce problème en supposant *1.* que notre espace est plié plusieurs fois sur lui-même, et *2.* que tous les plis sont reliés entre eux par des ponts E-R ou des trous de ver. Et, en prenant le bon tunnel d'hyperespace, un voyage très long peut se ramener à une durée acceptable. Un des premiers écrivains à utiliser cette formule fut Robert Heinlein, le père de la SF moderne. Il y a une analogie avec une fourmi sur un foulard de soie. Normalement, la fourmi mettra longtemps pour se traîner d'un coin à l'autre du foulard, mais si le foulard est tout plissé, la fourmi pourra, en quittant la surface du tissu, trouver un chemin court et direct à travers l'espace 3-D.

Bien sûr, trouver le bon raccourci dépend de la présence d'un pont E-R au bon endroit. Certains auteur de SF évitent ce problème en prenant des voyageurs de l'espace qui *créent* des ponts E-R selon leurs besoins. Dans *Macroscope*, une histoire ahurissante de Piers Anthony, la technique de voyage consiste à trouver un grand objet (disons la planète Neptune), à utiliser un rayon miracle pour faire s'effondrer l'objet en un trou noir, et à s'enfermer dans le trou noir pour en ressortir dans un endroit différent !

Si nous pouvions manipuler à volonté la courbure de l'espace, nous aurions alors un autre moyen intéressant de voyager dans l'espace. Au lieu de construire un tunnel ou un trou de ver menant vers un autre espace, nous pourrions détacher une petite hypersphère de notre espace et nous laisser simplement dériver. Non sans risques, bien sûr, car nous n'aurions aucun moyen de prédire où et quand cette petite bulle d'espace rencontrerait un autre univers. Mais il y a un côté agréable à quitter l'espace en se détachant une portion fermée, c'est que l'on ne laisse pas de trou derrière soi.

Jusqu'ici, dans ce chapitre, nous avons discuté comment on pouvait voyager à travers l'hyperespace vers d'autres univers, et nous avons signalé à quel point ce genre de voyage pouvait également être utile pour trouver des raccourcis entre des régions de notre espace. La question que nous n'avons pas encore abordée est de savoir si oui ou non il *existe* réellement d'autres univers.

Comme il a été suggéré au chapitre précédent, il est possible, de manière abstraite, de considérer la déformation gravitationnelle comme une sorte d'étirement et de rétrécissement d'un espace plat — en opposition au gonflement d'un espace plat dans des dimensions supérieures. Beaucoup de scientifiques pensent que « l'espace courbe » n'est qu'une expression pittoresque, et que rien n'existe réellement en dehors de notre espace à trois dimensions. Pour ces penseurs quelque peu circonspects, il n'y a que l'univers visible qui existe et toutes les discussions sur d'autres univers ne sont que rêves creux.

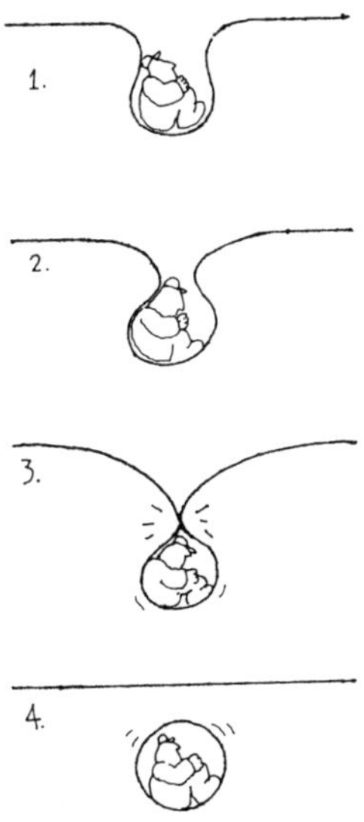

Fig. 123. Comment pincer l'espace pour en détacher un morceau.

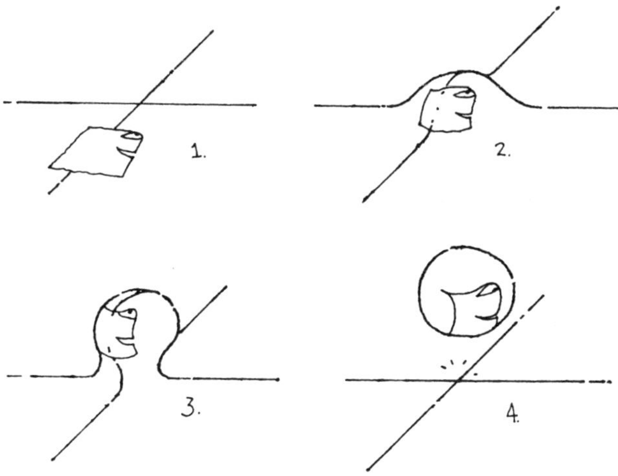

Fig. 124. Un Carré voyageant sur une sphère spatiale.

Mais si nous prenons la quatrième dimension tout à fait au sérieux, il semble alors naturel de supposer qu'il puisse exister d'autres univers. Tous ces univers pris ensemble forment une entité beaucoup plus grande, diversement connue sous des noms tels que « cosmos »

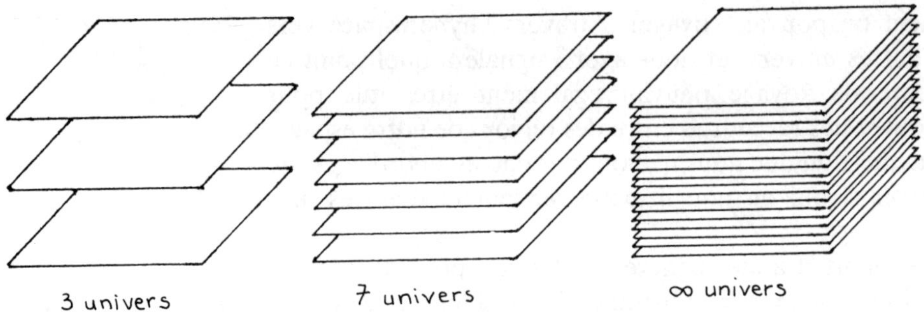

Fig. 125. Les mondes parallèles.

ou « superespace ». Dans la doctrine chrétienne traditionnelle, le cosmos est constitué de trois couches parallèles : le ciel, notre monde, et l'enfer. Les théosophes, eux, soutiennent que le cosmos est constitué de sept couches, six d'entre elles étant de nature « astrale ». Une idée ordinaire en science-fiction est de dire qu'il existe une infinité d'univers parallèles — chaque univers possible existant quelque part. La mécanique quantique moderne contient justement une variante de cette dernière idée ; nous y reviendrons dans les derniers chapitres.

Le point de vue le moins intéressant sur la question du nombre d'univers est certainement celui qui dit : « Toute cette question n'a pas de sens. Personne ne sait comment détecter un autre univers. Puisque toutes les affirmations sur les autres univers ne peuvent être soumises immédiatement à une expérimentation scientifique, elles ne signifient rien du tout. »

Un tel point de vue repose sur deux affirmations : *1. voir, c'est croire,* c'est-à-dire que si quelque chose est réel, on peut trouver le moyen de l'observer, et *2. il n'y a rien de nouveau sous le soleil,* c'est-à-dire que nous observerons toujours ce que nous avons déjà observé. La première de ces hypothèses est le point central de l'école philosophique du positivisme logique, une excroissance moderne de l'empirisme traditionnel britannique. Pour un positiviste ou un empiriste, le monde est fondamentalement équivalent à la somme de toutes les expériences sensorielles possibles. Cela ne me pose aucun problème — j'adopterai d'ailleurs une position semblable dans la troisième partie du livre. C'est la deuxième affirmation que je rejette. D'accord, personne n'a *encore* trouvé un moyen d'observer les autres univers. Mais cela ne prouve pas automatiquement que personne ne découvrira *jamais* un moyen pour les « voir ».

Les gens se sont interrogés sur les atomes bien des siècles avant que l'on ait eu l'espoir de détecter un atome individuel. Et si personne n'avait jamais parlé d'atomes, on n'aurait jamais pu développer les moyens pour les détecter. Parler d'autres univers serait un passe-temps bien plus respectable si nous pouvions déjà les observer. Mais à moins d'avancer et d'essayer d'imaginer des moyens pour y arriver, on n'y parviendra jamais. Nous avons déjà vu qu'il peut exister des choses, comme les ponts d'Einstein-Rosen, véritables chemins vers d'autres univers. Ce que je désire maintenant, c'est penser à d'autres moyens par lesquels ces univers peuvent se faire connaître.

Pour ne pas se perdre dans l'océan des possibilités, limitons-nous simplement à un modèle de cosmos relativement raisonnable : un hyperespace à quatre dimensions dans lequel flotteraient un certain nombre d'hy-

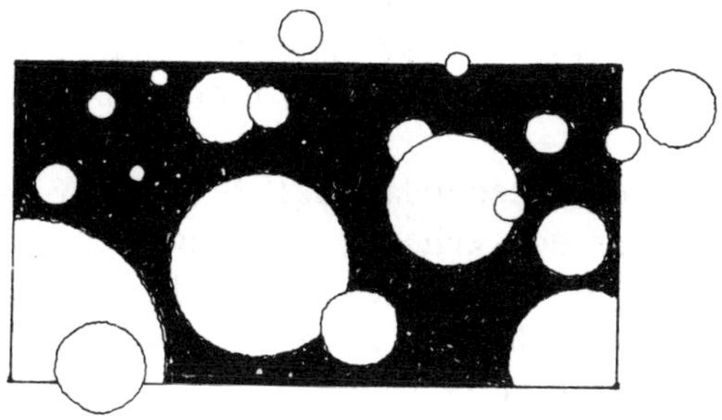

Fig. 126. Univers hypersphériques flottant dans l'hyperespace.

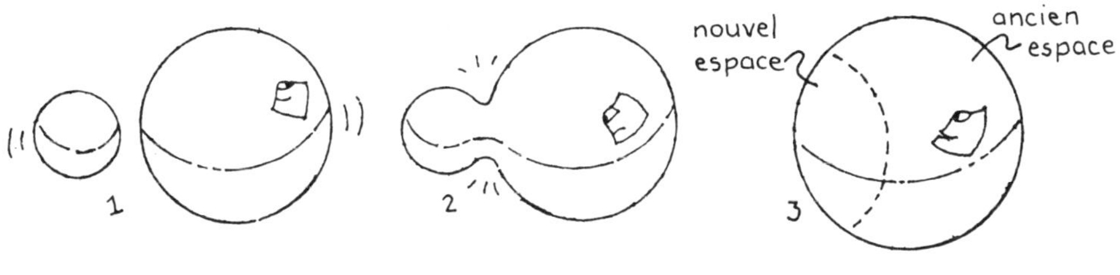

Fig. 127. Jonction de deux espaces.

persphères. Chacune de ces hypersphères constitue un univers particulier. Nous pouvons nous représenter ces hypersphères comme des bulles dans un liquide ; ou encore comme des planètes évoluant dans l'espace. Et à deux dimensions, nous pouvons imaginer un ensemble de Terresphères.

Si nous sommes confinés sur l'hypersurface 3-D de notre hypersphère, n'y a-t-il pas cependant un moyen qui nous permettrait de nous renseigner sur l'existence des autres hypersphères ? Il y en a un, mais tout à fait dramatique : celui où l'un des autres univers viendrait heurter le nôtre. Imaginez ce que verrait un Terresphérien si l'espace de sa bulle se gonflait soudainement pour s'accoler avec une autre bulle. Ce serait comme si, pour nous, toutes les étoiles visibles s'éloignaient en direction de l'horizon, laissant la place à de nouvelles étoiles au zénith ! Bien sûr, si l'autre espace était considérablement plus petit que le nôtre, cette situation serait moins dramatique. Si une petite hypersphère rencontrait la nôtre, nous pourrions interpréter cette jonction comme l'apparition dans le ciel d'une région lumineuse anormalement brillante. Et il se peut que les sources de lumière très brillantes et très distantes, connues sous le nom de quasar (pour « quasi-stellar-objects »), soient des endroits où de petites hypersphères remplies d'énergie sont en train de se réunir avec notre propre hypersphère.

Fig. 128. Des quasars ?

N'y aurait-il pas cependant des effets, moins évidents et à moins grande échelle, qui pourraient indiquer l'existence d'autres espaces hypersphériques ? Pour réfléchir plus facilement à cette question, on peut imaginer la situation d'un aveugle de naissance. Supposez que dans son esprit, le soleil, la lune, les autres planètes, les étoiles, etc., n'aient pas d'existence. Supposez également que pour lui, l'espace ne soit rien d'autre qu'un vide immense ne contenant qu'un seul objet : la planète sphérique Terre. Comment pourriez-vous le convaincre de son erreur ?

Problème 8.1

Que se passerait-il si le Terretachien de la figure 116 arrivait à serrer la gorge du tunnel spatial jusqu'à lui donner la taille d'un point ?

A priori, je vois trois possibilités : *1.* vous pouvez développer suffisamment sa sensibilité à la chaleur de rayonnement de sorte qu'il puisse « sentir » le passage du soleil dans le ciel. Ou bien, vous pouvez brancher un télescope sur une cellule photoélectrique qui contrôlerait le volume d'un petit buzzer. En déplaçant ce télescope, cet homme pourrait percevoir les étoiles comme des points « sonores » ; *2.* vous pourriez lui faire remarquer le mouvement des marées en lui expliquant que cela est dû à l'attraction gravitationnelle de la Lune ; *3.* vous pourriez également lui faire remarquer différents effets dus à la rotation de la Terre : le renflement équatorial, la force dite de Coriolis, et l'existence des pôles. Et alors, vous pourriez argumenter en lui disant que si la Terre tourne réellement, cette rotation ne peut être que par rapport à d'autres corps célestes.

Fig. 129. Aveugle et obstiné.

Considérons maintenant, en dimensions supérieures, l'équivalent de ces trois moyens de prendre conscience d'autres mondes.

1. A moins qu'une autre hypersphère ne rencontre véritablement la nôtre, il n'y a aucun moyen pour que la lumière quitte son espace pour atteindre le nôtre. Ainsi, nous n'avons aucun espoir de voir cela. Pour autant que nous le sachions, toute autre sorte de rayonnement restera également confinée dans l'espace 3-D où elle prend sa source. Il semble alors tout à fait impossible de « voir » les autres hypersphères en apprenant à le faire ou en recourant à des appareils. Après tout, notre situation est exactement la même que celle d'un polygone sur Terresphère... mais différente de celle d'un aveugle sur la Terre. Et il ne semble pas y avoir de raisons pour qu'une Terresphère envoie des radiations en direction d'autres Terresphères. Il y a en plus une autre difficulté, car même si un rayonnement en prove-

Problème 8.2

Un pont d'Einstein-Rosen ressemblerait à peu près à un miroir sphérique, avec cette propriété particulière que le monde à l'intérieur du miroir serait réellement différent du monde situé à l'extérieur. Imaginez maintenant un miroir ordinaire, plat, avec la propriété que le monde que l'on peut voir dedans est différent du nôtre, de notre côté du miroir. A quel type de raccordement entre ces deux espaces fait-on allusion ?

nance d'espaces de dimensions supérieures échouait dans notre espace, il ne se concentrerait pas sur une région particulière. Au mieux pourrait-on observer, dans les régions de l'espace proche des autres hypersphères, un rayonnement plus intense.

2. La gravitation n'est pas tellement une sorte de rayonnement qu'une caractéristique de l'espace. On peut concevoir qu'il y ait un équivalent de la gravitation en dimensions supérieures, dans lequel divers objets à quatre dimensions déformeraient l'hyperespace dans lequel ils évoluent. De même que le mouvement de la Lune autour de la Terre provoque un renflement qui se propage à la surface de la Terre, nous pouvons supposer qu'une hypersphère toute proche peut altérer la forme de notre propre hypersphère. Mais les dispositifs scientifiques actuels ne sont pas assez sensibles pour mesurer le rayon de notre propre hypersphère — sans parler du flux et du reflux de ce même rayon.

3. Cette troisième approche est probablement la plus importante. Étant donné que, dans notre univers, on n'a, en fait, jamais entendu parler de sphère qui ne soient pas en rotation, il semble assez probable que l'hypersphère qui forme notre espace soit elle-même en rotation. Et, comme je vais le montrer maintenant, si notre espace est en rotation, il est alors pratiquement certain qu'il existe des espaces à l'extérieur du nôtre. Cette dernière affirmation n'est pas immédiatement évidente : elle repose sur une idée assez peu connue que l'on appelle le principe de Mach. Ernst Mach (1838-1916) formula ce principe pour rendre compte de l'*inertie* des corps, la tendance qu'ils ont à s'opposer au mouvement. L'argument de Mach est que si un corps se trouve totalement isolé dans un espace vide, il n'y a alors aucun sens à affirmer que ce corps est en rotation ou soumis à une accélération. Un objet isolé dans un espace vide n'offrirait en effet aucune inertie, aucune lourdeur, aucune résistance à être déplacé. Ainsi, poursuit Mach, le fait qu'un objet sur la Terre possède une inertie est une conséquence de l'existence de toutes les étoiles et galaxies lointaines. De la même façon, le fait que nous remarquions la rotation de la Terre est également la conséquence de l'existence d'étoiles éloignées. En généralisant le principe de Mach à l'hyperespace, nous en déduisons que si nous parvenons à mettre en évidence la rotation de notre univers hypersphérique, nous aurons alors de bonnes raisons de croire qu'il existe d'autres univers, *par rapport auxquels* nous sommes en rotation. O.K. Maintenant, toute la question est : comment pouvons-nous espérer mettre en évidence la rotation de notre univers ?

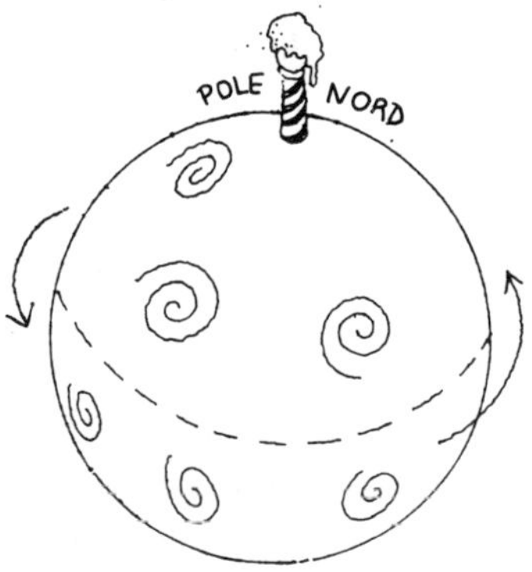

Fig. 130. La Terre en rotation et ses ouragans.

Eh bien… Comment l'aveugle peut-il dire que la Terre est en rotation ? Un des principaux effets de cette rotation est que la Terre, au lieu d'être une sphère parfaite, est enflée à l'équateur et aplatie aux pôles.

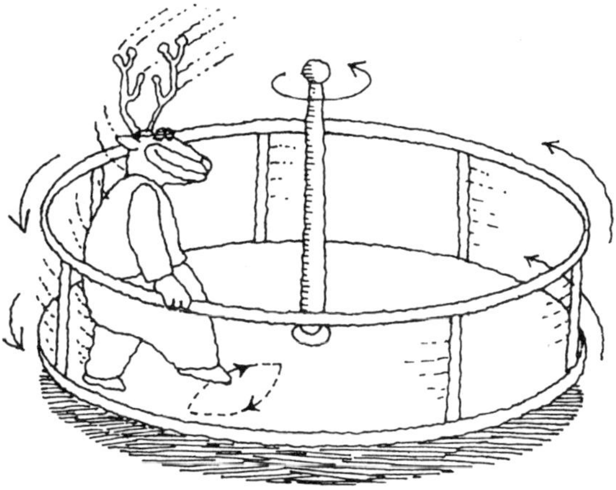

Fig. 131. La force de Coriolis dans la vie de tous les jours.

« Je ne sais exactement comment te l'expliquer ; il faudrait des équations. Enfin. Peux-tu me prêter ton foulard une minute ?

— Hein ? Pourquoi ? Mais bien sûr. »

Elle l'enleva de son cou. C'était un imprimé, avec une représentation stylisée du système solaire, souvenir du Jour de l'Union solaire. Au milieu de ce tissu carré, il y avait le traditionnel soleil dans tout son éclat, entouré de cercles représentant les orbites des planètes, et quelques comètes ici et là. L'échelle n'était pas du tout respectée et il était impossible de s'en faire une image vraie du système original, mais ça suffisait. Max le prit et dit : « Voici Mars. »

Eldreth répondit :

« Tu triches. Tu l'as lu.

— Tais-toi un peu. Ici, c'est Jupiter. Pour aller de Mars à Jupiter, tu dois aller de là à là, d'accord ?

— D'accord.

— Mais suppose que je plie le foulard pour amener Mars au sommet de Jupiter. Qu'est-ce qui t'empêchera alors de sauter ?

— Rien, je suppose. Sauf que ce qui marche avec ce foulard ne doit pas marcher très bien en réalité. Non ?

— Non. Pas aussi près d'une étoile. Mais ça marche bien si tu te places assez loin d'une étoile. Tu vois, c'est justement ça, une anomalie, un endroit où l'espace se plie sur lui-même, transformant les grandes distances en plus de distance du tout… Sur le plan mathématique, c'est simple, mais il est difficile d'en parler, parce qu'on ne peut rien voir. L'espace — notre espace — peut être chiffonné de manière suffisamment petite pour se fourrer dans une tasse à café, lui et ses centaines de milliers d'années-lumière. Dans une tasse à café quadridimensionnelle, bien sûr. »

ROBERT A HEINLEIN,
Starman Jones, 1953.

Mais, comme nous l'avons déjà mentionné, il ne nous est cependant pas possible de mesurer la courbure de notre univers — sans parler de l'écart de cette courbure par rapport à la parfaite hypersphéricité. Un autre effet très important de la rotation de la Terre est l'existence de la force de Coriolis. C'est la force de Coriolis qui fait tourner les ouragans dans le sens des aiguilles d'une montre dans l'hémisphère Nord, et dans le sens contraire dans l'hémisphère Sud.

Comment fonctionne cette force de Coriolis ? Pour la voir en action, allez dans un parc d'attractions qui possède un de ces manèges que l'on fait tourner soi-même à la main. Montez dessus, lancez-vous, et laissez votre jambe droite se balancer. Ce que vous remarquerez, c'est que lorsque votre jambe se déplace vers le centre, une force mystérieuse la pousse vers la droite, et quand votre jambe s'éloigne du centre, une force la pousse vers la gauche. C'est ça, la force de Coriolis ; elle résulte de la rotation du manège par rapport au reste de l'univers. Si le manège était le seul objet dans l'univers, il n'y aurait aucun sens à dire qu'il est en rotation et en fait, vous ne ressentiriez alors pas de force de Coriolis. Si vous observez encore pendant quelques instants le balancement de votre jambe, vous pourrez remarquer que l'effet global de la force de Coriolis est un balancement circulaire de votre jambe dans le sens des aiguilles d'une montre. C'est cette même force, mais sur une plus grande échelle, qui provoque ce mouvement en spirale des masses d'air dans le sens des aiguilles d'une montre dans l'hémisphère Nord.

Le fait que les ouragans tournent dans des sens différents dans les différentes parties du monde est une asymétrie définitive. Si nous pouvions déceler une asymétrie notable dans le comportement de la matière à travers l'espace, nous pourrions alors soupçonner que cette asymétrie résulte de quelque propriété globale de

Problème 8.3

Au chapitre précédent, j'ai dit qu'il y avait *trois* façons de placer Terreplate dans un sous-sol : en lui donnant la forme d'une sphère, ou en la rétrécissant pour la ramener à la taille d'un carré. Quelle est la troisième façon ?

l'univers. Je n'ai pas grand-chose de particulier à suggérer sur le genre d'asymétrie que nous devrions rechercher, mais un principe général serait de rechercher cette asymétrie cruciale dans le domaine des très petites particules. Pourquoi ? J'ai l'impression que, si notre espace a une légère épaisseur dans la quatrième dimension, les très petites particules pourraient prendre plaisir à une certaine liberté de mouvement quadridimensionnelle, et être ainsi davantage sensibles à l'influence de l'hyperespace. Mais la situation se complique ici, à cause du fait que la rotation d'une hypersphère dans l'hyperespace est beaucoup plus complexe que celle d'une sphère dans l'espace.

Mais assez de subtilités. Qu'il y ait d'autres univers est loin d'être aussi important que de prendre conscience que nous faisons partie intégrante de celui-ci. La matière de l'espace nous réunit tous ensemble ; nous sommes tous de toutes petites vagues au sein de l'océan d'éther. L'espace n'est pas un concept défunt, mais plutôt quelque chose de vivant et de changeant. Nous sommes des formes dans l'espace, et, chose étrange, il n'est pas en dehors de nos possibilités de nous interroger sur son aspect général.

troisième partie

Comment y parvenir

9. Journal de l'espace-temps

Lundi, 15 novembre 1982.

Si ce n'était le temps, je pourrais vivre éternellement. Est-ce que cette phrase a un sens ? Si ce n'était l'espace, je pourrais être partout. Y a-t-il une différence ? Je veux retourner à l'époque bénie où j'étais collégien. Je veux me retrouver jeune marié. Je veux être haut comme trois pommes et m'asseoir sur les genoux de ma mère. Je ne veux pas mourir. Je veux voir le futur. Le temps ne veut pas me lâcher. Tuons le temps. Retrouvons le temps passé. Dépassons le temps et emparons-nous de l'éternité. Maintenant, il n'y a plus de temps. Maintenant, le temps n'existe plus.

Plus tard. Ne haïssez-vous pas le temps ? Les réveille-matin, en tout cas. Le pire, c'est lorsqu'on change l'heure pour économiser la lumière du jour. Vous rappelez-vous quand Nixon a enlevé *deux* heures pour faire plaisir aux compagnies pétrolières ?

« Plus je vieillis, plus le temps passe vite. » C'est ce

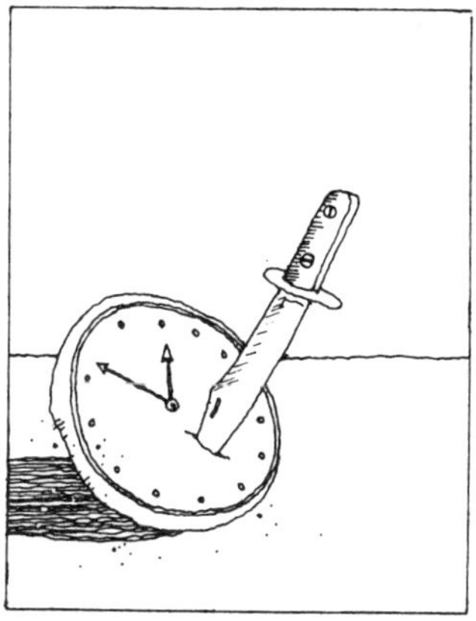

Fig. 132. Tuons le temps.

que disait ma mère. « Les années passent vite. A chaque fois que je me retourne, c'est Noël, ou bien Thanksgiving *. » Au cours d'une soirée, le temps s'accélère et se ralentit, comme un film au déroulement incontrôlé. Dix minutes semblent durer deux heures, et l'instant d'après, votre montre vous dit qu'il est trois heures du matin. Temps de l'aéroport. Temps du sexe. Temps de la rue. Il emporte tout, lentement ou rapidement.

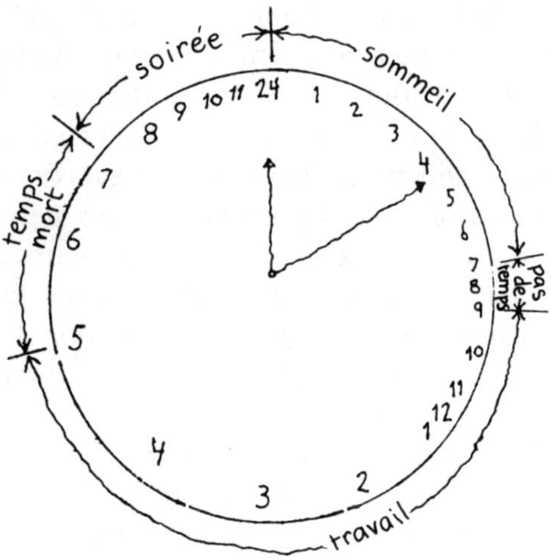

Fig. 133. Rapidement et lentement.

Il y a vingt ans, ce fut ma grande prise de conscience. Le temps emporte tout. Je suis ici, devant la porte de la salle de bains ; comment pourrai-je jamais atteindre le lavabo ? Comment l'école peut-elle jamais finir, comment pourrai-je jamais terminer le collège, comment pourrai-je jamais me marier ? Pourtant, maintenant, je suis devant le lavabo, et la porte est derrière moi ; j'ai un doctorat en mathématiques, je suis marié, j'ai trois enfants, et vingt années ont passé. Je suis ici, vivant ; comment pourrai-je jamais mourir ? Pourtant, je mourrai, je sais que je mourrai, je le sens au plus profond de moi.

La mort. On dirait que c'est le problème fondamental

* *Thanksgiving Day : Jour d'action de grâce.* Fête religieuse célébrée le quatrième jeudi de novembre aux États-Unis.

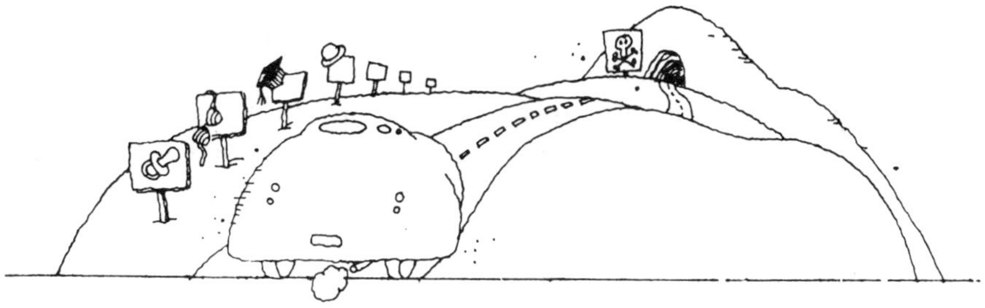

Fig. 134. Tout passe.

donné en partage à chacun de nous dès sa naissance. *Hé, vous êtes vivant maintenant ; c'est agréable, non ? Pourtant, un jour, vous mourrez et alors tout sera fini. Vous y avez pensé ?* C'est atroce, c'est terrifiant ; il y a de quoi se suicider !

Si le temps ne passait pas, je serais toujours là, maintenant, à écrire ce chapitre. J'ai peur de mourir. J'aimerais croire que le temps ne s'écoule pas réellement. Dans ce chapitre, je me propose de présenter quelques arguments scientifiques en faveur de l'idée selon laquelle l'écoulement du temps n'est qu'une illusion.

Les gens pensent habituellement que le monde est un espace à trois dimensions se transformant au cours du temps. Le passé est passé, le futur n'existe pas encore ; seul le présent est réel. Il y a pourtant une autre façon de voir le monde : nous pouvons le considérer comme un *univers-bloc*. En faisant cela, nous associons l'espace et le temps pour former un immense et unique objet. L'univers-bloc, c'est l'*espace-temps*. L'espace-temps est à quatre dimensions : trois dimensions d'espace plus une dimension de temps. Regarder l'espace-temps de l'extérieur revient à se placer en dehors de l'histoire et à considérer les événements *sub specie aeternitatis*.

« L'espace-temps » est un terme qui peut paraître un peu technique et bien éloigné de la vie ordinaire. Je voudrais pourtant vous persuader que c'est véritablement un concept bien plus naturel que celui d'« espace qui change avec le temps ».

Imaginez que vous travailliez dans un bureau à plusieurs miles de chez vous. A 7 heures, vous voyez votre chambre ; à 10 heures, vous voyez votre bureau. Un

Philosophia Perennis, la formule a été créée par Leibniz ; mais la chose — la métaphysique qui reconnaît une Réalité divine substantielle au monde des choses, des vies et des esprits ; la psychologie qui trouve dans l'âme quelque chose d'analogue, ou même d'identique, à la Réalité divine ; l'éthique qui place la fin dernière de l'homme dans la connaissance du Fondement immanent et transcendant de tout ce qui est — la chose est immémoriale et universelle.

ALDOUS HUXLEY,
The Perennial Philosophy (la Philosophie éternelle),
1944.

beau jour, à 10 heures, vous êtes assis dans votre bureau et vous vous demandez ce qui est réel. Si vous croyez que le monde est constitué d'un espace qui change avec le temps, vous êtes plus ou moins forcé d'admettre que le passé est passé. Vous avez alors l'impression que votre chambre existe à 10 heures, mais qu'elle n'existe plus à 7. Pourtant, vous ne *voyez* pas votre « chambre de 10 heures », maintenant que vous êtes là, assis dans votre bureau. Ne serait-il pas plus raisonnable de croire que

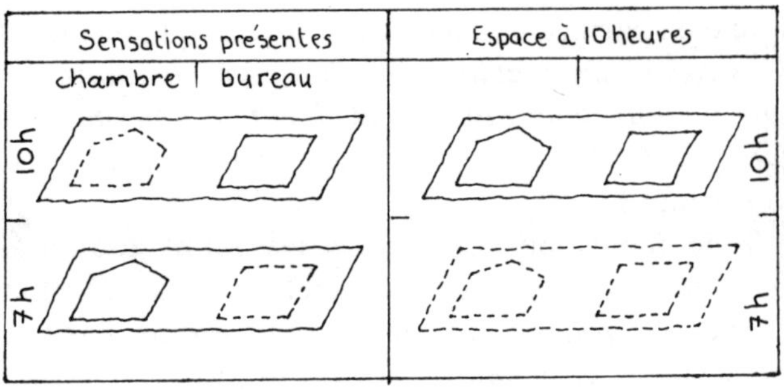

Fig. 135. Où est la réalité ?

c'est votre « chambre de 7 heures » qui est réelle (cette chambre que vous avez *vue*, et dont vous vous souvenez bien), et que l'on peut douter de l'existence de la « chambre de 10 heures » ?

En dernière analyse, mon monde est la somme de toutes mes sensations. Et ces sensations peuvent être ordonnées, de façon très naturelle, pour former une structure dans l'espace-temps à quatre dimensions. Ma vie est une espèce de ver à quatre dimensions qui serait contenu dans un univers-bloc. Il serait tout aussi insensé pour moi de me plaindre que ma vie de ver n'a que (disons) soixante-douze ans de long que de me plaindre que ma taille ne soit que de 1,70 m. L'éternité se situe en dehors de l'espace-temps. L'éternité, c'est maintenant.

Ce n'est de toute façon pas une idée nouvelle. L'idée fondamentale de l'enseignement de la tradition mystique classique est que l'histoire est un éternel Maintenant. C'est Maître Eckhart, le prêtre du XIVe siècle, qui, dans l'un de ses sermons, a exprimé cette idée fondamentale avec plus de clarté que personne avant lui :

> Les jours qui se sont écoulés depuis six ou sept jours et les jours qui furent il y a six mille ans sont aussi proches d'aujourd'hui que le jour qui fut hier. Pourquoi ? Parce que le temps est là, dans un actuel présent.
> Si nous disions que Dieu a créé le monde hier ou le créera demain, nous nous comporterions de façon insensée. Dieu crée le monde et toutes choses en un actuel présent et le temps qui s'est écoulé voici mille ans est maintenant aussi présent à Dieu et aussi proche que le temps qui est maintenant.

Que nous partagions ou non sa croyance en Dieu, l'idée d'Eckhart selon laquelle l'espace-temps aurait été créé en une seule fois est très profonde. A chaque fois que je lis ces mots, je m'imagine un grand vieillard, avec une barbe blanche, balançant un seau de peinture sur le mur d'une grange. *Splatsch* : et voici l'espace-temps, créé en une seule fois, créé dans l'instant même.

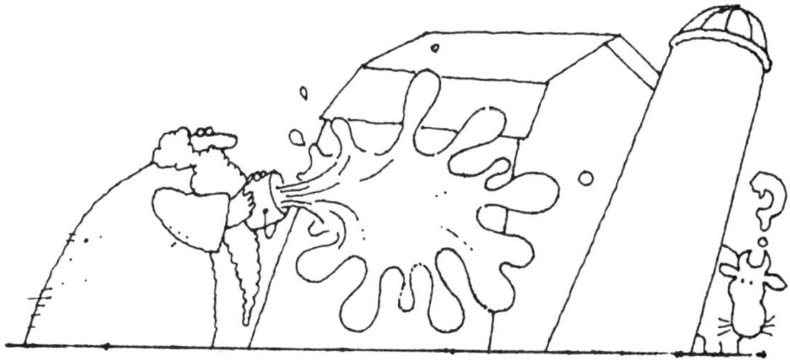

Fig. 136. « Dieu crée le monde et toutes choses en un actuel présent. »

Mardi, 16 novembre 1982.

L'espace est fait d'*endroits* ; l'espace-temps est fait d'*événements*. Un « événement », ça dit vraiment ce que ça veut dire : un endroit donné à un moment donné. Chaque impression de vos sens est un petit événement. Les événements que vous vivez se classent naturellement suivant quatre dimensions : nord/sud, est/ouest, en haut/en bas, avant/après. Et en vous penchant sur votre passé, vous ne faites qu'observer une structure de l'espace-temps à quatre dimensions. Il n'y a donc rien de très étrange ou de gênant dans l'espace-temps, à condition de l'observer de l'« intérieur ».

Il est un peu plus difficile de regarder l'espace-temps depuis l'« extérieur » : les objets à quatre dimensions sont toujours difficiles à se représenter. Mais pensons, encore une fois, à Terreplate. Imaginez Un Carré, tout seul, se reposant dans un champ désert, quand, en début d'après-midi, son père, Un Triangle, s'approche de lui puis s'éloigne furtivement. Si nous considérons que le temps est une troisième dimension perpendiculaire au plan de Terreplate, nous pouvons illustrer ces événements par un diagramme d'espace-temps comme celui de la figure 137. Un Carré et Un Triangle ont la forme de vers dans l'espace-temps. Et leur brève rencontre de 12 h 05 est représentée par un rapprochement de leurs existences sous forme de ver. Mais il n'y a aucun mouvement ici ; il n'y a qu'une forme permanente, située dans l'espace-temps. A 12 h 05, Un Triangle est voisin d'Un Carré ; c'est une situation éternelle, qui ne pourra jamais changer.

Essayez d'imaginer ce que serait un dessin comme celui de la figure 137, mais qui contiendrait l'espace et le

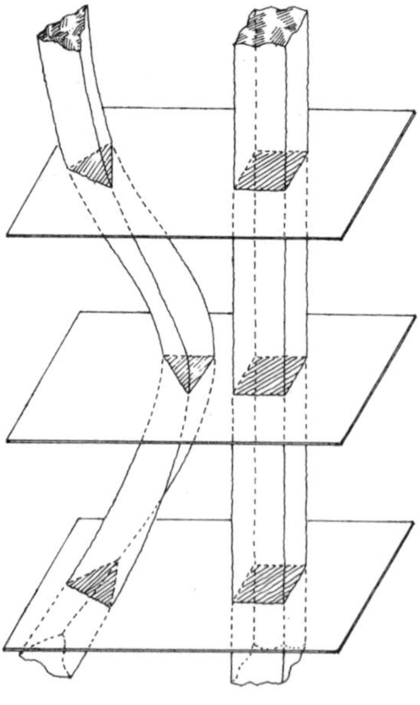

Fig. 137. Une région de l'espace-temps de Terreplate.

temps de Terreplate dans leur totalité. Cet énorme enchevêtrement de vers et de fils constituerait ce que nous appelons l'*univers-bloc de Terreplate.* Pour construire une représentation de l'univers-bloc de Terreplate, vous pouvez vous imaginer au-dessus de Terreplate, filmant les polygones dans leurs déplacements. Si ensuite, vous découpez les images du film et que vous les empiliez les unes sur les autres en respectant leur succession dans le temps, vous obtiendrez alors une bonne représentation d'une partie de l'univers-bloc de Terreplate.

Avant d'aller plus loin, je voudrais m'arrêter pour répondre à une question que certains d'entre vous peuvent se poser. *Puisque nous considérons maintenant le temps comme une quatrième dimension, cela ne signifie-t-il pas que tout ce que nous avons dit sur la quatrième dimension ne concernait véritablement que le temps ?* La réponse est *non.* Car, de même qu'il n'existe pas de direction fixe que nous appelons de manière définitive la « largeur » de l'espace, il n'est nullement besoin d'avoir une dimension supérieure fixe que l'on appellerait le *temps.* Tout ce que nous avons dit sur la quatrième dimension nous a conduit à des dimensions supérieures de natures différentes, comme la direction par laquelle nous pouvons sauter hors de notre espace, la direction suivant laquelle se développe la courbure de notre espace, la direction dans laquelle on se déplace pour atteindre des univers différents. Si nous le désirons, nous pouvons décider que l'axe du temps, passé/futur, est *la* quatrième dimension. Et ensuite, nous pouvons dire aussi bien que l'axe *ana/kata* en dehors de notre espace est *la* cinquième dimension, et que *la* sixième dimension est la direction vers d'autres espaces-temps qui possèdent une courbure. Mais il n'y a aucune raison d'être aussi catégorique. Personne n'a jamais prétendu que la largeur était *la* seconde dimension, ni que la hauteur était *la* troisième. Nous-même d'ailleurs, nous n'avons fait que dire que la hauteur et la largeur étaient des dimensions spatiales. Plutôt que de dire que le temps est *la* quatrième dimension, il est donc plus naturel de dire que le temps n'est que l'une des dimensions supérieures.

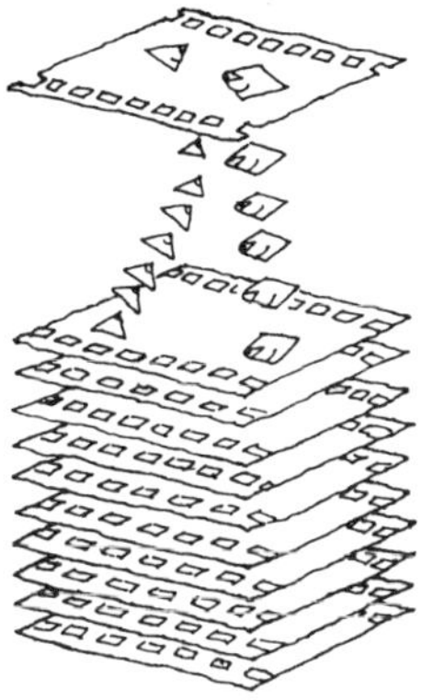

Fig. 138. L'espace-temps de Terreplate ressemble à une succession d'images de film.

Si nous imaginons que Terreligne est un monde à une

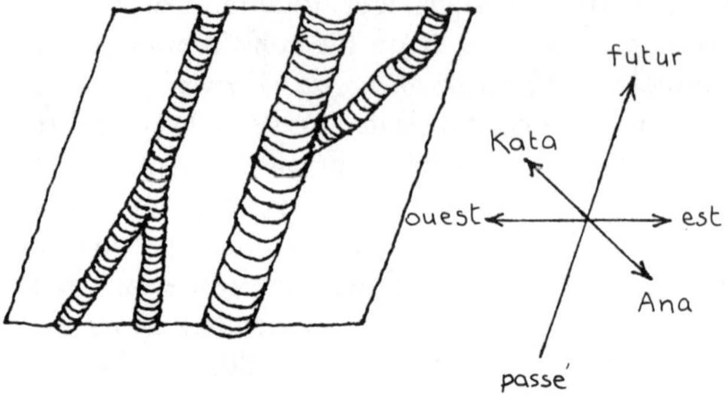

Fig. 139. Espace + Temps + Hyperespace = Terreligne.

dimension (est/ouest) dont l'espace s'enfle dans l'hyperespace (*ana*/*kata*) à chaque fois qu'il y a une présence de matière, et dont l'espace est différent à des instants différents (passé/futur), nous obtenons alors un diagramme 3-D d'espace-hyperespace-temps, comme celui qui est dessiné à la figure 139. Bien sûr, si on ajoutait deux dimensions supplémentaires à Terreligne pour en faire un espace 3-D complet, ce diagramme aurait alors cinq dimensions. Si vous voulez bien rester encore une seconde sur la figure 139, vous remarquerez que l'on y montre deux éléments qui se rejoignent pour en former un plus grand, et un plus grand qui donne naissance à un autre plus petit. Ce dessin représente une portion de ce que nous pourrions appeler l'*univers-bloc de Terreligne.*

Bien. Je viens de souligner que, bien que le temps soit une des dimensions supérieures, il en existe également beaucoup d'autres. Et à la fin de ce livre, ce sera vraiment le délire : j'affirmerai que l'espace possède une infinité de dimensions. Mais avant, il me reste encore beaucoup de choses à dire sur l'espace-temps et la notion d'univers-bloc.

Beaucoup de philosophes prétendent qu'il est faux de dire que notre réalité est un univers-bloc. Ils ne veulent pas représenter notre univers passé-présent-futur par un modèle statique d'espace-temps 4-D. Ils estiment que cette image éternelle, immuable, exclut quelque chose d'important : *l'écoulement du temps.*

Bien évidemment, la véritable raison pour laquelle on a introduit l'univers-bloc était de se débarrasser de l'écoulement du temps. Mais comment puis-je dire qu'un phénomène perçu de manière aussi universelle n'a pas d'existence ?

Mercredi, 17 novembre 1982.

Un jour de plus est passé, et j'essaie encore de prétendre que l'écoulement du temps est une illusion. Qu'y a-t-il de plus ridicule ? Je me rappelle, il y a cinq ans, quand j'étais allé voir mon père à l'hôpital. Il avait un problème cardiaque et était déprimé. J'essayais de le réconforter en lui expliquant l'univers-bloc, et en lui faisant remarquer que la vie de chaque être est une forme permanente et immuable dans l'espace-temps. « Rudy, me dit-il avec lassitude, tout ce que je sais sur le temps, c'est que tu vieillis et qu'un jour, tu meurs. »

On a vraiment le *sentiment* que le temps passe ; je serais fou de prétendre le contraire. Mais ce que je veux vous montrer, c'est que ce sentiment n'est qu'une espèce d'illusion. Le changement n'est pas réel. Rien n'arrive. Le sentiment de l'écoulement du temps est comme une *impression* qui va de pair avec le fait d'être une forme particulière dans l'espace-temps.

Permettez-moi d'illustrer mes idées à travers un autre extrait de ce classique imaginaire, *les Nouvelles Aventures d'Un Carré.*

> Cet après-midi, mon Père vint m'informer de l'imminence de mon Arrestation. Le mari d'Una avait déposé Plainte contre moi. Exténué par mes plaisirs du matin, je me moquai des mises en garde du vieux Triangle et je l'envoyai promener. Qu'avais-je à redouter de la vengeance de ces plats Polygones ? Lequel d'entre eux pouvait *me* nuire — moi, l'ami et le disciple d'Un Cube ? Plein de la délicieuse fatigue de mes dernières amours, je sombrais dans le sommeil.
>
> Dans mon Rêve, je revoyais la Sphère, flottant avec moi dans un Espace Supérieur. Sa surface flamboyait d'un Éclat solennel, et je fus saisi de honte à la pensée de ma Lubricité. Cherchant à dissimuler, je la saluai avec aplomb.
>
> *Moi :* Je vous salue, vénérable Sphère. Souvent je vous ai cherchée, depuis si longtemps que vous aviez disparu.
>
> *La Sphère :* Le Cube vous a donné son enseignement. Il

vous a enseigné l'Espace, mais maintenant que votre Fin est proche, je reviens vous enseigner le Temps.
Moi : Pourquoi parler de la Mort ? Je n'ai pas commis de péché !
La Sphère : Ah Carré, l'étendue de votre ignorance n'a d'égale que l'insolence de votre bassesse. Oseriez-vous me mentir, à moi qui vois Tout ? Je vois votre passé, je vois votre avenir, et votre avenir est hérissé de Dangers.
Moi : Que dois-je faire pour m'enfuir ?
La Sphère : Demandez à ce bon à rien de Cube, la prochaine fois que vous le verrez. Peut-être saura-t-il quelque stratagème pour prolonger la Durée de votre Vie. Mais tout cela n'est que folie, car votre race est Mortelle. L'enseignement que je désire vous donner pendant ce Rêve est bien plus important que le misérable combat contre le Temps qui passe. Mon Enseignement, c'est que le Temps n'a pas de Réalité, et que l'Éternité, c'est le Présent.
Moi : Mais quelle sorte de Mort envisagez-vous ?
La Sphère : Silence, être stupide. Regardez !
Et devant nous, il me semblait apercevoir une Forme étrange et compliquée à trois dimensions. Cela avait l'aspect d'un Cube, transparent et contenant des formes diverses. Des Tubes, des Vers et des Fils parcouraient ce Cube étrange depuis sa base vers son sommet ; certains Tubes avaient une forme Circulaire, d'autres une forme Triangulaire ou Carrée. La face supérieure du Cube avait une apparence qui ne m'était pas inconnue ; soudain, je réalisai que c'était mon propre Monde.

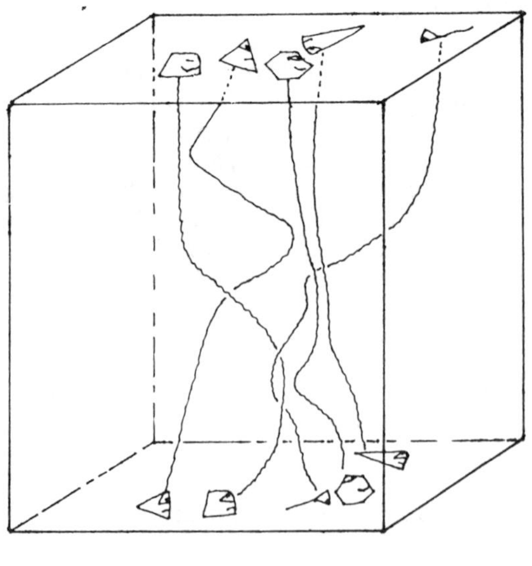

Fig. 140. Une histoire compliquée.

Il y avait ma forme Carrée ensommeillée, le Triangle familier de mon Père, et la forme assagie d'Una, blottie non loin de là. Un Hexagone et un Isocèle se tenaient près de ma forme endormie, prêts à céder à la Violence. Seule l'intervention de mon Père dévoué les maintenait à distance.

Je voyais tout cela sur la face supérieure du Cube. Détournant mon attention vers le bas, je pouvais reconstituer tout l'enchevêtrement de cette histoire d'Amour et de Haine. Mais plus que tout, j'étais préoccupé par la Pointe de l'Isocèle, et j'implorais l'aide de la Sphère.

Moi : Vous me sauverez, n'est-ce pas, très noble Sphère ?

La Sphère : Ce n'est pas à moi de vous sauver. Quel est cet objet que nous contemplons ?

Moi : Une représentation astucieuse d'une région de Terreplate. Avec, au sommet, ma Forme endormie, mon Père, et...

La Sphère : Et l'intérieur du Cube, Carré ?

Moi : Vous avez empilé de nombreuses images de mon propre monde, ô Maître. Chaque plan du Cube représente un instant différent de mon Passé récent (et regrettable). Vraiment, c'est là une Construction intelligente, une utilisation inspirée de l'Espace Supérieur.

La Sphère : Et si je vous disais que cela n'est en rien une Construction ? Ce que vous voyez là, c'est un niveau plus élevé de Réalité. Ce que vous voyez, c'est votre Espace et le Temps. C'est votre Monde.

Moi : Monseigneur aime plaisanter. Comment cette Construction inanimée, figée, pourrait-elle représenter

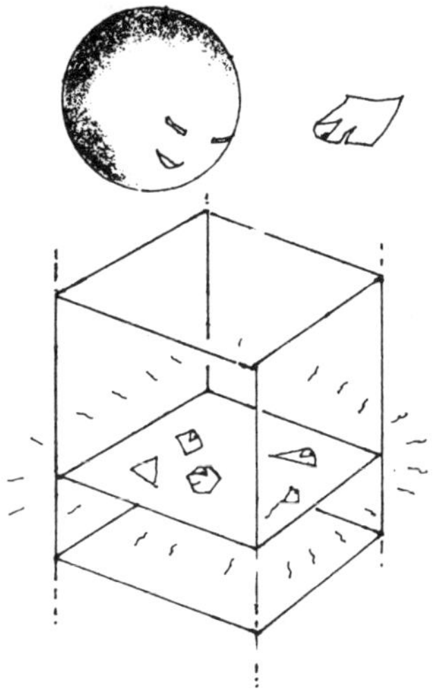

Fig. 141. Le « Maintenant » en mouvement.

la vie de Terreplate, avec son agitation passionnée ? Autant dire qu'une peinture respire, ou qu'une statue pleure !

La Sphère : Cet Enseignement est certes étrange, mais il n'a rien d'une Plaisanterie. Ce bloc que vous voyez là est une portion de l'Espace-temps de Terreplate.

Moi : L'Espace-temps, Monseigneur ?

La Sphère : L'Espace plus le Temps, Lourdaud. Écoutez ces paroles d'un grand penseur de l'Espace-temps : *désormais, l'espace en lui-même, et le temps en lui-même sont condamnés à disparaître purement et simplement sous forme d'ombres, et seule leur union, sous une forme ou sous une autre, conservera une réalité indépendante.* L'Espace est une ombre, l'écoulement du Temps est une illusion ; seul l'Espace-temps est réel.

Moi : Je me dois de protester à nouveau, Orbe Vénérable. La Vie consiste dans le changement et le Mouvement. Où se trouve le Mouvement dans cette construction de l'Espace-temps de Terreplate ?

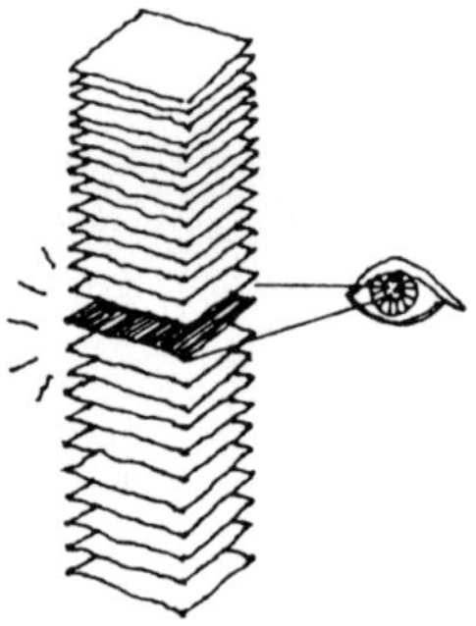

Fig. 142. L'œil de l'esprit en mouvement engendre le temps.

La Sphère : Vous pouvez *imaginer* le mouvement ainsi. Supposez qu'un plan se déplace à travers le Cube de l'Espace-temps. Et imaginez le plan comme un « Maintenant » en mouvement. Concentrez-vous sur lui et vous verrez votre Forme danser sa Gigue pitoyable.

Moi : Ainsi, vous dites que mon Esprit conscient éclaire une section de l'Espace-temps, et que le passage du temps est le mouvement ascendant de mon esprit.

La Sphère : Je n'ai rien dit de tel. Il n'y a pas de mouvement dans l'Espace-temps. Votre Esprit, en tant que tel, augmente la Durée de votre Vie. Plus précisément, l'Esprit est partout, et vous n'avez pas d'Esprit du tout.

Moi : Je ne vous comprends pas, Monseigneur.

La Sphère : Ni moi non plus d'ailleurs.

Jeudi, 18 novembre 1982.

Le but du dernier dialogue était de présenter ce que le physicien David Park a appelé « le sophisme du diagramme inanimé de Minkowski ». Un diagramme d'espace-temps tel que celui de la figure 140 a été appelé « diagramme de Minkowski » en l'honneur du mathématicien russe Hermann Minkowski (1864-1909), qui fut le premier à penser à dessiner de telles figures. Un Carré a dit qu'il y avait quelque chose qui manquait dans un tel diagramme : l'écoulement du temps. Mais nous ne vivons pas du tout notre enfance, notre adolescence et notre maturité en même temps. Nous traversons d'abord une étape, puis la suivante, puis la suivante, et ainsi de suite. Un Carré a trouvé que la figure 140 n'était qu'un *modèle*, et que la réalité serait mieux représentée en déplaçant un plan illuminé à travers tout le bloc de l'espace-temps. On éclairerait d'abord une section de l'espace-temps, puis la suivante, puis la suivante, et ainsi de suite. On pourrait de cette façon *animer*, ou rendre à la vie, le diagramme statique de Minkowski. Si on se représentait le diagramme d'espace-temps comme un film, ce serait comme si Un Carré disait que ce film devait être sorti de sa boîte pour être projeté. Si on se représentait ce diagramme comme un roman, ce serait comme si Un Carré disait que ce roman avait besoin d'un lecteur qui le traverserait page par page.

L'idée d'un diagramme de Minkowski animé soulève pas mal de problèmes. L'un d'entre eux est que si nous considérons un espace-temps statique, et qu'ensuite nous imaginons un Esprit extérieur qui déplacerait en quelque sorte un projecteur tout le long de cet espace-temps, nous introduisons alors une deuxième notion de temps : le temps qui s'écoule pendant que l'Esprit déplace son attention à travers l'espace-temps. Maintenant, si l'espace-temps doit être *tout*, il semble alors gênant, et même abusif, de considérer une deuxième sorte de temps s'écoulant à l'extérieur de cet espace-temps. Avec un roman, cela ne pose aucun problème : le

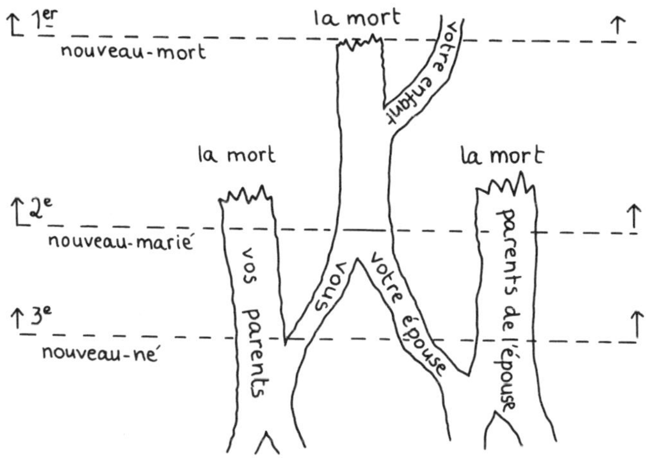

Fig. 143. Trois vies d'une même existence.

Le véritable point de départ de la théorie de la relativité restreinte, c'est la découverte d'une nouvelle propriété du temps, trés étonnante, à savoir la relativité de la simultanéité, qui, dans une grande mesure, implique celle de la succession dans le temps. L'affirmation que deux événements A et B sont simultanés perd toute signification objective dans la mesure où un autre observateur pourra affirmer, avec la même prétention à la vérité, que A et B ne sont pas simultanés.
Si on pousse jusqu'au bout les conséquences d'une telle situation, on aboutit à des conclusions sur la nature du temps d'une portée véritablement considérable. En bref, il semble que l'on obtienne une preuve irréfutable de la théorie des philosophes qui, comme Parménide, Kant et les idéalistes modernes, nient toute objectivité au changement et le considèrent comme une illusion ou une apparence qui résulte de notre mode de perception particulier. Voici l'argument : le changement n'est possible qu'à travers une durée dans le temps. Mais l'existence d'une durée objective signifie que la réalité est constituée d'une superposition infinie de « maintenants » qui entrent en jeu les uns après les autres. Mais, si la simultanéité est une notion relative, dans le sens que nous avons indiqué plus haut, aucune décomposition de la réalité en niveaux successifs ne peut être effectuée d'une manière objectivement déterminée. Chaque observateur possède son propre ensemble de « maintenants », et aucun de ces systèmes de niveaux ne peut prétendre représenter de manière

livre contient en lui sa propre structure temporelle, et le temps qu'il me faut pour le lire est quelque chose d'entièrement différent. Mais nous ne sommes pas à l'extérieur de l'univers comme un lecteur à l'extérieur d'un livre ; nous sommes *dans* notre espace-temps.

Bien sûr, ce n'est que mon opinion. De fait, j'ai rencontré des gens qui étaient persuadés que l'espace-temps *est* quelque chose comme un roman que liraient leurs âmes, ces « âmes » étant une sorte d'œil, ou d'observateur, qui se tiendrait à l'extérieur de l'espace-temps, déplaçant lentement son regard le long de l'axe du temps. Je ne trouve pas cela satisfaisant.

Si votre vie est comme un roman que votre âme serait en train de « lire », le passé, alors, n'est plus si réel que cela. Pire, la mort est plus réelle que jamais : la mort, c'est lorsque l'âme épuise ce qu'il y a à lire dans l'espace-temps.

Il y a un autre aspect déroutant dans le diagramme animé de Minkowski : que se passe-t-il s'il est animé plus d'une fois ? En d'autres termes, que se passerait-il s'il y avait un deuxième « lecteur du roman », ou un troisième, ou un quatrième, ou une infinité d'autres ? Que se passerait-il si toute une série d'âmes se déplaçait à travers votre espace-temps, chacune vous faisant vivre et revivre votre existence ? Que se passerait-il si tout un continuum infini d'âmes se déplaçait à travers votre existence, à chaque instant de tous les instants ? Votre vie étant alors entièrement « illuminée », comment parler dans ce cas du déplacement de quoi que ce soit ?

Vendredi, 19 novembre 1982.

Ce que je veux dire, c'est que chacun de nous est une forme spatio-temporelle particulière dans l'univers-bloc. Que ce soit le jour d'aujourd'hui, celui de ma naissance, ou celui de ma mort — tous ont autant de réalité les uns que les autres, tous sont des éléments différents de l'univers-bloc. Jamais je ne cesserai de vivre cet instant. Jamais cet instant ne cessera d'exister ; cet instant a toujours existé.

Il y a dix ans environ, j'ai eu la chance de rencontrer le grand logicien Kurt Gödel. J'avais l'habitude de l'appeler au téléphone pour lui poser des questions sur la philosophie. Dans mon livre *l'Infini et la Pensée*, j'ai décrit, dans un paragraphe, une conversation que j'ai eue avec lui au sujet de l'écoulement du temps :

> Nous avions parlé de théorie des ensembles et je lui posai ma dernière question : « Qu'est-ce qui provoque l'illusion de l'écoulement du temps ? »
> Gödel ne répondit pas directement à cette question, mais plutôt à la signification qu'avait ma question — c'est-à-dire, pourquoi tout le monde croyait-il que le temps devait être perçu comme quelque chose qui passe.
> Il en arriva à mettre en relation le rejet de la croyance dans le temps qui passe avec les efforts du mysticisme pour atteindre à l'Ame Universelle. Finalement, il dit : « L'illusion du passage du temps provient de la confusion entre le *donné* et le *réel*. Ce n'est que parce que nous pensons faire partie de différents niveaux de réalités que nous avons le sentiment d'un temps qui passe. En fait, nous ne faisons partie que de donnés différents. Il n'y a qu'une seule réalité. »

Par un « donné », Gödel entend l'ensemble des sensations d'une personne à un instant particulier. A tout instant, le monde nous « présente » un ensemble de visions, de sons, d'odeurs, etc. Par un processus plus ou moins inconscient, nous organisons toutes ces sensations en une structure stable. Cette structure fondamentale, que tout le monde reconnaît, c'est la réalité : un continuum à trois dimensions spatiales et une dimension de temps. Quand je suis dans mon bureau, je ne mets pas en doute l'existence de ma maison. Et pareillement, lorsqu'il est 10 heures, je ne mets pas en doute l'existence de « 7 heures ». Je ne considère pas une personne comme un objet à la dérive dans l'espace ; une personne est une forme particulière dans l'espace-temps.

Le corps humain change la plupart de ses atomes au bout de quelques années. Chaque jour, on mange et on respire des milliards de nouveaux atomes, et chaque joue, on en excrète, perd ou expire des millions d'anciens. Physiquement, mon corps actuel n'a pratiquement rien de commun avec celui que j'avais une vingtaine d'années auparavant. Mais comme pourtant je me sens être la même personne, ce doit être que « je » suis autre chose que cet ensemble d'atomes qui constituent mon

objective la durée dans le temps.

KURT GÖDEL,
« A Remark on the Relationship between Relativity Theory and Idealistic Philosophy » (« Une remarque sur la relation entre la théorie de la relativité et la philosophie idéaliste »), 1959.

corps. « Je » suis moins mes atomes que la *structure* selon laquelle ils sont arrangés. Il y a quelques combinaisons d'atomes dans mon cerveau qui codent certains de mes souvenirs ; et c'est la continuité de ces souvenirs qui me donne le sentiment de mon identité.

A la figure 144, nous avons représenté le fait que les gens sont des formes durables de l'espace-temps. Pour simplifier, nous avons représenté une personne par une tresse formée par les fils de trois atomes (où un « fil d'atome » est la trace d'un atome individuel dans l'espace-temps). Remarquez qu'au centre de la figure, il n'y a aucun fil d'atome qui parcourt entièrement les tresses des deux personnes. Remarquez également qu'un atome

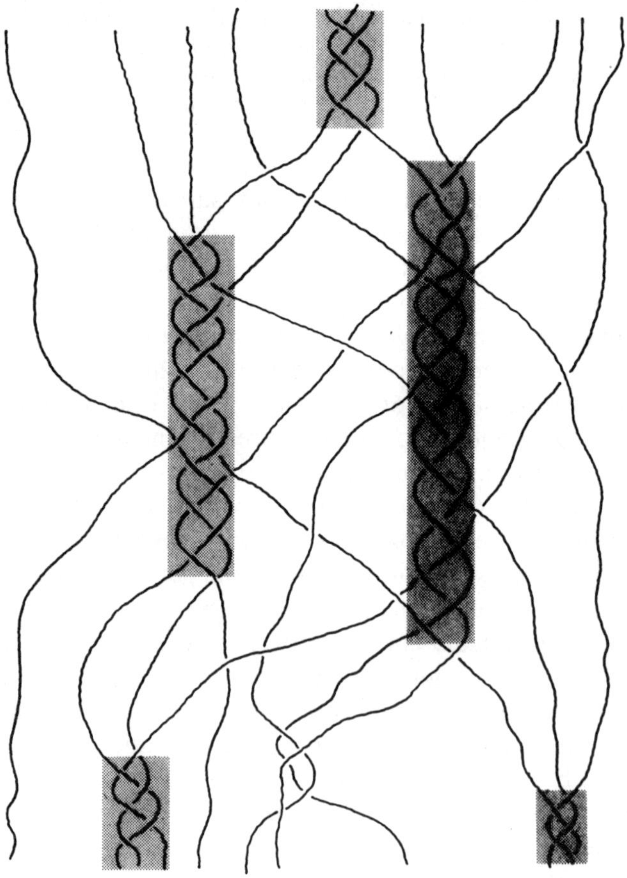

Fig. 144. Les fils d'atomes forment des tresses dans l'espace-temps.

peut quitter une tresse pour aller en rejoindre une autre.

Ce que je trouve le plus étonnant dans la figure 144, c'est que les rectangles gris qui contiennent les vies individuelles sont purement *fictifs*. Le simple fait de manger ou de respirer nous réunit tous ensemble dans la trame d'une énorme tapisserie à quatre dimensions. Quel que puisse être parfois votre sentiment de solitude, vous n'êtes jamais complètement coupé du reste du monde.

Je trouve ce point de vue très réconfortant. Plutôt que de m'imaginer comme un sac de viande en décomposition, je peux me considérer comme une partie de l'espace-temps éternel. C'est une façon de tricher avec la mort. Plutôt que de m'identifier avec la forme particulière de mon corps, je m'identifie comme faisant un tout avec l'univers-bloc. Je suis, pour ainsi dire, un œil qui permet au cosmos de se regarder lui-même. L'Esprit ne m'appartient pas en propre ; l'Esprit est partout. Si je n'existe pas, comment alors pourrais-je mourir ?

Lundi, 22 novembre 1982.

« Comment puis-je mourir ? » Eh bien, j'aurais pu tomber de ce viaduc effondré au bord duquel je faisais l'ivrogne, samedi soir, juste pour frimer. Oh... Pourquoi faire encore des choses pareilles, à mon âge ? *Pour prouver que j'ai mon libre arbitre.*

De temps en temps, on aime bien faire quelque chose d'idiot ou d'inattendu. Une vie est pratiquement toute tracée d'avance ; ce ne sont que les imprévus les plus fous qui lui donnent une saveur particulière. Mais il n'est pas nécessaire de faire des choses stupides ou dangereuses... Emmener votre femme au restaurant le vendredi soir, ça peut être assez extraordinaire.

Si nous sommes vraiment des formes spatio-temporelles dans un univers-bloc, cela signifie alors que le futur existe déjà. N'est-ce pas contradictoire avec l'idée de jouir du libre arbitre ?

Pas vraiment. Quand je dis que le futur est déjà présent, je ne dis *pas* que l'on peut prévoir l'avenir. Quand vous êtes en plein dans un roman policier, le dénouement est déjà *là*, écrit dans les dernières pages. Mais cela ne signifie pas pour autant que vous puissiez toujours en deviner quelle sera la fin. J'ai le sentiment que ma vie entière existe comme un tout où le temps n'existe pas. Mais cela ne veut pas dire que je peux prédire à coup sûr ce que j'écrirai demain, ni l'endroit où je vivrai l'année prochaine.

Parfois, lorsque j'essaie d'expliquer le point de vue de l'espace-temps aux gens, ils répondent : *« Si vous n'êtes qu'une forme dans l'espace-temps et que l'avenir est déjà tout tracé, pourquoi alors ne vous tuez-vous pas, pour en finir ? Hein, pourquoi ne pas mourir, d'une façon ou d'une autre ? Pourquoi ne pas vous tirer une balle ? »* La réponse est simple : *« Parce que je ne veux pas. »* Je peux m'amuser à dramatiser le choix entre la vie et la mort en me tenant au bord d'un trou de 100 mètres de profondeur — mais je fais sacrément attention de ne pas tomber dedans.

Fig. 145. Je ne veux pas mourir.

C'est dans la nature des plantes de croître vers le soleil, de fleurir et de donner des fruits. De même, c'est dans la nature de l'homme de vivre, d'aimer et de travailler. Selon toute probabilité, il n'y a pas de grande « Réponse », et la vie n'a pas de signification en dehors d'elle-même. Comme le dit Don Juan dans *A Separate Reality (Une réalité séparée)*, de Carlos Castaneda :

> J'ai choisi de vivre, et de rire, non parce que c'est important, mais parce que ce choix correspond à un penchant de ma nature... Un homme de connaissance choisit un chemin avec son cœur, et le suit... Rien n'étant plus important qu'autre chose, un homme de

> connaissance choisit un rôle parmi d'autres, et le joue comme si rien n'était plus important pour lui.

L'idée, ici, c'est que votre vie est un tout, et qu'il n'y a que la forme globale qui compte. Les aberrations inattendues dans la forme correspondent aux endroits où vous avez l'impression de faire jouer votre libre arbitre.

Certaines personnes s'opposent violemment à ce point de vue. Elles croient si fort en l'importance de leur propre libre arbitre qu'elles ont le sentiment que le futur n'existe plus du tout. Elles peuvent concéder que le passé existe, mais elles pensent que l'univers-bloc est quelque chose qui croît avec le temps. A la

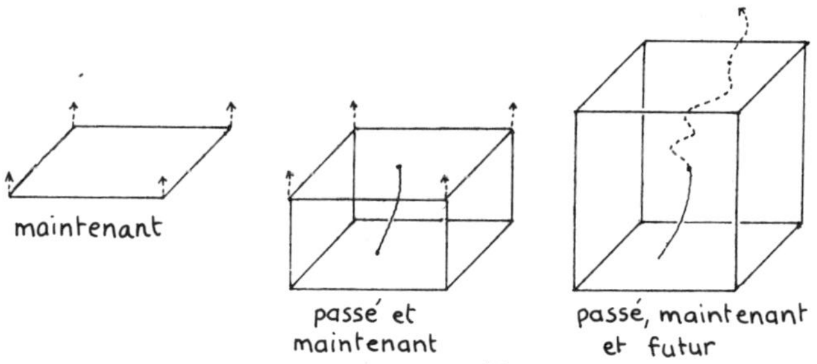

Fig. 146. Trois visions du monde.

figure 146, nous avons illustré ce point de vue, ainsi que celui de l'univers-bloc et celui qui ne reconnaît de réalité qu'à l'instant présent.

Le grand avantage de l'univers-bloc sur les autres points de vue, c'est qu'il ne contient aucun « Maintenant » existant de manière objective. Rien n'y est en mouvement et il n'est pas du tout nécessaire d'essayer de trouver une signification objective et absolue au plan horizontal sur lequel reposent les deux autres modèles.

Il se trouve qu'il est *impossible* réellement de trouver une définition objective et acceptable par tout le monde de « tout l'espace considéré en cet instant ». Cela découle, comme nous allons le voir, de la théorie de la relativité restreinte d'Einstein. Le concept d'un univers-bloc est donc plus qu'une séduisante théorie métaphysique. C'est un fait scientifique bien établi.

Mardi, 23 novembre 1982.

Aujourd'hui, j'ai envie de dessiner beaucoup de diagrammes de Minkowski, ces images de l'espace-temps. Pour rendre les choses plus faciles, nous considérerons l'espace comme une droite à une dimension, et ses objets comme des points se déplaçant dans un sens ou dans l'autre sur cette droite. La trace d'un point dans l'espace-temps est appelée la *ligne d'univers* de ce point. A la

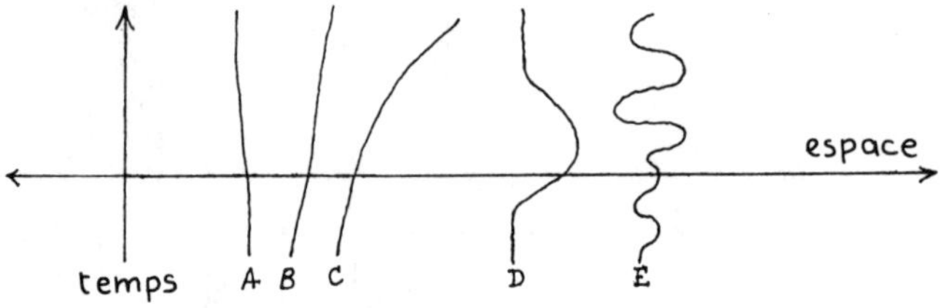

Fig. 147. Différentes sortes de mouvements.

figure 147, nous pouvons voir cinq sortes différentes de lignes d'univers. A représente un point immobile, et B un point qui se déplace tranquillement vers la droite. C est un point qui reste d'abord immobile, puis se déplace de plus en plus vite vers la droite. D fait un petit tour vers la droite puis revient à son point de départ. E oscille tranquillement de droite à gauche.

En fait, il est un peu trompeur de dire que A est immobile et que B se déplace vers la droite. Si A et B étaient des personnes réelles, par exemple des astronautes flottant dans l'espace vide, ils ne pourraient être sûrs que d'une seule chose : qu'ils s'éloignent l'un de l'autre. Car, puisqu'il est impossible de faire des marques dans la trame de l'espace, il n'existe véritablement pas de mouvement absolu. Le seul mouvement que l'on puisse espérer observer est le mouvement d'un objet relativement à un autre. C'est ce qu'affirme le principe de relativité d'Einstein : « Les lois de transformation d'état des systèmes physiques ne sont pas modifiées lorsque ces transformations se rapportent à l'un ou l'autre de deux systèmes de coordonnées en mouvement de trans-

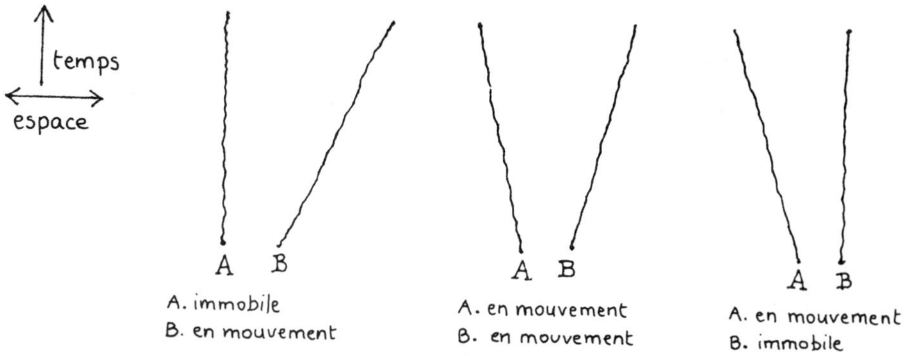

Fig. 148. Trois descriptions d'une même situation.

lation uniforme. » En formulant sa théorie de l'espace et du temps, Einstein posa, comme autre hypothèse, le principe de la constance de la vitesse de la lumière : à chaque fois que quelqu'un mesure la vitesse de la lumière, il ou elle trouve toujours la même valeur *c* (= 29 979 245 620 centimètres par seconde ≈ un milliard de kilomètres par heure). Ces deux hypothèses reposent sur de solides faits d'expérience. Prises ensemble, il en résulte un certain nombre de conséquences surprenantes.

Habituellement, lorsqu'on dessine un diagramme de Minkowski, on adopte un système d'unités tel que la ligne d'univers d'un rayon lumineux est représentée par un trait à 45°. Comme la lumière se déplace à environ un milliard de kilomètres à l'heure, l'idée est de prendre sur l'axe d'espace une unité d'un milliard de kilomètres, et sur l'axe du temps, une unité d'une heure. A la figure 149, nous avons repéré les axes de cette façon et nous avons tracé la ligne d'univers d'un signal lumineux. Au temps 1, A émet un signal lumineux vers la droite. M se trouve à un milliard de kilomètres de A, attendant patiemment avec un miroir. Après une heure de voyage, la lumière rencontre le miroir de M et rebondit vers la

Problème 9.1

Si nous disons que le temps est la quatrième dimension, il est alors possible de construire une hypersphère dans l'espace et le temps. Comment ?

Nous avons en nous toutes sortes de relais, dit Kesey. Le plus élémentaire est celui des sens, le décalage entre le moment où ils perçoivent quelque chose, et celui où vous pouvez réagir. Cela peut prendre un trentième de seconde pour les gens particulièrement alertes ; la plupart sont infiniment plus longs... Nous sommes tous condamnés à passer notre existence devant *notre film* — nous ne faisons jamais que réagir à ce qui vient de se passer. Et qui s'est produit il y a un trentième de seconde au moins. Nous croyons vivre dans le présent, mais c'est faux. Le présent que nous connaissons n'est qu'un film de notre passé, et nous ne serons jamais vraiment en mesure de contrôler ce présent par les moyens ordinaires. Il nous faut surmonter ce décalage d'une autre façon, par quelque radicale forme de percée.

TOM WOLFE,
The Electric Kool-Aid Acid Test (Acid Test), 1968.

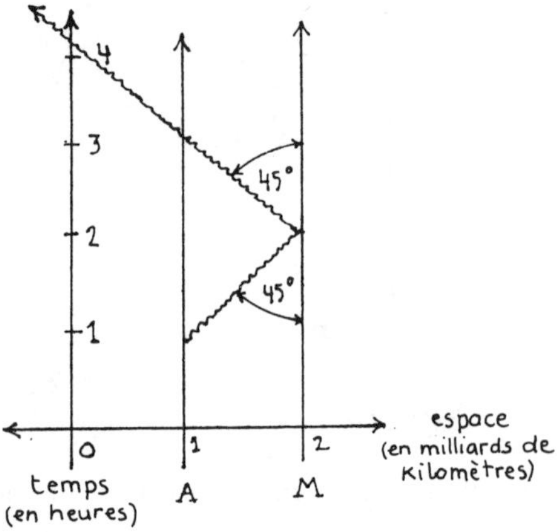

Fig. 149. Ligne d'univers d'un photon.

gauche. A laisse passer le rayon lumineux qui continue sa course indéfiniment vers la gauche.

Pour autant que nous le sachions, rien ne voyage plus vite que la vitesse de la lumière. Il est intéressant de se rendre compte que vous n'êtes jamais en train de voir le monde tel qu'il est *à l'instant même*. Puisqu'il faut du temps à la lumière pour vous parvenir, ce que vous voyez est toujours légèrement dans le passé ; ce que vous

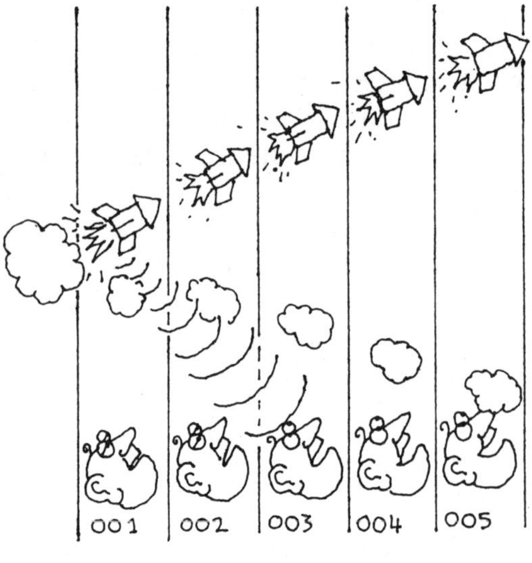

Fig. 150. La vue est plus rapide que l'odorat.

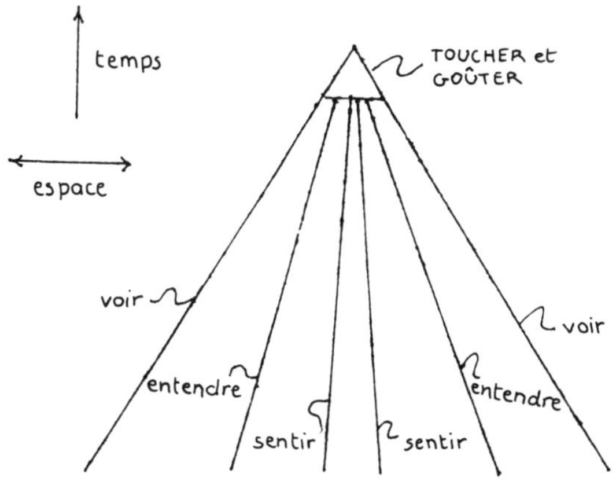

Fig. 151. Toutes les sensations proviennent du passé.

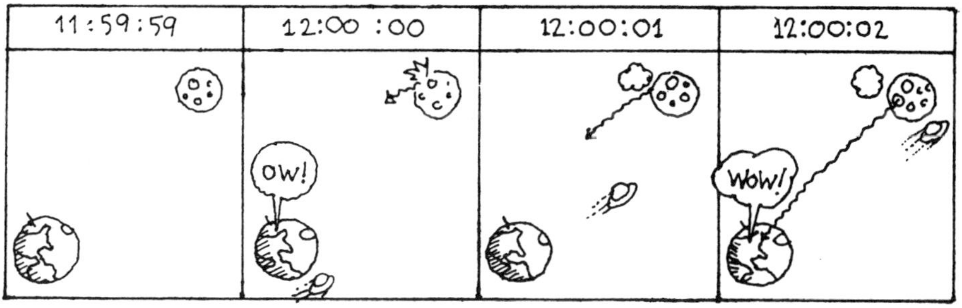

Fig. 152. Piqûre d'insecte, passage d'OVNI, explosion sur la Lune.

entendez est encore plus dans le passé ; et les odeurs voyagent encore plus lentement que les sons. Vous voyez d'abord l'éclat d'une fusée dans le ciel, puis vous entendez son grondement, puis enfin vous sentez l'odeur de ses gaz. A un instant donné, vos sensations sont l'ensemble de tous les signaux émis par divers événements situés dans le passé. Même ce que vous sentez et ce que vous goûtez ne se produit pas exactement maintenant ; il faut du temps à l'influx nerveux pour voyager de votre peau à votre cerveau.

Parler de « tout l'espace considéré en cet instant », c'est véritablement parler de manière très abstraite. Vous ne *voyez* certainement pas tout l'espace en cet instant. L'arbre que vous voyez est en réalité l'arbre d'il y a dix millionièmes de secondes, la Lune que vous voyez est celle d'il y a deux secondes, et le scintillement des étoiles se diffuse dans le passé depuis des centaines et des milliers d'années. En fait, vous ne pouvez rien voir qui se produise *juste à l'instant.* Vous devez attendre que la lumière vous parvienne.

Il nous est bien sûr possible de réunir des sortes d'images mentales de l'espace tel qu'il est à l'instant même. Imaginez, par exemple, qu'il soit minuit, et que vous soyez assis dehors à contempler la Lune. Un moustique vous pique, et deux secondes après, vous voyez l'éclat d'une énorme explosion sur la Lune. Comme vous savez qu'il faut deux secondes à la lumière pour aller de la Lune à la Terre, vous pouvez en déduire que le « Maintenant » où vous avez été piqué par le moustique contenait également l'explosion sur la Lune.

Jusqu'ici, tout cela ne semble pas aller à l'encontre d'aucun des points de vue selon lesquels il existe réellement un « Maintenant » dans l'espace qui se déplace avec le temps. Cependant, il y a un problème à propos de la façon dont nous construisons la notion de « tout l'espace considéré en cet instant ». Ce problème, c'est que si quelqu'un se déplace par rapport à nous, il construira alors son « Maintenant » dans l'espace d'une façon différente de la nôtre.

Pour être plus précis, supposez qu'une soucoupe volante ait dérivé au voisinage du système Terre-Lune, par cette nuit fatidique où vous avez été piqué par le moustique et où vous avez vu l'explosion sur la Lune. Si les extraterrestres se déplacent de la Terre en direction de la Lune, ils concluront que l'explosion s'est produite *en premier.* Mais s'ils se déplacent de la Lune en direction de la Terre, ils diront, dans leur système de référence, que l'explosion s'est produite *en second.* Le raisonnement sur lequel reposent ces deux affirmations n'est pas évident, et je ne vais pas essayer ici de le développer en détail.

Disons seulement pour simplifier que des observateurs ayant des mouvements distincts ne pourront s'entendre pour dire si des événements se sont ou non produits au même instant. Personne ne peut réellement *se trouver* à la fois *à* la morsure du moustique et *à* l'explosion. Décider si deux événements se sont ou non produits au même instant, n'est qu'une question d'opinion ; la nature ne fournit aucune réponse absolue à cette question.

Le phénomène auquel je viens juste de faire allusion est appelé la relativité de la simultanéité. La conséquence importante de la relativité de la simultanéité est que des observateurs ayant des mouvements distincts découperont l'espace-temps différemment pour former un empilement de « Maintenants » successifs. Les trois observateurs de la figure 153 pourraient aussi bien vivre tranquillement dans trois galaxies différentes se déplaçant les unes par rapport aux autres. Quelle raison pourrions-nous avoir de dire que l'une des trois façons de réaliser cet empilement de l'espace-temps est correcte, et que les deux autres sont fausses ?

Ainsi, la théorie de la relativité implique qu'il n'existe pas de façon privilégiée de découper l'espace-temps pour former un empilement de « Maintenant ». Souvenez-vous que la relativité repose sur l'hypothèse selon

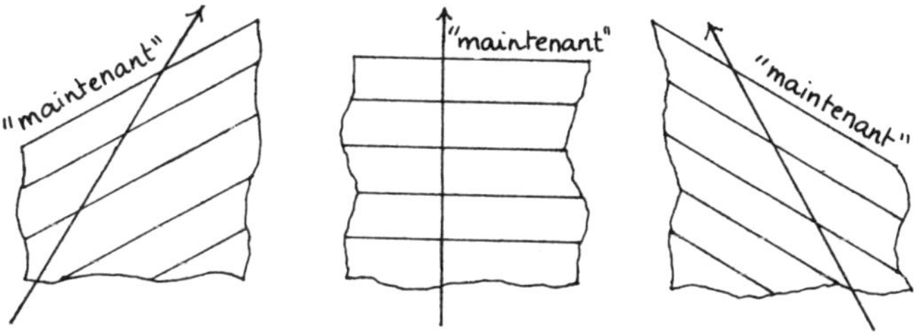

Fig. 153. Trois façons de découper l'espace-temps.

laquelle il est impossible de repérer de manière définitive un endroit donné dans l'espace-temps. On peut exprimer cela autrement en disant qu'« ici même » perd toute signification réelle au-delà d'un certain temps. Nous avons vu que cette hypothèse implique curieusement qu'« à l'instant même » n'a également aucune signification véritable au-delà d'un certain domaine de l'espace. Comme il n'existe aucune façon privilégiée de définir ce « Maintenant », ce doit être qu'il ne possède aucune signification objective. Cela signifie qu'il n'existe véritablement pas de présent en mouvement, et que le point de vue de l'univers-bloc est le seul acceptable. L'espace-temps est un tout unique et unifié, et le passage du temps n'est qu'une illusion.

Mercredi, 24 novembre 1982.

La relativité restreinte est une théorie extrêmement bien vérifiée au niveau expérimental. Elle a fourni un certain nombre de prédictions sur le comportement de la matière en mouvement. Et ces prédictions ont été confirmées des milliers et des milliers de fois dans des expériences mettant en jeu des accélérateurs de particules.

Hier, j'ai discuté une des conséquences les plus séduisantes de la relativité : celle qui dit que nous sommes des formes éternelles de l'espace-temps situées dans un univers-bloc immuable. Mais la relativité entraîne également quelques conséquences moins agréables. La pire des choses avec la relativité, c'est qu'elle implique que nous ne pourrons jamais voyager plus vite que la vitesse de la lumière.

Cette prédiction humiliante met certaines personnes dans un état proche de la paranoïa. Sans se soucier de comprendre quoi que ce soit à la relativité, elles en concluent aussitôt qu'Einstein n'était qu'un rabat-joie dogmatique, guère différent de ceux qui affirmaient autrefois que l'homme ne volerait jamais. « Et pourquoi ne *pourrions*-nous pas aller plus vite qu'un milliard de kilomètres à l'heure ? Si vous aviez une fusée assez grosse pour la faire marcher suffisamment longtemps, vous pourriez aller aussi vite que vous le voulez, non ? Quoi Einstein ? Est-ce que ce n'était pas un Allemand,

Maintenant et le futur.

Problème 9.2

Quelles sont les idées sur le passé et le futur contenues dans ce dessin représentant l'espace-temps à trois dimensions comme un cube de glace dont la base fond au cours du temps ?

ou un Juif ou je ne sais quoi ? En tout cas pas un Américain, et certainement quelqu'un qui avait peur du progrès ! »

D'après la théorie de la relativité, il y a deux problèmes avec les voyages plus rapides que la lumière. Le premier, c'est que plus la vitesse d'un objet est proche de celle de la lumière, plus la masse de l'objet devient importante. Et plus la masse d'un objet est importante,

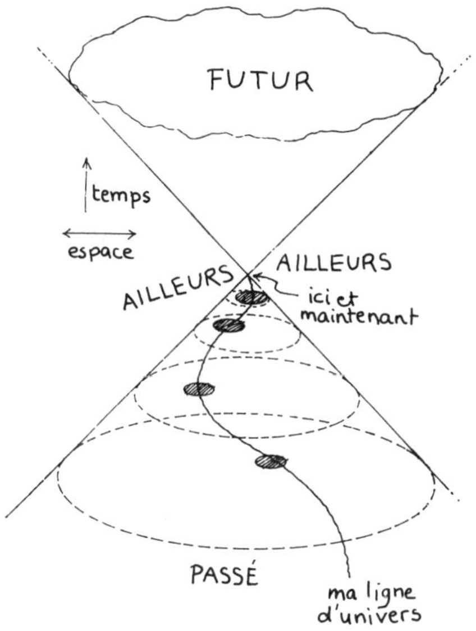

Fig. 154. Le Passé, le Futur et l'Ailleurs.

plus il est difficile d'accélérer cet objet pour lui communiquer une vitesse encore plus grande. En fait, il faudrait une quantité de combustible *infinie* pour accélérer un vaisseau spatial jusqu'à la vitesse de la lumière.

Si je ne peux voyager plus vite que la vitesse de la lumière, je ne peux alors accéder qu'à une région limitée de l'espace-temps. Les événements que je peux tout de même atteindre sans voyager plus vite que la lumière sont appelés mon « futur ». Cette utilisation du mot est propre à la théorie de la relativité. Normalement, je pense à mon futur comme à l'ensemble des événements que je vivrai effectivement, mais ici j'emploie le mot « futur » pour désigner tous les événements auxquels je pourrais assister ou sur lesquels je pourrais agir, sans voyager plus vite que la lumière. Dans le même esprit, je peux considérer mon « passé » comme étant tous les endroits de l'espace-temps à partir desquels il aurait été possible de voyager pour me rejoindre, ici et maintenant. Le reste de l'espace-temps s'appelle « l'ailleurs » ; c'est un nom merveilleux. Cela me détend toujours de penser aux événements situés dans « l'ailleurs ». Quoi que puissent faire, en ce moment même, nos dirigeants à Washington, cela n'a aucune importance : c'est dans

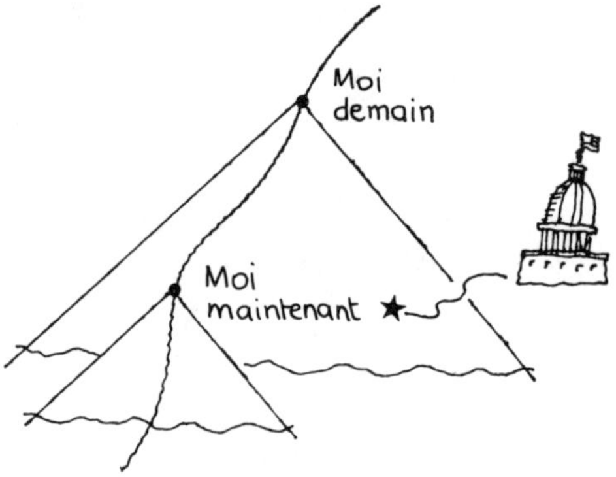

Fig. 155. Un jour dans l'« Ailleurs », le lendemain dans le « Passé ».

« l'ailleurs ». Mais malheureusement, les actes de ces personnages importants ne *restent* pas dans l'ailleurs — mon « passé » s'élargit au fur et à mesure que j'avance sur ma ligne d'univers.

Le deuxième problème avec les voyages plus-vite-que-la-lumière concerne la relativité de la simultanéité. Pour un seul événement donné dans votre « ailleurs », il se trouvera toujours un observateur pour dire qu'il s'est produit au même moment que votre « ici et maintenant ». Tout l'« ailleurs » est une espèce de « Maintenant » à l'état diffus. Habituellement, nous pensons à « Maintenant » comme à un trait séparant le « passé » du « futur », mais, dans la théorie de la relativité, ce « Maintenant » se diffuse dans l'« ailleurs » au contour de sablier. A la figure 156, j'ai dessiné trois chemins dans l'« aillcurs ». Le plus haut ne pose pas de difficultés ; il correspond simplement à quelqu'un qui voyagerait à 2 milliards de kilomètres à l'heure, soit deux fois la vitesse de la lumière. Le chemin voisin est horizontal et, par rapport au système de référence initial, il semble représenter une personne qui parcourt des milliards de kilomètres en un temps nul. Cela correspond à une vitesse *infinie*. Le chemin du bas, c'est le pire. Le voyageur semble ici remonter dans le temps. S'il pouvait revenir d'un tel voyage en suivant un chemin horizontal, il pourrait alors retrouver son propre passé ! En d'autres termes, un voyage plus-vite-que-la-lumière peut se transformer en un voyage dans le temps — mais beaucoup de scientifiques pensent que le voyage dans le temps est une impossibilité. L'ennui avec le voyage dans le temps, c'est qu'il conduit à quelques paradoxes vraiment vicieux, paradoxes que j'examinerai dans le prochain chapitre. Pour l'instant, qu'il suffise de dire

Problème 9.3

« La relativité de la simultanéité » affirme que des observateurs différents auront des opinions différentes sur la simultanéité des événements. Dans ce problème, nous allons voir comment la relativité de la simultanéité découle des deux hypothèses fondamentales suivantes : *1.* des observateurs en mouvement sont libres de se considérer au repos ; *2.* la lumière se propage toujours à la même vitesse.

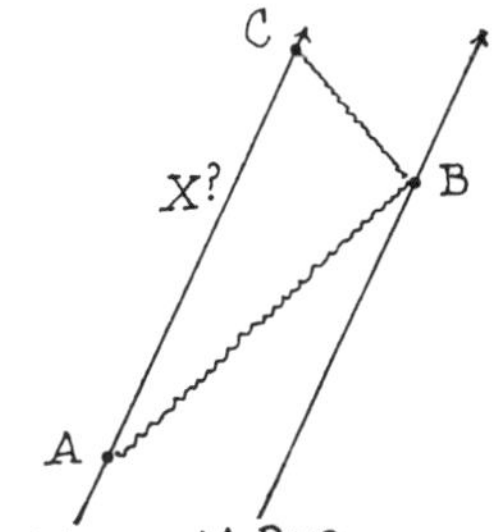

Willy Lee affirme que X et B sont simultanés.

On a la situation suivante : une plate-forme rigide se déplace vers la droite à une vitesse égale à environ la moitié de celle de la lumière. M. Willy Lee se trouve à l'extrémité gauche de cette plate-forme, et M. Rye à l'extrémité droite. M. Lee envoie un signal lumineux en direction de M. Rye. M. Rye tient un miroir qui réfléchit la lumière dans la direction de M. Lee. M. Lee reçoit le retour du signal. Appelons ces trois événements A, B, et C respectivement. M. Lee note l'intervalle de temps entre A et C sur sa propre ligne d'univers. Après réflexion, il détermine sur sa ligne d'univers l'événement X qui est simultané avec B. Où a-t-il placé X et pourquoi ? (Suggestion : nous sommes peut-être, nous, tentés de placer X à l'horizontale de B, mais *pas* M. Lee. La simultanéité est relative !)

« Le nombre des atomes qui composent le monde est, bien que démesuré, limité, et susceptible en tant que tel d'un nombre limité (bien que démesuré lui aussi) de combinaisons. En un temps infini, le nombre des combinaisons possibles doit nécessairement être atteint et l'univers doit forcément se répéter. A nouveau tu naîtras d'un ventre, à nouveau ton squelette grandira, à nouveau cette même page arrivera entre tes mains identiques, à nouveau tu suivras toutes les heures jusqu'à celle de ta mort impensable. » C'est sous cette forme que se présente ordinairement ce raisonnement, de son prélude insipide jusqu'à sa fin menaçante et immense.

JORGE LUIS BORGES,
« La doctrine des cycles »,
1951.

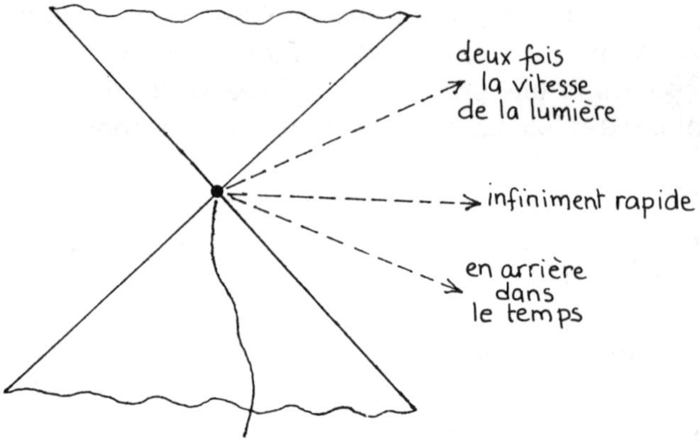

Fig. 156. Voyages dans l'Ailleurs.

que, pour autant que nous sachions, aucun enchaînement de causes et d'effets ne peut se propager plus vite que la lumière.

Bien. C'est tout ce que j'ai le temps de faire. Je dois rentrer tôt ce soir, pour aider à préparer les Grâces. Il semble qu'à chaque fois que vous vous retournez, c'est Noël ou Thanksgiving.

Mardi, 30 novembre 1982.

Encore des vacances passées. Ma mère est venue, ainsi que mon frère Embry avec sa femme et ses deux gamins. C'était agréable de voir ensemble les cinq petits cousins s'amuser : les plaisirs, la ronde des saisons, l'éternel retour.

Borges a écrit un essai intéressant sur la doctrine ésotérique de « l'éternel retour ». C'est l'idée que *tout se répète.*

Beaucoup de choses se répètent dans notre vie quotidienne. Inspirer/expirer, le jour/la nuit, l'été/l'hiver, les parents/les enfants : ce sont des cycles qui se reproduisent indéfiniment. Bien entendu, le Thanksgiving que j'ai vécu en 1982 n'a pas été *identique* à tous les autres. Pourtant, sur un certain plan, ils *sont* tous les mêmes, au moins pour ce qui est de l'aspect général, avec la dinde et la sauce, les enfants bruyants, l'ivresse, les querelles, les rires, les prières. A certains moments de cette épreuve

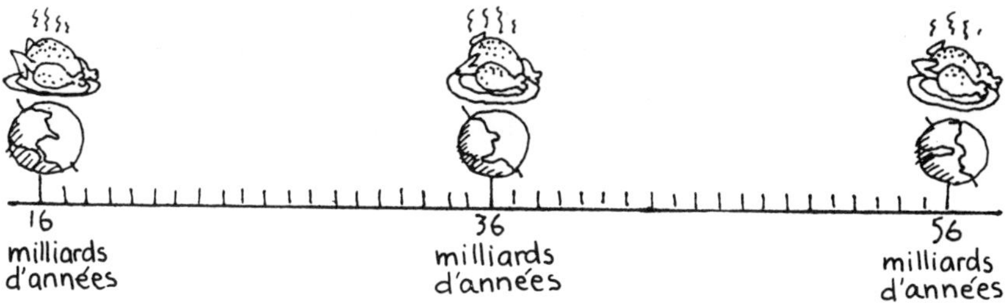

Fig. 157. L'Éternel Retour.

tant souhaitée — plusieurs jours de vacances — la plupart d'entre nous éprouvent, pendant quelques instants, ou même quelques quarts d'heure, un sentiment de transcendance, d'éternité, de cette totale acceptation de l'action du temps qui, paradoxalement, nous libère entièrement du temps. L'aspect extrêmement répétitif des rites humains nous permet d'apercevoir l'éternité de façon fugitive ; la ligne infinie prend alors la forme du cercle.

Malgré tout cela, l'éternel retour reste encore une idée tout à fait invraisemblable. Qui peut réellement croire qu'à un instant futur, l'univers se retrouvera exactement dans le même état que maintenant ? C'est pourtant ce qu'affirme la doctrine de l'éternel retour : il existe une période fixe dans le temps, un cycle cosmique, à la fin de

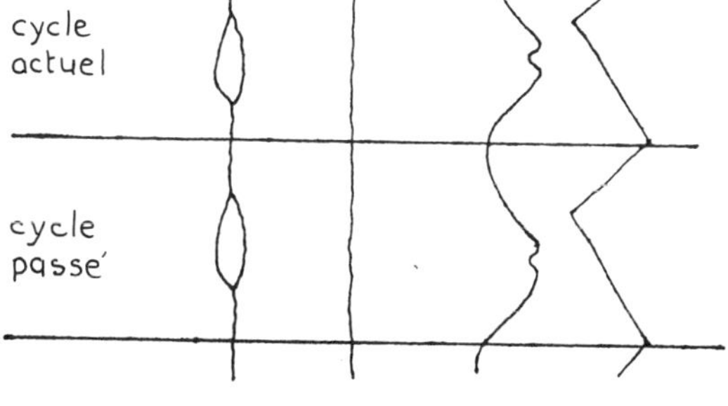

Fig. 158. Répétition infinie du temps.

laquelle se répète l'histoire entière de l'univers. Nous pouvons supposer qu'un cycle complet dure, à peu près, vingt milliards d'années.

Il y a deux façons différentes de considérer un cosmos jouissant de la propriété de se répéter. On peut imaginer que le temps s'étend à l'infini dans les deux directions, et que l'espace-temps est formé d'une infinité de « bandes » identiques horizontales. Ou bien, on peut imaginer que le temps se referme sur lui-même pour former un cercle de dimension finie, mais pourtant illimité. La première éventualité semblera plus séduisante pour une personne qui accepte totalement le point de vue du « Maintenant en mouvement ». Si, par exemple, vous pensez que seul le présent possède une existence réelle, vous aurez alors le sentiment que, même si l'univers se répétait, le cycle d'après serait de toute façon différent. Mais pour quelqu'un qui est attaché à la vision de l'« univers-bloc » de l'espace-temps, la deuxième façon de représenter l'éternel retour lui paraîtra plus naturelle. Si l'espace-temps est effectivement une chose dont l'existence est incontestable, nous n'avons alors aucun problème pour lui donner la forme d'un « cylindre ».

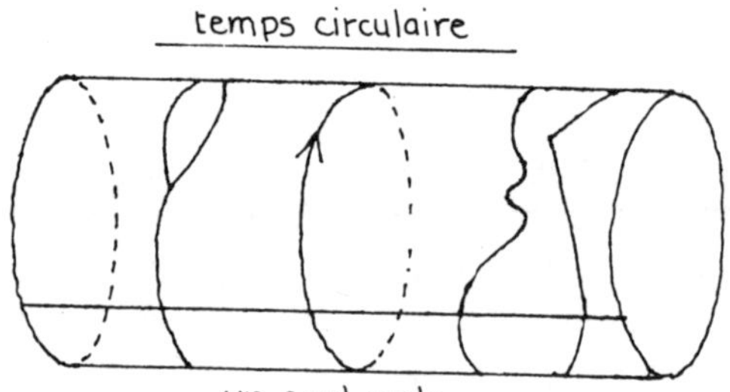

Fig. 159. Temps circulaire.

La notion de temps circulaire conduit à quelques paradoxes intéressants que je discuterai dans le problème 10.5. Mais pour l'instant, poursuivons et examinons quelques autres formes globales que peut prendre l'espace-temps.

N'oubliez pas que, dans toutes ces figures, l'axe horizontal représente l'espace, et que l'axe vertical représente le temps. L'axe horizontal, c'est, si vous voulez, notre concept de « maintenant », et l'axe vertical, notre concept d'« ici ». L'événement que nous appelons « ici et maintenant » est, bien évidemment, le point où ces deux axes se rencontrent. Souvent, on « lit » ces diagrammes d'espace-temps en imaginant que l'axe horizontal se déplace vers le haut avec le temps. Mais, comme je l'ai souligné plusieurs fois, il n'est pas toujours nécessaire, ni même souhaitable, d'animer de cette façon nos diagrammes de Minkowski.

La figure 160 montre trois sortes d'espace-temps. Pour chacun d'eux, l'espace est infini, s'étendant sans fin dans les deux directions ; et pour chacun d'eux, le futur n'a également pas de limites. Ces trois modèles diffèrent par

Voici ma réponse à celui qui disait : « Que faisait Dieu avant de faire le ciel et la terre ? » Ma réponse n'est pas cette réponse que certain fit, dit-on, pour éluder plaisamment la virulence de la question. « Pour ceux qui scruteraient ces profondeurs, disait-il, Dieu préparait des tortures infernales. » Autre chose de voir, autre chose de rire.

SAINT AUGUSTIN,
Les Confessions, 400 ap. J.-C.

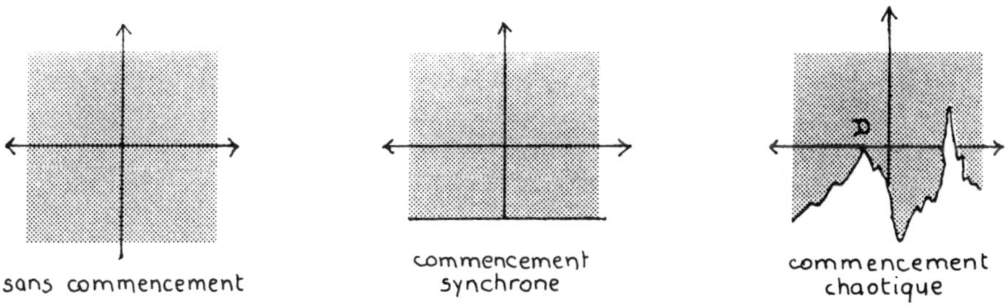

Fig. 160. Trois façons de commencer l'univers.

la façon dont ils décrivent le passé. La figure du milieu montre un univers dans lequel l'existence de l'espace entier apparaît d'un seul coup, et celle de gauche décrit un univers qui n'a pas de commencement dans le temps. La figure de droite représente une situation plus étrange, celle d'un univers dans lequel les diverses parties de l'espace commencent leur existence à des instants différents. Dans un tel univers, il pourrait y avoir, par exemple, un grand trou dans l'espace entre Neptune et Uranus, trou qui éventuellement se rétrécirait, puis disparaîtrait. (Sur la figure, j'ai indiqué par la lettre D l'événement correspondant à la disparition d'un trou de ce genre.)

On obtient un autre type de modèle pour l'espace-temps en supposant que l'espace est « hypersphérique », comme cela avait été proposé au chapitre 8. Sur Terreligne, cela signifierait que l'espace a la forme d'un cercle,

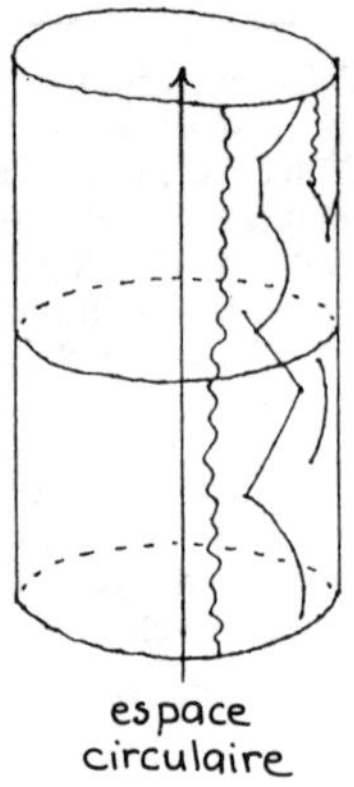

Fig. 161. Espace circulaire.

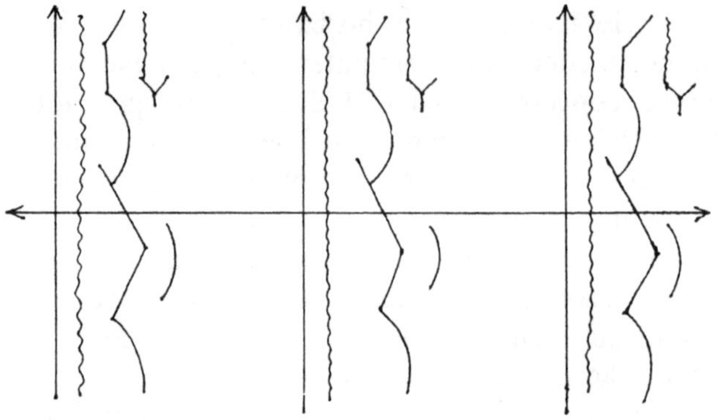

Fig. 162. Répétition infinie de l'espace.

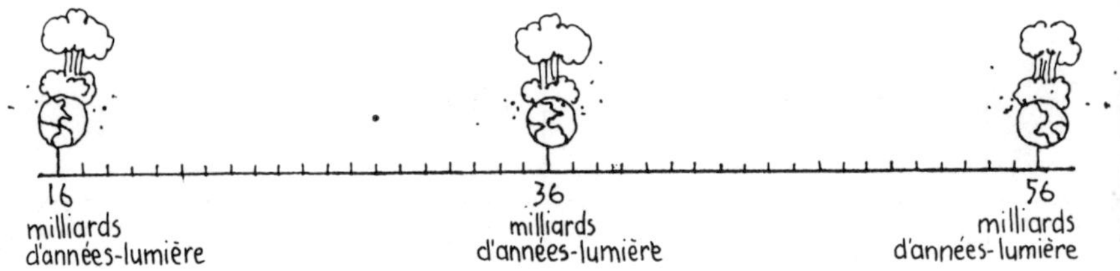

Fig. 163. Une harmonie préétablie ?

donnant un dessin du genre de celui représenté à la figure 161. La figure 162 montre une autre manière de considérer un univers dans lequel, en voyageant suffisamment loin dans n'importe quelle direction, on aboutit dans une région qui est apparemment identique à celle d'ou on est parti. Mais plutôt que de montrer un espace se refermant sur lui-même, la figure 162 en représente un qui s'étend à l'infini dans les deux directions, et avec un espace-temps divisé en une infinité de bandes verticales identiques. Pour expliquer cette répétition, il faudrait invoquer quelque harmonie mystérieuse. Car la

Problème 9.4

A la figure 161, nous avons représenté un espace circulaire dont la forme reste la même au cours du temps. Aujourd'hui, il est assez communément admis que notre univers est une hypersphère en expansion, expansion qui a débuté à partir d'un point il y a environ douze milliards d'années. Pouvez-vous dessiner un espace-temps qui représenterait notre espace sous la forme d'un cercle en expansion ?

figure 161 est, bien sûr, bien plus naturelle, tout comme un modèle de « temps circulaire » était une façon bien plus naturelle de représenter l'éternel retour.

Une des raisons pour lesquelles j'ai daté les paragraphes de ce chapitre, en même temps que je les écrivais, était simplement que je voulais me moquer un peu de mon discours sur le caractère irréel du temps. Une raison plus sérieuse est que je me suis senti comme un explorateur polaire, tenant son journal de voyage au fur et à mesure qu'il s'avance dans les immensités inexplorées. *La nuit, aboiement des chiens, splendeur démente de l'Aurore Boréale.* Le but de ma recherche, c'est une

Fig. 164. En avant !

vision particulière, celle du cosmos en tant que forme dans un espace à une infinité de dimensions. Je cherche un modèle compréhensible et absolu du monde qui m'entoure, un système qui contient aussi bien les réalités de la vie quotidienne des hommes que les froides vérités de la science.

Jusqu'à aujourd'hui, je n'étais pas sûr de parvenir au bout du voyage. Mais depuis ce matin, le but est en vue. La réalité est une, c'est une chose qui apporte une réponse à toute l'infinité des questions que l'on peut se poser ; en d'autres termes, c'est le coloriage d'un espace à une infinité de dimensions. Restez avec moi, nous allons y arriver maintenant !

10. Voyage dans le temps et télépathie

Pourquoi est-il si difficile de voyager ? Le véhicule idéal est pourtant facile à imaginer : une sorte d'automobile, avec quelques boutons spéciaux sur le tableau de bord. Montez, composez le code indiquant où et quand vous voulez vous trouver, mettez le contact, et — *presto* — vous êtes à Paris en 1920, au Far West avant l'arrivée des pionniers, sur la Lune, ou même dans une autre galaxie.

Les gens ont longtemps rêvé de s'affranchir des contraintes du temps et de l'espace. Dans l'un des contes des frères Grimm, le jeune héros s'empare d'une « selle magique ». Montez sur la selle, dites-lui où vous voulez aller, et vous y êtes aussitôt. Les auteurs de science-fiction ont donné à cela des noms divers, comme télétransportation, transmission matérielle instantanée, déplacement dans l'hyperespace, ou encore voyage SL, où SL est mis pour supra-lumineux. La possibilité de faire des sauts dans le passé ou dans le futur est intimement liée au voyage dans le temps.

Est-ce que le voyage dans le temps et le voyage SL deviendront un jour réalité ? Parviendrons-nous un jour à vaincre définitivement l'espace et le temps ? Concrètement, il s'agit de savoir quels genres de phénomènes physiques peuvent, de manière concevable, rendre possible le voyage dans le temps et le voyage SL. On ne connaît pas véritablement grand-chose sur ce sujet, mais il y a cependant une chance pour qu'en manipulant des systèmes très massifs — comme les trous noirs — on puisse peut-être arriver à déformer l'espace et le temps de façon à rendre possible ces espèces de bonds dans l'espace-temps qu'exigent le voyage dans le temps et le voyage SL. Peut-être aussi peut-on accéder à ces voyages en utilisant la mécanique quantique, qui suggère que le

Fig. 165. Mécanique quantique ?

temps et l'espace n'existent plus au niveau le plus profond de la réalité. Si on pouvait, d'une manière ou d'une autre, parvenir à se régler comme on veut sur la structure de l'espace-temps, on pourrait alors se retrouver n'importe où et n'importe quand. Malheureusement, on n'a actuellement aucune idée pour faire cela.

Après des spéculations aussi séduisantes, il est un peu surprenant d'apprendre que la plupart des scientifiques rejettent toute idée de voyage dans le temps et de voyage SL. Sans avoir jamais tenté de mener des essais sur une machine à voyager dans le temps, la plupart des scientifiques sont persuadés que ces essais échoueraient de toute façon. Sont-ils aveuglés par leurs préjugés ?

Pas vraiment. Le problème, avec le voyage dans le temps, c'est qu'il conduit à des paradoxes physiques, à des contradictions sur la structure de la réalité. Et la plupart des scientifiques pensent que notre monde forme un ensemble trop logique pour qu'il puisse y apparaître des contradictions évidentes. Les raisons d'écarter le voyage dans le temps et le voyage SL reposent donc sur un a priori : *il ne peut apparaître de contradictions dans le monde ; le voyage dans le temps et le voyage SL conduisent à des contradictions ; donc il ne peut y avoir de voyage dans le temps et de voyage SL dans notre monde.*

C'est un argument subtil, qui mérite d'être regardé de plus près. Tout d'abord, quel inconvénient y a-t-il vraiment à rencontrer des contradictions dans le monde ? Des contradictions n'apparaissent-elles pas tout le temps ? Je veux un hamburger, et je ne veux pas de hamburger. Un photon est une particule, et un photon est une onde. Un zèbre est blanc, et un zèbre est noir.

C'est un genre particulier de contradictions, mais elles ne sont pas véritablement insoutenables. Le fait de vouloir et, à la fois, de ne pas vouloir un hamburger montre seulement que « je » suis un conglomérat de désirs conflictuels. On n'observe jamais, au même instant, un photon sous la forme d'une onde et d'une particule. Un zèbre est noir et blanc, mais avec des raies différentes.

Fig. 166. Oui et non.

Bien que des contradictions puissent apparaître dans notre monde, on peut les résoudre habituellement en établissant une distinction plus subtile. Mais que faire d'une contradiction qui est absolue ? Que faire, face à une situation A, concrète et bien déterminée, pour laquelle A et non-A sont également vrais ? Voici deux exemples de ce que j'appelle *les paradoxes oui-non* concernant le voyage dans le temps.

1. A 36 ans, le Pr Zone est victime d'une psychose passagère. Pendant sa période de folie, il assassine sa femme adorée, Zénobie. En raison de sa démence, il est déclaré non coupable, mais, rongé de remords, il décide de consacrer toute son énergie à réparer le mal qu'il a fait. Il espère, d'une manière ou d'une autre, retourner en arrière et modifier le passé. Le jour de ses cinquante ans, Zone achève enfin son œuvre : la construction d'une

Fig. 167. Professeur Zone.

machine à voyager dans le temps. Il entre dans la machine, remonte quelque quatorze années en arrière, et regarde par la fenêtre de la maison où il habitait avec sa femme. Il y a là sa pauvre Zénobie, et aussi ce tueur fou, Zone-36. Zone-50 avait espéré arriver assez tôt pour ramener Zone-36 à la raison, mais c'était déjà l'instant crucial ! Zone-36 coince Zénobie, brandissant une clé anglaise au-dessus de sa tête ! Sans réfléchir, Zone-50 épaule son bazooka et atteint le dément Zone-36 en plein cœur. *Le paradoxe ?* Si Zone-36 meurt, il ne peut alors y avoir de Zone-50 qui revient pour tuer Zone-36. Et si Zone-36 ne meurt pas, il y aura alors un Zone-50 qui reviendra tuer Zone-36. Est-ce que Zone-36 meurt ? *Oui et non.*

2. Un lundi, les Beagle Boys volent la nouvelle machine à voyager dans le temps d'Uncle Scrooge. Ils s'en servent pour faire un saut dans le futur et connaître le gagnant de la grande course de chevaux de mercredi. Ce sera Ole Plug, à cent contre un ! Revenant à lundi, ils se demandent comment avoir assez d'argent pour parier. Tout ce qu'ils ont, ce n'est qu'un dollar crasseux, alors que la mise minimum est de deux dollars. « J'ai trouvé ! » Beagle Boy 22-03-46 sourit. « Jeudi, nous renverrons à mardi l'un de nos deux cents billets. Comme ça, mercredi, nous aurons les deux dollars pour parier sur Ole Plug ! » Mardi, bien sûr, un billet d'un dollar apparaît dans leur planque. Mercredi, Ole Plug gagne, comme prévu, et les Beagle Boys sortent ensemble pour arroser ça. Malheureusement, ils boivent trop, et le jeudi, ils se retrouvent avec un dollar crasseux. « OK », dit 22-03-46, « il est temps de renvoyer ce dollar à mardi ! » « Laisse tomber », répond le jeune 23-08-69. « Il me faut ce dollar pour acheter une boîte de haricots. » 23-08-69 arrache le billet des mains de 22-03-46 et s'en va. *Le paradoxe ?* Puisque le dollar est apparu mardi, ils doivent l'avoir renvoyé depuis jeudi. Pourtant, quand arrive le temps, ils *ne le renvoient pas*. Ont-ils renvoyé le dollar ? *Oui et non*.

A un certain niveau, ces paradoxes sont un peu plus que des divertissements intellectuels. On a tendance à croire qu'il y a toujours un moyen de s'en sortir. Que se serait-il passé si, en fait, Zone 50 s'était trompé de maison ? Et si 22-03-46, préoccupé par le paradoxe, s'était arrangé pour avoir un dollar vendredi, et l'avait *ensuite* renvoyé au mardi chez les Beagle Boys ? Vous ne pouvez pas toujours compter sur la chance. Le voyage dans le temps peut conduire à des paradoxes incompatibles. J'aimerais maintenant vous présenter une version claire et agréable d'un paradoxe de ce genre, sur un diagramme de Minkowski.

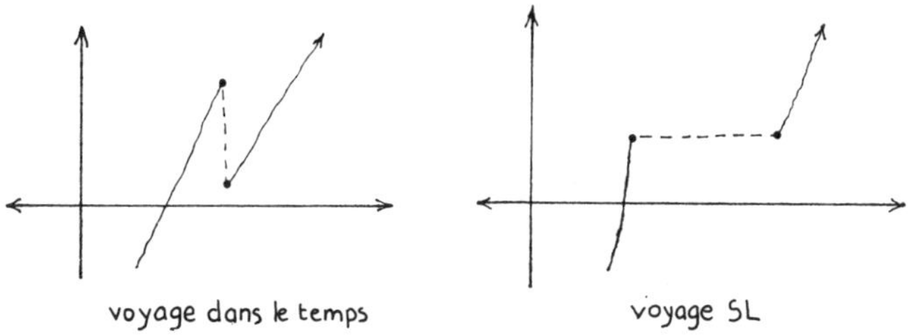

Fig. 168. Deux rêves de la SF.

N'oubliez pas que dans ces diagrammes d'espace-temps, la direction horizontale représente l'espace (celui de Terreligne pour être précis), et que la direction verticale représente le temps. Les lignes d'univers se rapportant au voyage dans le temps et au voyage SL ressembleraient un peu au diagramme de la figure 168.

Dans chacun des cas, j'ai utilisé des pointillés pour représenter la partie de la ligne d'univers correspondant au « saut » dans l'espace-temps. Cela pour suggérer que ces sauts, à supposer qu'ils soient possibles, s'effectueraient probablement en se déplaçant, d'une manière ou d'une autre, en dehors de l'espace-temps habituel, en voyageant dans une dimension supérieure. Un second point digne d'intérêt, c'est que, si vous désirez voyager dans votre propre passé, vous serez plus avisé de le faire pendant que vous êtes en mouvement. Car sinon, vous pourriez sauter dans un endroit occupé par votre propre passé, et ça pourrait bien provoquer une explosion assez déplaisante. C'est pour cela que le voyageur dans le temps de la figure 168 se déplace lentement vers la droite avant et après son saut dans l'espace-temps. (Nous supposerons qu'après le saut, la machine à voyager dans le temps se retrouve dans le même position, *par rapport au laboratoire*, que celle où elle se trouvait, avant le saut.)

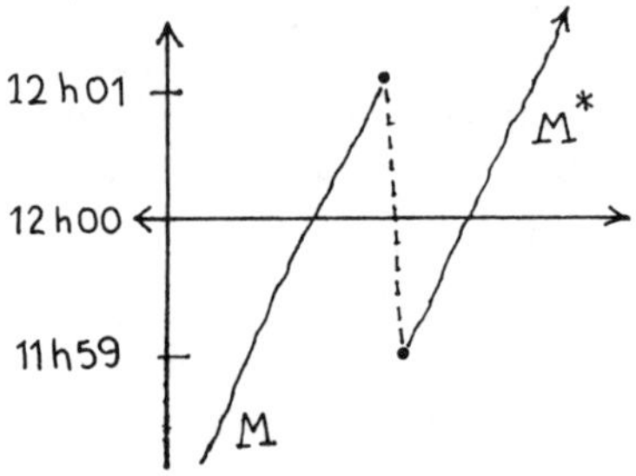

Fig. 169. Un saut en arrière de deux minutes.

Le paradoxe, maintenant. Supposez que je construise une petite machine à remonter le temps capable de se transporter deux minutes en arrière. Vers 11 h 55, je la fais rouler lentement sur le plan de travail de mon laboratoire, et avec une minuterie, je programme le saut pour 12 h 01. Je suis assis et j'observe. A 11 h 59, il y a tout d'un coup deux machines sur le plan de travail : M, celle qui n'a pas encore fait le saut, et M*, celle qui a fait un saut depuis le futur. Pendant deux minutes, les deux machines restent là et, à 12 h 01, la minuterie sonne, et M disparaît. Après 12 h 01, je me retrouve seul avec M*, qui est en fait un exemplaire de M plus âgé.

Fig. 170. Deux machines à voyager dans le temps.

Jusqu'ici, tout va bien. Introduisons maintenant le paradoxe. Supposez que, pour des raisons de sécurité, la machine M soit équipée d'un sonar pour s'assurer que le plan de travail est bien dégagé avant qu'elle effectue son saut. Si M sent qu'il y aura avec elle un autre objet sur la table à 12 h 01, elle ne tiendra pas compte de la minuterie et refusera de sauter. Revoyons cette expérience. Que s'est-il passé ?

Si M* apparaît à 11 h 59, alors elle sera encore là vers 12 h 01, et M sentira sa présence à l'aide de son sonar. Si M sent la présence de M*, elle refusera de faire le saut. Et si le saut ne se produit pas, alors M* n'apparaît pas à 11 h 59.

Si M* n'apparaît pas à 11 h 59, alors le plan de travail sera libre à 12 h 01, et M exécutera le saut comme prévu. Mais si M fait le saut, alors M* apparaîtra à 11 h 59.

Conclusion ? M* apparaît à 11 h 59 si et seulement si M* n'apparaît pas à 11 h 59. Maintenant, une seule de ces deux possibilités est probable ; soit M* apparaît, soit elle n'apparaît pas. Mais nous venons de montrer que si une de ces deux possibilités se produit, l'autre possibilité se produit également. Ainsi, M* apparaît sur la table du laboratoire à 11 h 59, et M* n'apparaît pas sur la table du laboratoire à 11 h 59. Est-ce que M* apparaît ? *Oui et non.*

Il est assez difficile d'imaginer un monde dans lequel se produiraient des situations aussi contradictoires sur le plan logique. Et comme l'existence de la machine à voyager dans le temps conduit à de telles contradictions, beaucoup de scientifiques pensent qu'elles sont logiquement impossibles.

De plus, il est possible de montrer que toute machine

Je suppose que celui qui va se suicider et qui tient contre son crâne un pistolet doit éprouver le même sentiment de curiosité que j'éprouvai alors pour ce qui va se passer immédiatement après. Je pris dans une main le levier de mise en marche et dans l'autre le levier d'arrêt — j'appuyai sur le premier et presque immédiatement sur le second. Je crus chanceler, puis j'eus une sensation de chute comme dans un cauchemar. Alors, regardant autour de moi, je vis mon laboratoire tel qu'à l'ordinaire. S'était-il passé quelque chose ? Un moment je soupçonnai mon intellect de m'avoir joué quelque tour. Je remarquai alors la pendule ; le moment d'avant elle marquait, m'avait-il semblé, une minute ou deux après dix heures ; maintenant, il était presque trois heures et demie !
Je respirai, serrai les dents, empoignai des deux mains le levier de mise en train et partis d'un seul coup. Le laboratoire devint brumeux, puis sombre. La servante entra, et se dirigea, sans paraître me voir, vers la porte donnant sur le jardin. Je suppose qu'il lui fallut une minute ou deux pour traverser la pièce, mais il me sembla qu'elle était lancée d'une porte à l'autre comme une fusée. J'appuyai sur le levier jusqu'à sa position extrême. La nuit vint comme on éteint une lampe ; et un moment après, demain était là. Le laboratoire devint confus et brumeux, et à chaque moment de plus en plus confus. Demain soir arriva tout obscur, puis le jour encore, puis une nuit, puis des jours et des nuits de plus en plus précipités ! Un murmure vertigineux emplissait mes oreilles, une

mystérieuse confusion descendait sur mon esprit.

H. G. WELLS,
The Time Machine (la Machine à explorer le temps), 1895.

pour les voyages SL peut être transformée en une machine à voyager dans le temps. L'argument, que nous avons mentionné brièvement dans le dernier chapitre, repose sur ce qu'Einstein avait appelé la relativité de la simultanéité. A peu de chose près, l'idée est qu'une fois que vous voyagez plus vite que la lumière, vous voyagez en fait dans le passé par rapport à certains observateurs. Cela étant, vous pouvez modifier votre vitesse de façon à vous retrouver dans votre propre passé. En d'autres termes, un voyageur SL peut revenir de son voyage avant de l'avoir commencé — et cela, c'est le voyage dans le temps.

Puisque les voyages SL entraînent les voyages dans le temps, et que les voyages dans le temps conduisent à des contradictions logiques, beaucoup de scientifiques considèrent qu'il est également possible d'écarter le voyage SL par un raisonnement a priori.

Quelle est véritablement la force de ces arguments ? Si nous revenons à notre « contre-preuve » sur le voyage dans le temps, elle semble contenir trois points faibles. *1.* Que se passerait-il s'il existait des machines à voyager dans le temps, mais qu'aucune ne soit utilisée pour mettre en évidence ces contradictions ? On pourrait peut-être recruter une espèce de « Police du Temps » pour empêcher de telles expériences. Ou peut-être que le cosmos, dans l'intérêt de sa propre survie, frapperait de mort quiconque désirerait entreprendre une expérience paradoxale sur le voyage dans le temps ! *2.* Peut-être y a-t-il effectivement une contradiction dans la structure de la réalité ? Il n'est peut-être pas *tout à fait* impossible d'imaginer un M* qui apparaît et n'apparaît pas en même temps. Ces contradictions ne sont peut-être pas fréquentes, mais on ne peut les exclure complètement. Après tout, l'existence fondamentale de notre monde repose, dans un certain sens, sur une contradiction : comment quelque chose peut-il venir de rien ? *3.* Peut être y a-t-il un sens plus profond du mot *exister* pour lequel quelque chose peut à la fois exister et ne pas exister ? S'il y avait, par exemple, plusieurs univers parallèles, M* pourrait alors exister dans l'un d'entre eux sans exister dans les autres. Dans ce sens, la solution la plus simple serait de postuler qu'une machine à voyager dans le temps voyage toujours dans le passé d'un monde différent de celui dont elle est partie. Le paradoxe n'apparaît que si vous voyagez dans votre *propre* passé et que vous faites quelque chose du genre d'étouffer votre grand-père dans son berceau. Mais si vous tuez un pauvre petit bébé dans un monde parallèle, il n'en découlera aucune contradiction.

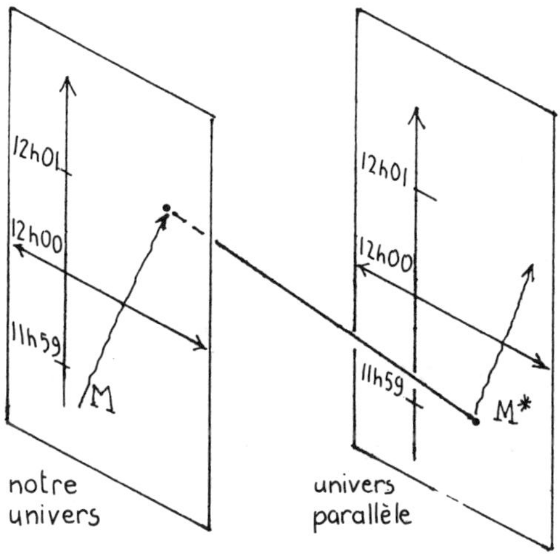

Fig. 171. « Voyages dans le temps » dans un autre univers.

Si nous redessinons, avec des mondes parallèles, le paradoxe de notre machine à remonter le temps de deux minutes, nous obtenons la figure 171. Quand la machine saute en arrière dans le temps, elle saute également, comme il est indiqué, dans un plan d'espace-temps différent. Dans une telle situation, tout ce que vous verriez, ce serait la disparition, à 12 h 01, de votre « machine à voyager dans le temps ». Vous ne la verriez probablement pas revenir — bien qu'on puisse tout à fait concevoir que, si elle a été programmée pour effectuer d'autres sauts, elle réapparaisse un jour dans votre laboratoire. La plupart des auteurs de science-fiction utilisent la notion d'univers parallèles pour éviter les paradoxes du voyage dans le temps. Mais bien sûr, strictement parlant, un voyage dans un monde parallèle n'est pas du tout un voyage dans le temps.

Il est instructif de faire un diagramme des trois sortes de « voyages particuliers » qui apparaissent à travers toute la science-fiction : le voyage dans le temps, le

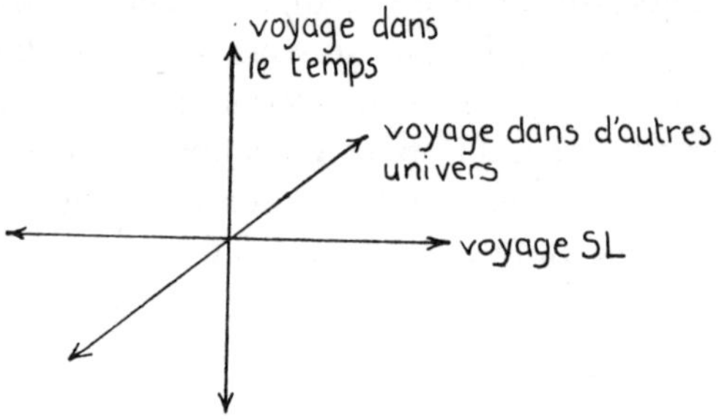

Fig. 172. Trois degrés de liberté.

voyage dans d'autres mondes, et le voyage SL. Ils correspondent à trois types de déplacements mutuellement perpendiculaires. Ces trois sortes de voyages exercent sur les gens un attrait fascinant, parce qu'ils leur laissent entrevoir la libération de leur condition humaine. Le voyage dans le temps nous délivre de l'aveuglement monstrueux du temps, et de l'ennui stérile. Le voyage SL nous libère de la tyrannie acharnée de la distance physique, des contraintes ennuyeuses des voyages actuels. Et le voyage vers d'autres mondes nous affranchit d'avoir à occuper une place fixe dans la société, et nous permet de ne plus être obligé d'accepter le monde tel qu'il est. Au niveau le plus profond, il n'y a vraiment pas de différence psychologique entre ces trois sortes de voyages ; chacun permet de s'enfuir, presque par magie, du pourquoi-et-ici-et-maintenant. Objectivement, nous savons tous que, si nous le désirons vraiment, nous pouvons changer de vie : vous pouvez partir en vacances, prendre un nouveau métier, vendre votre maison et partir. Mais introduire un grand changement dans sa vie est si difficile. Comme il serait beaucoup plus facile d'entrer dans une machine et d'appuyer sur quelques boutons !

Fig. 173. Qui est apparu en premier ?

Jusqu'ici, nous n'avons discuté qu'un seul type de paradoxe fondamental concernant le voyage dans le temps : le paradoxe oui-non. Il existe cependant un autre genre de paradoxe, moins vicieux celui-là, concernant encore le voyage dans le temps : la *boucle causale fermée*. En voici deux exemples.

1. Un inventeur se démène dans son laboratoire pour construire une machine à voyager dans le temps. Soudain, il se produit un éclair lumineux, et apparaît un homme venant du futur, chevauchant une adorable machine à voyager dans le temps. « Je suis historien, dit l'homme du futur. Je veux vous interviewer, vous, l'inventeur de la machine à voyager dans le temps. — Mais je ne sais pas encore comment la construire, répond l'inventeur. Et je ne sais même pas si j'y arriverai *jamais*. — Eh bien, dit l'obligeant historien, regardez simplement comment est faite la mienne et construisez-en un exemplaire identique. » *Qui a inventé la machine à voyager dans le temps ?*

2. En 1969, les Goodcheese, des braves gens pourtant, mais qui n'avaient pas d'enfants, découvrent un bébé, une fille, sur le pas de leur porte. Ils l'appellent Cynthia et l'élèvent comme leur propre fille. Cynthia montre une aptitude étonnante pour la physique et obtient son doctorat en mathématiques au Cal Tech à 19 ans. Elle tombe amoureuse de Randy Crassman, un jeune biologiste profondément engagé dans la recherche sur les clones. Des fondations les inondent de subventions. Cynthia construit la première machine du monde à voyager dans le temps, et Randy parvient à faire se développer une des cellules de Cynthia pour obtenir un bébé tout à fait identique à celui que Cynthia avait été. Une faction conservatrice prend le pouvoir et déclare qu'il faut détruire le bébé clone. Les larmes aux yeux, Cynthia place le bébé dans sa machine à voyager dans le temps et la fait retourner en 1969. Le bébé, le hasard n'aurait pas fait mieux, se retrouve sur le pas de la porte des Goodcheese, des braves gens pourtant, mais qui n'avaient pas d'enfants. *D'où vient réellement Cynthia ?*

Voici maintenant un exemple « de laboratoire » simple pour une boucle causale fermée. Un matin, j'arrive dans mon laboratoire suivant mon petit train-train, faisant le ménage sur ma paillasse. A 11 h 59, à ma grande surprise, une petite machine à voyager dans le temps de deux minutes apparaît sur la paillasse. Pour voir si ça marche vraiment, je la règle pour retourner dans le passé à 12 h 01. A 12 h 01, elle disparaît.

A la figure 174, nous voyons très nettement comment fonctionne la boucle. Il ne s'agit pas ici d'une contradiction, mais c'est pour le moins une situation étrange. Au

---

Les instructions se trouvaient au dos du fermoir. Je l'effleurai à peine : les mots CEINTURE DE TEMPS-SYSTÈME DE TRANSPORT dans le Temps se mirent à clignoter, puis la première « page » d'instructions apparut à leur place. A chaque fois que je tapais, une nouvelle page apparaissait. Elles étaient écrites dans un genre de sténo, mais cela restait compréhensible. La table des matières elle-même occupait plusieurs pages :

Opérations effectuées par la Ceinture
Compréhension
Théorie et Relations
Branchement sur le Temps
Le Paradoxe du Paradoxe
Alternativité
Discours
Protections
Corrections
Brouillage et Extraction
Extraction avec Enregistrement
Réluctances
Manquements et Responsabilités

Fonctions
Installations et Contrôles
Réglages
Réglages combinés
Programmation à Haut Niveau
Caractéristiques de Sécurité

Usages
En avant dans le Temps
  D'une Quantité donnée
  A un Instant particulier
Précautions
En arrière dans le Temps
  D'une Quantité donnée
  A un Instant particulier
Précautions supplémentaires
Fonctions de Non-Retour
Sauts combinés
  Niveau avancé
  Haut Niveau
Précautions Combinées
Sauts à Distance
  Moyenne Portée
  Longue Portée
  Ultra-Longue Portée
Précautions Particulières
  Dangers à l'Infini

Conscience de l'Entropie
Effleurement du Temps
Courte Portée
Longue Portée
Ultra-Longue Portée
Arrêt du Temps
Utiliser le Bouton d'Arrêt
Arrêt du Présent
Arrêt du Passé
Arrêt du Futur...

DAVID GERROLD, *The Man Who Folded Himself (l'Homme éclaté)*, 1973.

début, on peut être tenté de croire que la petite machine à voyager dans le temps ne cesse de parcourir circulairement toute la boucle. Il ne faut pas succomber à cette tentation ! Si nous adoptons le point de vue de l'espace-temps, nous devons écarter l'idée qu'il y a quelque chose de véritablement en *mouvement* dans la figure 174. Il n'y a ici qu'une simple boucle circulaire, comme un cercle, sans commencement et sans fin.

De telles boucles causales fermées ne sont pas exclues par la physique moderne. Bien loin de là ! Selon la mécanique quantique, l'espace vide est en fait rempli de

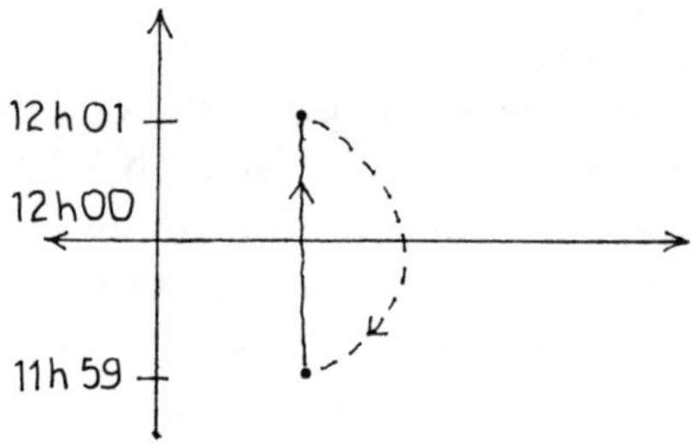

Fig. 174. Une boucle causale fermée.

petites boucles de matière/antimatière en effervescence. On explique cela en disant que l'énergie, comme celle que transporte un photon lumineux, peut, pour un instant très bref, se transformer en masse, puis se reconvertir en énergie. En un point donné, on peut avoir un électron et un positron qui émergent à partir de rien, puis reviennent se télescoper pour aussitôt disparaître.

La raison pour laquelle nous pouvons penser que cela est effectivement une boucle causale fermée est qu'un positron est parfois considéré comme un électron qui va à l'envers dans le temps. Peut-être devrais-je expliquer qu'un *positron* est une particule qui possède exactement la même masse, le même spin, la même taille, etc., qu'un électron. La seule différence entre les deux est que l'électron porte une charge *moins* un et que le positron porte une charge *plus* un. On dit de ces particules couplées qu'elles forment une paire de matière/antimatière, car à chaque fois qu'un électron et un positron s'approchent l'un de l'autre, ils disparaissent en un éclair. Ce processus est appelé *l'annihilation mutuelle.* D'un autre côté, à chaque fois que vous créez un électron à partir de rien, vous créez également en même temps un positron. Ce processus est appelé *la production de paire.*

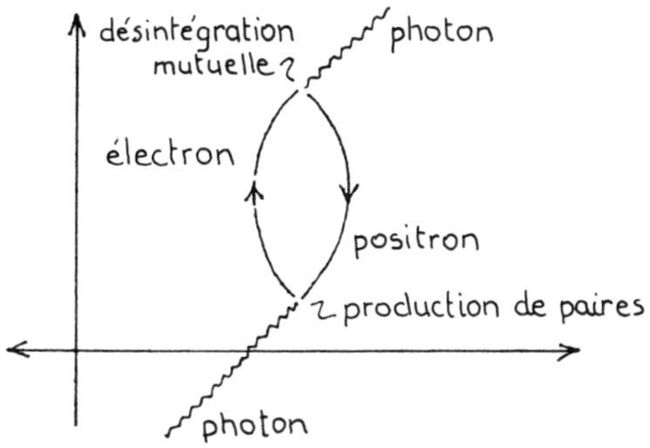

Fig. 175. Pas de deux entre la masse et l'énergie.

Ce genre de processus représenté à la figure 175 est connu pour se produire très fréquemment. Si nous le considérons du point de vue du « Maintenant en mouvement », il semble assez surprenant qu'un électron et un positron puissent s'arranger de manière aussi habile pour apparaître et disparaître ensemble. Mais selon le physicien Richard Feynman, on peut se placer également du point de vue de l'espace-temps et considérer le positron comme un électron qui se déplace à l'envers dans le temps. Dans ce cas, ce processus n'est alors qu'une charmante petite boucle causale fermée.

L'idée d'une particule « remontant à l'envers dans le temps » n'est pas vraiment prise au sérieux par les physiciens. C'est davantage un artifice mathématique qu'un phénomène réel. Pour autant que je sache, aucun physicien ne caresse l'espoir d'utiliser un faisceau de positrons pour en quelque sorte envoyer des signaux dans le passé. Mais une fois que vous commencez à penser à cela, c'est difficile de s'arrêter. A quoi ressemblerait donc de vivre réellement une partie de sa vie en allant à l'envers dans le temps ? Il y a quelques années, j'ai écrit une histoire très courte dont l'héroïne faisait « un tournant dans le temps ». La voici en

Une intelligence, qui, pour un instant donné, connaîtrait toutes les forces dont la nature est animée et la situation respective des êtres qui la composent, si d'ailleurs elle était assez vaste pour soumettre ces données à l'analyse, embrasserait dans la même formule les mouvements des plus grands corps de l'univers et ceux du plus léger atome : rien ne serait incertain pour elle, et l'avenir comme le passé, serait présent à ses yeux.

PIERRE-SIMON DE LAPLACE, *Essai philosophique sur les probabilités*, 1812.

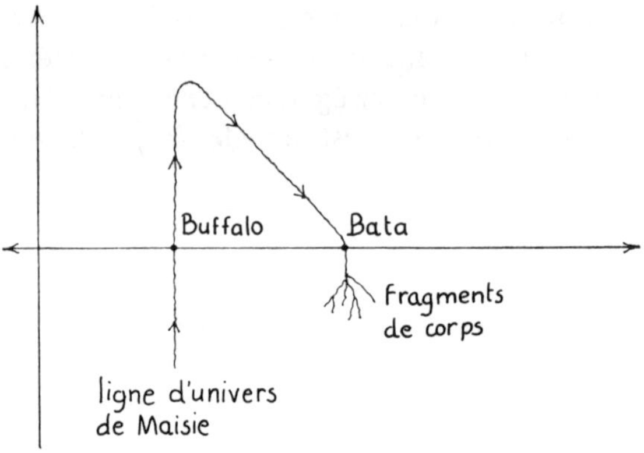

Fig. 176. Diagramme pour « Une expérience nouvelle avec le temps ».

entier, accompagnée d'un diagramme de Minkowski :

UNE EXPÉRIENCE NOUVELLE AVEC LE TEMPS

La première chose que remarquent les habitants de Bata, c'est une tache de gras dans la rue. Un obèse glisse dessus. Bill Stook descend du camion jaune au pare-chocs tordu et jette un seau de sable.

Une semaine plus tard, la tache commence à sentir. Le truc s'est épaissi et rétréci à la fois. Il y a plein de mouches qui se posent dessus, puis viennent atterrir sur votre visage. La prof du jardin d'enfants se tord la cheville. Elle porte des hauts talons noirs et une robe d'été légère.

Stook revient avec une pelle, mais il ne peut décoller cette bouillie. Quelques désœuvrés — des ahuris en vadrouille — donnent leur avis, parlent en bavant de reflet de glace et de pétrole. Finalement, Stook jette un peu plus de sable et rentre chez lui.

Sous les projos, la tache est ovale, de quatre pieds sur huit. Elle coupe le passage pour piétons et les deux côtés de la circulation. Les pneus laissent des traces rectilignes dans les deux sens. Un chien laisse tomber un os au milieu.

Maisie Gleaves vit dans un meublé à Buffalo. Elle est en noir et blanc, avec du rouge sur les lèvres et un imper vert-Noël. Chaque soir, elle s'allonge sur son lit et feuillette le programme du lycée de Bata. Deux années déjà. De toute façon, elle reviendra.

Des ouvriers tendent une banderole : Semaine de braderie de Bata. Pendant ce temps, un groupe d'hommes, des petits commerçants, inspectent la tache de bouillie puante. L'un d'eux essaie de ramasser un os. Il lui glisse entre les doigts. C'est un scandale. On appelle Bill Stook, on menace de le renvoyer.

Il recouvre la tache de sciure et installe un stand de rafraîchissements autour. Semaine de braderie. Sous la chaleur du soleil, les gens commandent des hot dogs, sentent l'odeur de pourriture et rajoutent un peu de moutarde. Stook tient le stand, sert des whiskies à partir d'une bouteille. La bouillie écrasée sous ses pieds devient élastique.

Un coucher de soleil blanc glisse sous les nuages. Ils démontent le stand et la sciure se disperse. Bras et jambes en compote, claquements de dents, bouts de tissu vert. Les traces de pneus ont disparu du cadavre écrasé. La police d'État emmène Stook.

Maisie regarde la télé dans un bar. Troubles à Bata. Elle se rappelle tous ces visages perdus. Ronnie... Elle paye son thé. De retour dans sa chambre, elle reste deux heures devant son miroir. Son image se rapproche.

Dormir ou pas, c'est égal maintenant. Plus de frontières. Il y a quelque chose qui s'approche, cherchant le contact. Elle vit de l'air du temps et ne pense qu'à Bata. Elle va y retourner.

Morceau par morceau, le cadavre se reconstitue. Lentement, les os se rattachent les uns aux autres, imperceptiblement, la chair se rassemble. Une nuit, le visage est achevé. Dans l'obscurité, il commence à faire des mouvements imperceptibles.

Stook est libéré sous caution. Il conduit un camion volé, celui qu'ils lui laissaient prendre avant. Toute sa rage et toute son amertume se concentrent sur le cadavre dans la rue. Il fonce dessus, au-delà des gardes, à travers le barrage. Un bruit de freins, un bruit mat. Le cadavre s'éloigne à reculons.

Stook court après le cadavre décharné, une femme. Elle trotte à reculons vers l'arrêt du bus, le défiant du regard. Il la rejoint au moment où elle monte dans le bus pour Buffalo. Il essaie de l'attraper, mais c'est impossible. Il ne peut pas modifier son passé.

Maisie quitte sa chambre et marche dans la rue. Un bloc plus loin, elle voit une femme en noir et blanc, dans un imper vert-Noël, qui descend du bus de Bata. Elle marche à reculons cette femme. Maisie se presse d'aller à sa rencontre.

Les deux silhouettes se confondent et ne forment plus qu'un. Un chauffeur de taxi les voit disparaître l'une dans l'autre. Pour Maisie, c'est différent. Elle passe à travers l'éclair et continue de descendre la rue.

Tout va à reculons. Maisie va à l'envers dans le temps, vers Bata. Le bus fait marche arrière vers l'endroit où elle s'est vue elle-même descendre. Sans ticket, elle

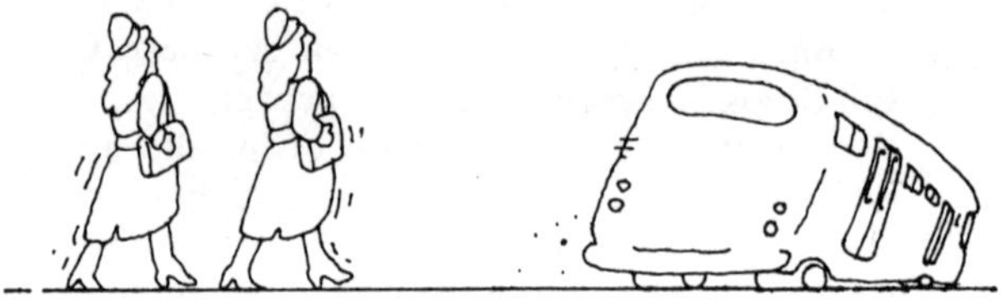

Fig. 177. Maisie Gleaves.

monte par la sortie et s'assoit. Elle est nerveuse. Le bus file à reculons à quarante miles à l'heure.
Dans le bus qui la ramène à Buffalo par l'autoroute, l'homme assis à côté de Maisie commence à la dévisager. Il prononce quelque chose à l'envers, un charabia baveux. Elle répond n'importe quoi. Il se tourne de l'autre côté et fixe l'obscurité de la fenêtre. Elle lui parlait parce qu'il lui parlait ; il lui parlait parce qu'elle lui parlait. Il décolle un bout de chewing-gum de dessous son siège et commence à le mâcher.
Quand le bus quitte l'autoroute et dépasse la station-service, elle se lève vers la porte. La porte s'ouvre et Maisie descend les marches. Bata. Elle est heureuse ; elle a attendu si longtemps. Elle prendra une chambre, et dans deux ans, elle sera de nouveau au lycée. Ronnie. Cette fois-ci, ça marchera.
Un homme, de petite taille, à la face rouge, lui barre le passage. Elle durcit son visage et se dirige vers lui. Il recule, de plus en plus loin. La police est autour d'un camion garé au carrefour. Il n'y a pas de circulation.
Le petit homme grimpe en crabe dans la cabine du camion. Juste pour lui faire peur, elle s'avance jusqu'au camion, devant le pare-chocs. Brusquement, le camion fait crier ses freins et part à reculons.

Cette histoire était considérée comme une expérience de pensée. L'idée d'un univers où apparaîtraient des schémas spatio-temporels autres que celui de cause et d'effet ordinaires est à peine *concevable.* Nous avons beaucoup de peine à imaginer un mécanisme qui permettrait réellement à Maisie Gleaves d'effectuer son virage dans le temps, mais pourtant, un espace-temps dans lequel se produirait un tel virage nous resterait intelligible. Dans le reste de ce chapitre, je voudrais développer l'idée selon laquelle notre espace-temps pourrait bien, en fait, contenir des schémas différents de ceux qui découlent habituellement des notions de cause et d'effet.

Au XIXe siècle, les gens imaginaient parfois l'univers comme une énorme horloge : *bien des années auparavant, Dieu, le grand horloger, assembla toutes les choses en un mécanisme, le remonta, puis s'en alla. Par la connaissance complète de cet univers mécanique à un instant donné, on peut extrapoler tout le passé et tout l'avenir.* C'est véritablement là une vision du monde ennuyeuse et un peu étriquée. La seule chose qui a pu séduire les gens dans l'univers mécanique, c'est qu'une fois que Dieu l'a achevé, il ne trône plus au-dessus de vos têtes, à se mêler de vos affaires.

Fig. 178. L'univers mécanique.

Le grand point faible d'un univers mécanique, c'est que le monde ne semble pas, en fait, avoir un comportement purement déterministe. Autrement dit, la même cause ne produit pas toujours les mêmes effets. Même si, au flipper, vous lancez la boule deux fois de suite dans la même position, vous ne ferez jamais le même score. Pendant des années, les défenseurs de l'univers mécanique ont attribué ces variations aux petits mouvements invisibles des atomes. Ils supposaient que le désordre apparent du monde sous-jacent était dû à un mécanisme, avec ses lois propres, qui faisait s'entrechoquer les atomes entre eux. Mais au XXe siècle, avec l'introduction de la mécanique quantique, on en est arrivé à considérer que le comportement du plus simple des atomes était essentiellement imprévisible.

La plupart des événements dans notre monde sont

La synchronicité n'est pas plus déconcertante ou mystérieuse que les discontinuités en physique. Elle repose uniquement sur la croyance profonde que la toute-puissance de la causalité engendre des difficultés intellectuelles et rend impensable l'existence, ou même la possibilité, d'événements sans cause aucune. Mais si de tels événements existent, nous devons alors les considérer comme des *actes de création*, comme une création continuelle de schémas qui existe de toute éternité, se reproduit elle-même par intermittence, et que l'on ne peut déduire d'aucun antécédent connu...
On peut considérer que les coïncidences significatives sont un pur hasard. Mais plus elles se reproduisent et plus les connexions se font importantes et précises, plus leur probabilité diminue et leur caractère impensable augmente, au point qu'on ne peut plus les considérer comme un pur hasard, mais, faute d'explication causale, comme des arrangements significatifs.

C. G. JUNG,
Synchronicity (Synchronicité), 1952.

Fig. 179. Essentiellement imprévisible.

pourtant liés par une relation de cause à effet. Mais il est vrai également que beaucoup d'événements se produisent sans véritable cause. S'il existait un Dieu à l'origine de l'histoire du monde, il n'aurait pas dû s'en aller après l'avoir créé il y a des milliards d'années. Il aurait dû plutôt travailler avec tout l'espace-temps, et tisser toutes ces chicanes aléatoires suivant un motif agréable.

Loin de moi l'idée de vouloir prétendre l'existence d'une espèce d'humanoïde géant tout-puissant. En réalité, ce à quoi je veux parvenir, c'est montrer que puisque l'enchaînement des causes et des effets ne rend pas véritablement compte de toute la structure du

Fig. 180. Synchronicité.

monde, nous pouvons aussi bien nous tourner vers d'autres modes de représentation. Je pense en particulier au principe de relation acausale que l'on nomme *synchronicité*. Mais qu'est-ce que la synchronicité ?

Vous apprenez un mot nouveau, et la semaine qui suit, vous découvrez ce mot en trois endroits différents. Vous pensez à un vieux camarade de classe que vous n'avez pas vu depuis des années, quand soudain le téléphone se met à sonner et votre vieux copain est au bout du fil. Vous vous rendez à un colloque dans l'espoir de pouvoir discuter avec un certain Dr X et qui est assis à côté de vous dans le bus qui vous amène de l'aéroport ? Dr X en personne.

Coïncidences significatives. La vie en est pleine. D'où viennent-elles ? Que signifient-elles ? Peut-on les contrôler ?

C. G. Jung, le grand psychologue suisse, utilisa pour la première fois le terme de *synchronicité* en 1920, pour signifier « relation acausale » ou « coïncidence significative ». On trouvera l'exposé le plus clair de ses idées sur la synchronicité dans son introduction au *Yi King*, un ancien livre de divination chinois. Pour consulter le *Yi King*, on lance six fois de suite trois pièces de monnaie pour former un « hexagramme », une figure constituée de lignes pleines et brisées. Il existe soixante-quatre hexagrammes possibles, à chacun d'eux correspondant un nom et une page où se trouve la réponse de l'oracle. Le plus surprenant avec le *Yi King*, c'est le nombre de fois où la réponse qu'il propose est en relation claire et directe avec la situation réelle de celui qui pose la question.

Un exemple : un jeune couple marié de ma connaissance attendait un troisième enfant non programmé.

Problème 10.1

Si vous aviez l'entière liberté de vous déplacer en avant et en arrière dans le temps, vous pourriez alors reproduire la plupart des exploits d'un hyperêtre qui peut se déplacer à volonté dans les directions *ana* et *kata*. Comment pourriez-vous utiliser le voyage dans le temps pour pénétrer dans une pièce hermétiquement close ? Comment également pourriez-vous l'utiliser pour retirer le repas de l'estomac d'une personne sans la déranger ?

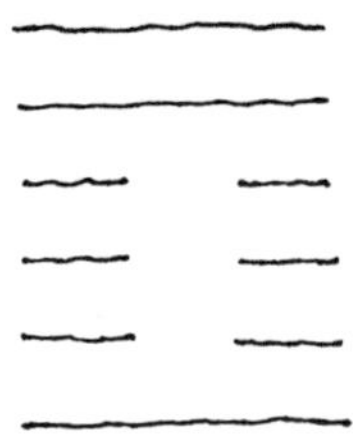

Fig. 181. L'hexagramme pour « Accroître ».

N'ayant pas les moyens de l'élever, ils se décidèrent pour l'avortement. Mais le doute s'installa et ils consultèrent le *Yi King*. Et que leur dit-il ? « Accroissement. Il est favorable d'entreprendre. Il est favorable de traverser la grande eau. » Tenant compte de ce conseil, ils bravèrent une nouvelle fois les eaux de la naissance, et eurent leur troisième enfant. Le plus étonnant pour moi dans cette histoire, ce fut que, peu de temps après, sortit le roman d'Alison Lurie, *The War Between the Tates (Guerre chez les Tates)*, et il y avait dans ce roman la description d'un couple qui passait par les mêmes épreuves.

Bien sûr, statistiquement, on peut s'attendre à ce qu'il se produise un certain nombre de coïncidences remarquables. Si vous jouez à la roulette suffisamment longtemps, il viendra bien un soir où vous gagnerez à chaque mise. Mais habituellement, quand je pense à quelqu'un, il ne m'appelle pas aussitôt au téléphone... Alors, qu'y a-t-il donc de si surprenant si ça marche une seule fois ?

Fig. 182. Toutes les prémonitions ne se réalisent pas.

Il y a également une part d'autosuggestion dans l'observation des coïncidences. Si par exemple, j'ai un bras dans le plâtre, je ferai très attention aux plâtres... Partout où j'irai, je verrai des gens plâtrés. Est-ce de la synchronicité, ou un simple changement dans ma façon de voir le monde ? Je croise certainement chaque jour un grand nombre de gens plâtrés, seulement, je n'y fais pas attention.

Fig. 183. Vous remarquez les gens qui vous ressemblent.

Ce dernier exemple, pourtant, ne semble pas contenir en germe une explication de la synchronicité. Selon la mécanique quantique, la réalité telle que nous la connaisssons, est le résultat d'interactions mutuelles entre le monde objectif et la subjectivité de ses observateurs. Jung estimait que ces interactions étaient fondamentales pour la synchronicité : « La synchronicité considère que la coïncidence d'événements dans l'espace et le temps signifie quelque chose de plus qu'un simple hasard, à savoir, une interdépendance particulière des événements objectifs entre eux, aussi bien qu'avec les états subjectifs (psychiques) du ou des observateurs. » Est-ce que l'état d'esprit d'un individu déterminerait complètement son vécu ?

Il y a une très belle illustration de la synchronicité dans le célèbre film de Steven Spielberg, *E.T.* E.T. (pour Extra-Terrestre) est une créature sympathique, un genre de lutin, qui a pour ami un petit garçon de 10 ans nommé Elliot. E.T. semble posséder de grands pouvoirs psychiques, et son esprit devient en quelque sorte connecté à celui d'Elliot. A un moment donné, E.T. regarde un film romantique à la télévision pendant qu'Elliot, à l'école, se dispute avec une fille dont il est amoureux. Soudain, les deux images — Elliot et la fille, le héros et l'héroïne — prennent la même apparence, et juste quand le héros embrasse l'héroïne à la télé, Élliot embrasse la fille à l'école. Est-ce que la perception du film par E.T. a modifié la réalité d'Elliot ? Ou ne serait-il pas mieux de dire qu'Elliot et E.T. sont tous les deux reliés à un système qui leur fait vivre la même expérience sous des aspects différents ?

Dans le premier cas, cela signifierait qu'E.T. est doué d'une sorte de « rayonnement mental » qui, par enchaînement de cause à effet, modifie les événements dans la classe d'Elliot. La deuxième façon d'interpréter cette coïncidence laisserait croire, au contraire, qu'il existe une sorte d'harmonie non causale entre les actes d'Elliot et ceux d'E.T.

Dans le cas de ce film de pure science-fiction, c'est bien sûr la deuxième interprétation qui est correcte. L'enfant qui joue le rôle d'Elliot et la poupée robotisée qui représente E.T. partagent la même « expérience » parce que Steven Spielberg, le réalisateur, l'a voulu ainsi. Il a *conçu* ce film de façon que cette synchronicité particulière y apparaisse.

Généralement, les films et les romans contiennent un grand nombre de coïncidences significatives. Ces éléments de synchronicité constituent une sorte de structure « horizontale » complémentaire au développement « vertical » de l'intrigue. De même dans notre monde, on peut imaginer que les éléments de synchronicité forment un genre de structuration « horizontale » de l'espace-temps, structuration qui apparaît pour des raisons que nous pouvons considérer comme artistiques.

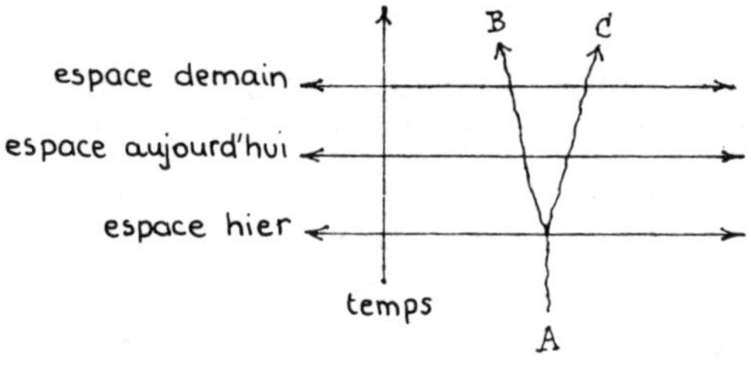

Fig. 184. Une cause commune.

Permettez-moi de préciser un peu plus cette distinction « horizontal/vertical » à l'aide de deux diagrammes d'espace-temps. A la figure 184, nous avons un diagramme d'espace-temps avec un objet A qui hier, s'est divisé en deux objets B et C qui maintenant s'éloignent l'un de l'autre. Nous pouvons, par exemple, imaginer que A est une amibe qui s'est séparée en deux amibes identiques B et C. B et C sont identiques, mais ce n'est pas là un exemple de synchronicité. L'aspect semblable de A et B peut s'expliquer en remontant à leur « cause commune », leur parent A.

La figure 185 illustre ce que nous pourrions appeler « un événement synchroniste ». Nous avons ici deux objets distants B et C qui, coïncidence, se divisent

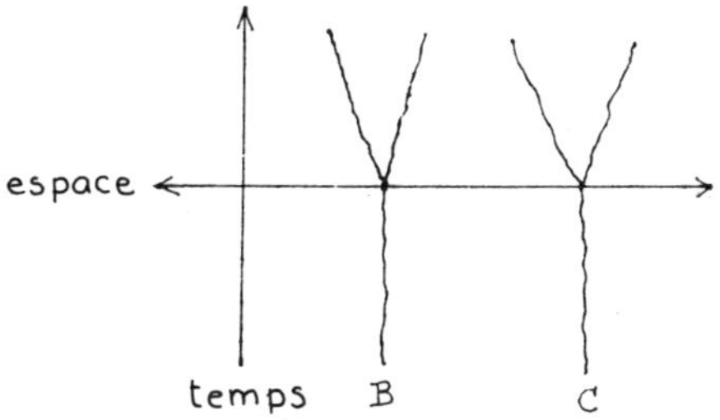

Fig. 185. Une coïncidence.

exactement au même instant. La division de B n'est pas la cause de la division de C, et celle de C n'est pas la cause de celle de B. Elles ne font que se produire au même instant.

Le fait est que la cause et l'effet peuvent être regardés comme une structuration « verticale » de l'espace-temps, alors que la synchronicité introduit une organisation « horizontale » de l'espace-temps. La cause et l'effet provoquent certaines divisions de formes dans le temps ; la synchronicité ordonne ces formes en niveaux successifs les unes par rapport aux autres. Lorsque ces deux structurations de l'espace-temps sont à l'œuvre, on obtient des événements de forme compliquée si caractéristique de la vie telle que nous la vivons.

Il semble évident que dans un véritable univers

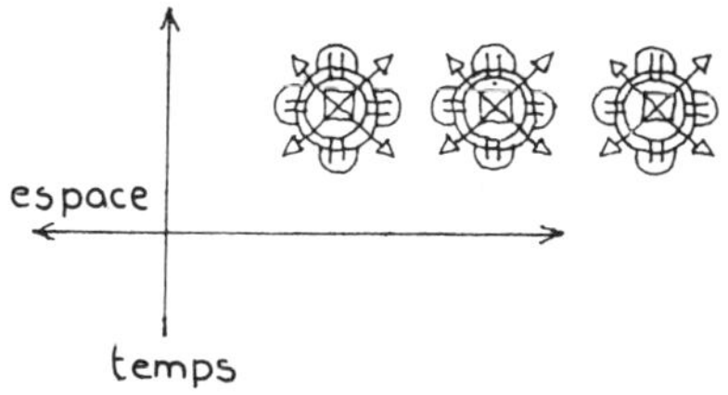

Fig. 186. Cause-effet *et* synchronicité.

cinq étoiles, ces deux modes de structuration de l'espace-temps doivent être associés. Ce que je veux suggérer finalement, c'est que notre monde inclut la synchronicité parce que c'est un monde merveilleux et intéressant ! Mais qui a introduit toute cette synchronicité ? Qui a fondé la signification profonde de toutes choses ?

Beaucoup répondent que c'est Dieu. Et justement, l'une des trois preuves théologiques traditionnelles de l'existence de Dieu est l'« argument de la finalité », qui affirme que l'univers, suprême œuvre d'art, n'a pu être conçu que par un grand Artiste. Mais cette conclusion n'est pas inéluctable. Selon la vision du monde proposée par la mécanique quantique, c'est nous-mêmes qui créons le monde, à chaque instant, événement par événement. Dans un sens, l'univers est un roman écrit par ses personnages, un rêve rêvé par ses propres fantômes.

Mais pourquoi, alors, l'univers devrait-il présenter, d'un bout à l'autre, une telle cohérence, une telle synchronicité ? Assez curieusement, la mécanique quantique non seulement admet l'existence d'événements synchronistes... mais elle les *exige*. Ce résulat, qui ne date que de 1970, trouva sa véritable inspiration dans ce que l'on a appelé le paradoxe d'Einstein-Podolsky-Rosen, qui remonte à 1935.

Ce paradoxe EPR est le suivant. La mécanique quantique prévoit qu'une fois que deux particules se sont approchées l'une de l'autre, elle continuent à s'influencer mutuellement, de manière instantanée, quelle que soit la distance qui les sépare. Nous savons maintenant, d'après la théorie de la relativité d'Einstein, qu'aucun signal ne peut voyager plus vite que la lumière. Revenant à la figure 185, nous pouvons remarquer qu'il n'existe aucun moyen pour qu'un changement soudain en B puisse *causer* un changement synchrone en C (et vice-versa), puisqu'aucun signal ne peut jaillir instantanément de l'un vers l'autre. Selon Einstein, il y avait là un paradoxe. B et C agissent en harmonie, même s'ils ne peuvent échanger de signaux suffisamment rapides pour *organiser* cette harmonie de manière causale.

A sa façon, Einstein était un penseur tout à fait déterministe. Il considérait la synchronicité trop miraculeuse pour être intégrée dans notre physique. Il chercha à se défaire des conclusions du paradoxe EPR en postulant l'existence de « variables cachées », minuscules horloges internes s'il en fut, qui auraient été la cause cachée de la division simultanées de B et C.

Maintenant, si A, B et C sont des *amibes*, ce point de vue est correct. Si A est le parent de B et C, le fait que B et C se développent simultanément n'a pas grand-chose à voir avec la synchronicité. Il n'y a aucune synchronicité dans le fait que deux fleurs fleurissent en même temps ; c'est simplement la preuve qu'elles proviennent d'une même cause cachée : le plant commun qui fut leur ancêtre et qui contient une horloge biologique. Les amibes B et C se développent ensemble parce qu'elles contiennent le même ADN. Einstein a proposé que même si B et C étaient des choses aussi simples que des photons ou des électrons, ils posséderaient quand même en commun une sorte de structure interne, des « variables cachées », qui rendrait compte de leur comportement synchroniste.

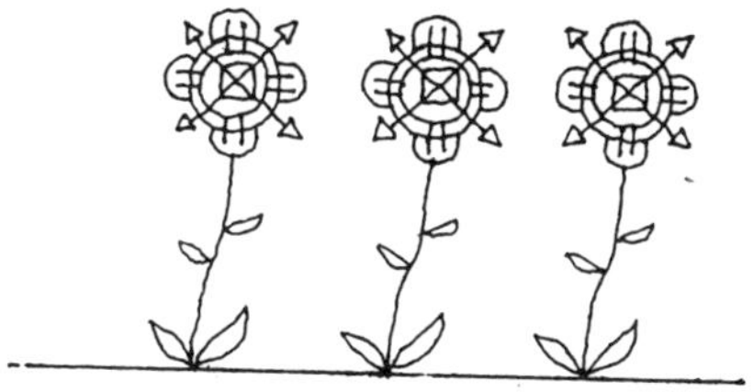

Fig. 187. Une cause commune cachée.

Ces variables cachées ne peuvent être observées directement. Pourtant, en 1964, le physicien John S. Bell imagina une expérience qui pouvait mettre en évidence, de manière statistique, l'existence de ces variables cachées. Dans les années soixante-dix, des physiciens de Berkeley, Harvard, Orsay, et d'autres universités, accomplirent toute une série d'expériences qui toutes confirmèrent ce que la mécanique quantique disait depuis longtemps : il n'existe pas de variables cachées, même s'il est vrai que deux particules éloignées l'une de l'autre peuvent avoir un comportement synchroniste.

Ce résultat exclut donc l'existence de ces causes

cachées auxquelles Einstein tenait tant. Un électron n'est que ce qu'il est : une particule toute simple, sans mémoire, sans horloge interne, sans « variables cachées ». *Il n'y a aucune explication* au fait que deux particules élémentaires B et C, très éloignées l'une de l'autre, puissent agir de concert.

C'est là finalement l'essence de la synchronicité : le monde dans lequel nous vivons est rempli d'harmonies et de coïncidences que l'on ne peut expliquer en termes de cause et d'effet. Il est vain de rechercher des forces cachées ou des puissances occultes. Le monde est un donné — tel quel, plein de causes et d'effets, plein de synchronicité.

Certaines personnes ont vu dans ces derniers résultats la preuve que les prouesses psychiques comme la télépathie et la psychokinèse faisaient maintenant définitivement partie des réalités scientifiques. Ce n'est pas exact. Pour comprendre cela, nous devons clarifier ce que l'on entend par télépathie et psychokinèse (PK pour abréger).

L'hypothèse fondamentale qui se cache derrière ces idées est que, si je suis un médium, je peux, en pensant d'une certaine façon, modifier le monde qui m'entoure. Dans le cas de la télépathie, je peux transmettre mes pensées à d'autres personnes ; dans le cas de la PK, je peux faire se déplacer les objets.

C'est un fait très évident — mais qui échappe dans la plupart des discussions sur les phénomènes psychiques — que nous avons tous, dans un certain sens, des pouvoirs de télépathie et de PK. J'ai des pensées qui trottent dans ma tête : je vous en parle, et vous avez les mêmes pensées dans votre tête ! Je veux faire apparaître certains mots sur ma machine à écrire : je bouge mes doigts, et les mots apparaissent ! Je veux déplacer mon corps dans la pièce d'à côté : je bouge mes jambes, et

Problème 10.2

La relativité restreinte affirme qu'il est impossible de marquer de manière permanente un endroit donné dans l'espace. Autrement dit, « ici même, la semaine dernière » n'a pas de signification absolue. Comment l'existence d'une machine à voyager dans le temps pourrait-elle aller à l'encontre d'une telle affirmation ?

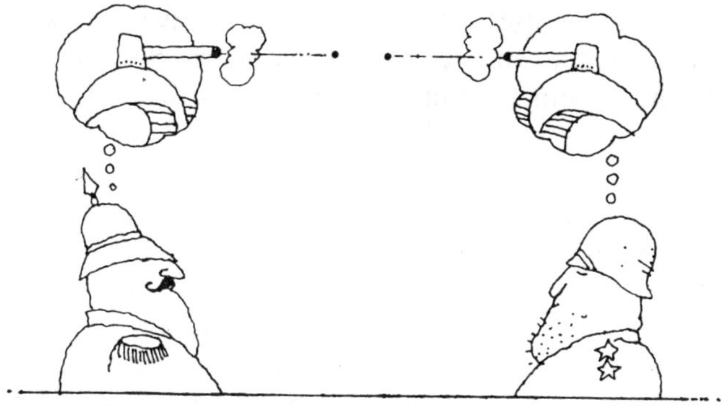

Fig. 188. La CIA développe la recherche sur la « guerre psychotronique ».

mon corps se trouve dans la pièce d'à côté! Il y a aussi une façon de voir qui rend tous ces phénomènes assez ahurissants. Qui a besoin de la télépathie alors que nous avons les téléphones ? Qui recherche la PK alors que nous avons des mains ? Quel est l'avantage de la télétransportation sur le transport aérien ?

Bien sûr, les gens aimeraient avoir plus. Un exemple de phénomène psychique assez rebattu est que notre cerveau peut émettre les vibrations mystérieuses qui modifient le monde autour de nous. Mais même si ces vibrations existaient, seraient-elles si différentes des ondes radio ? Au fond, ces vibrations mentales pour-

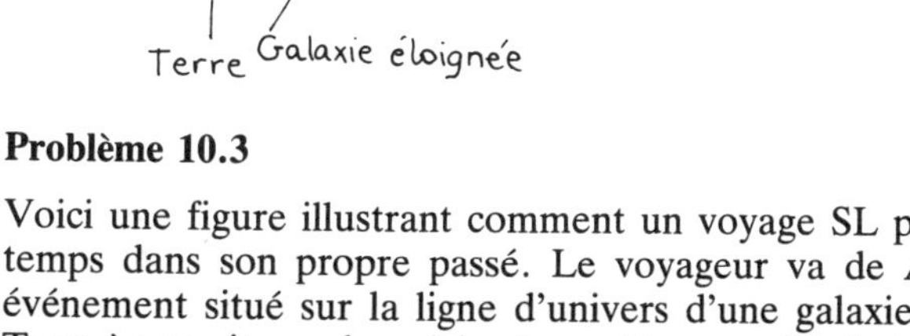

Plus rapide que la lumière, plus lent que le temps.

Problème 10.3

Voici une figure illustrant comment un voyage SL peut mener au voyage dans le temps dans son propre passé. Le voyageur va de A à B puis à C, B étant un événement situé sur la ligne d'univers d'une galaxie lointaine qui s'éloigne de la Terre à une vitesse deux fois plus petite que celle de la lumière. Expliquez comment les trajets AB et BC peuvent être considérés comme de véritables voyages SL.

raient être soumises à une analyse scientifique classique, mais il semble que les phénomènes psychiques, s'ils existent, se situent plutôt en dehors du champ de la science traditionnelle.

En fait, je pense que ce que les gens attendent vraiment des phénomènes psychiques, c'est la possibilité d'influer instantanément sur des objets lointains sans l'intermédiaire d'une quelconque relation de cause à effet. Un médium se voile la face, et, à l'autre bout de la galaxie, une étoile explose en une supernova. Les phénomènes psychiques sont supposés se propager plus vite que la lumière, à l'horizontale de l'espace-temps.

Aujourd'hui, de nouvelles expériences de mécanique quantique ont établi — du moins au niveau des particules individuelles — qu'il existe un faisceau de corrélations significatives et acausales entre certaines suites d'événements. Une expérience typique du genre se compose d'une source d'énergie et de deux détecteurs de particules placés aux deux extrémités d'un laboratoire. Chaque détecteur affiche alors les résultats d'une suite aléatoire de mesures de type « oui-non ». Et bien que chaque suite, prise séparément, semble aléatoire et sans signification, l'expérimentateur découvre que, prises ensemble, ces deux suites présentent un remarquable degré de similarité.

Mais cela ne signifie pas pour autant qu'un ensemble de mesures a été déterminé par l'autre ensemble. Ainsi dans l'univers, deux régions différentes peuvent parfois présenter une forme d'harmonie supra-lumineuse, mais il n'y a pas de sens à affirmer que les événements qui se produisent dans une région sont *causés* par les événements dans l'autre région.

La grande différence entre la synchronicité et la télépathie, c'est que nous ne nous attendons pas à

Problème 10.4

Non seulement le voyage SL mène au voyage dans le temps, mais la réciproque est également vraie. Le voyage dans le temps mène au voyage SL. Si on vous donne une fusée et une machine à remonter dans le temps, comment pourriez-vous envoyer une sonde tout autour de la galaxie, en la faisant pourtant revenir le jour même de son départ ?

pouvoir un jour *maîtriser* la synchronicité. Que le médium voile sa face au moment même où explose l'étoile, il est ridicule d'imaginer que c'est l'étoile qui a fait grimacer le médium, ou que c'est le médium qui a fait exploser l'étoile. Il ne s'agit uniquement que de synchronicité.

Imaginons une synchronicité au niveau humain. Disons que Bob et Donna sont des amoureux éloignés l'un de l'autre par les lois du destin. Chacun pense souvent à l'autre, et ils s'écrivent même pendant un ou deux mois. Une semaine, Bob retrouve son vieil exemplaire du livre de Tom Wolfe, *Acid Test*. Pendant qu'il le lit, il entend Heart jouer *Magic Man* à la radio. Jusque-là, rien de spécial. Bob ne fait que se laisser distraire par le hasard.

La semaine suivante, Bob reçoit une lettre de Donna : « Est-ce que par hasard tu as entendu Heart jouer *Magic Man* à la radio ? Il te ressemble. Cette semaine, j'ai lu un livre qui s'appelle *Acid Test*. Tu le connais ? Il y a dedans une fille qui s'appelle Mountain Girl. Parfois, elle et

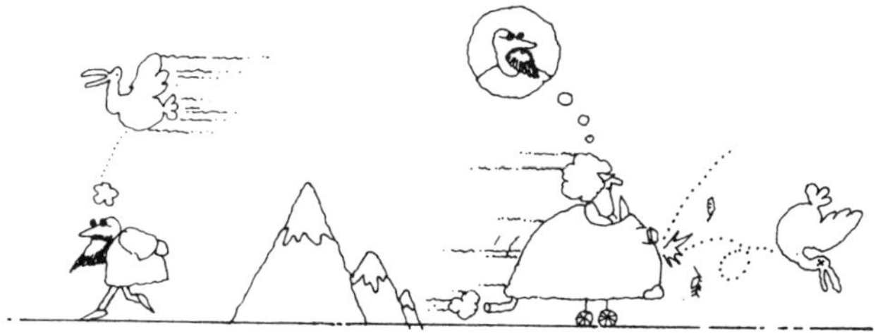

Fig. 189. Bob et Donna.

Problème 10.5

Si le temps avait la courbure d'un cercle immense, on pourrait alors espérer atteindre le passé en voyageant « circulairement » dans le temps. Mais penser à un univers dans lequel le temps est un cercle immense conduit à d'étranges problèmes. Imaginez par exemple, que vous ayez construit une balise radio de très longue durée et que vous la laissiez flotter dans l'espace au voisinage de la Terre. Est-il possible que cette balise puisse durer pendant tout le voyage autour du temps ? Si oui, une fois que vous en laissez flotter une, combien d'autres balises pourrez-vous détecter ? Que se passerait-il si vous décidiez de ne laisser flotter votre balise que si et seulement si vous n'en détectiez aucune autre flottant dans l'espace avant le lancement ?

Kesey se parlent pendant des heures ; il la comprend mieux que personne ; en lisant, j'ai pensé à toi et à moi ».

A quoi pense le pauvre Bob ? Est-ce que Donna lit dans son esprit ? Est-ce que tous ses actes contrôlent ceux de Donna ? Non. Chacun d'eux vit les événements au hasard dans sa propre vie. Mais cependant, ces vies ont été autrefois si proches qu'elles restent encore corrélées entre elles à un certain niveau.

Nous vivons dans un univers de première classe. Il est chargé d'événements symboliques, de sens profonds, et de coïncidences surprenantes. Ce sont ces événements que les gens, faute de mots, appellent la télépathie. Pourtant, *il y a* un autre mot : *synchronicité*. Le mot « télépathie » suggère que l'on peut exercer un contrôle sur les coïncidences. Mais le désordre et la confusion de la vie nous enseignent que tout espoir de contrôle est chimérique. La télépathie est une idée de parano ; la synchronicité est un fait de la vie. Commc disait un slogan des années soixante : « Pourquoi changer ? C'est bien comme ça ! »

Problème 10.6

Nous avons discuté plusieurs paradoxes qui découlent de la possibilité de voyager dans le temps. Mais pouvoir simplement *communiquer* avec le passé conduit également à des paradoxes. Imaginez, par exemple, que je possède un téléphone magique ayant les propriétés suivantes : à chaque fois que je soulève le combiné et que je compose le « 1 », ce téléphone magique sonne une heure plus tôt. Il m'est alors possible de téléphoner dans mon propre passé. Et si j'entends le téléphone sonner et que je décroche le combiné, je peux espérer entendre la voix de mon propre futur. Mais maintenant, qu'arrivera-t-il si je décide à 9 heures de composer le « 1 » à 11 heures, sauf si je reçois un appel à 10 heures ?

11. Qu'est-ce que la réalité ?

Tout préjugé mis à part, quel est le modèle le plus raisonnable que nous pouvons imaginer pour notre monde ?

Il n'y a que deux choses qui soient véritablement certaines : on existe et on a des perceptions. Je suis peut-être un hachoir à viande, une âme, un œil de Dieu, une série d'idées, ou qui sait quoi encore, mais je suis sûr que j'existe. Je suis la chose qui écrit ces mots. Bien sûr, *vous*, vous pouvez douter de mon existence — peut-être d'ailleurs êtes-vous en train de rêver que vous lisez ce livre — mais vous êtes certain, vous aussi, que vous existez.

Le fait que l'on ait des expériences est également certain ; pour parler de façon, plus impersonnelle, on ne peut douter qu'il apparaisse des perceptions. La physi-

Fig. 190. Qu'est-ce que la réalité ?

que classique suppose que les perceptions sont provoquées par des objets dans un espace à trois dimensions ; mais si vous y réfléchissez, c'est là une hypothèse tout à fait artificielle.

Je ne perçois pas le monde comme un ensemble d'objets stables, tous également présents à chaque

Fig. 191. Perceptions immédiates.

instant. Le monde des perceptions immédiates est formé de morceaux et de fragments, de bric et de broc. Le sifflement du radiateur, un mauvais goût dans la bouche, une douleur à la hanche, le rouge de ma machine, le bruit en tapant, la couleur gris perle du ciel, mes lunettes sur mon nez, la gouttière dans la pièce à côté, les oiseaux dans le ciel, les pneus d'une voiture dans la rue, les titres dans ma bibliothèque — ceci, cela, un moment, un autre, et tout ce ragoût de perceptions serait ce qu'on appelle la pure construction de la réalité permanente ! Et si maintenant je me concentre sur mes pensées, je perds aussitôt toute conscience du ciel, de la pluie, et des voitures ; n'est-il pas raisonnable de dire qu'alors tout cela a cessé d'exister ? Un individu doit-il être comme Atlas, portant tout le poids du monde sur ses épaules ?

Le philosophe irlandais George Berkeley (1685-1753) a prôné une philosophie idéaliste appelée *l'immatérialisme*. Il n'y a personne qui ait écrit sur Berkeley comme l'a fait Borges dans son essai *Nouvelle Réfutation du temps*.

> Berkeley a nié l'existence de la matière. Ceci ne veut pas dire, bien entendu, qu'il niât les couleurs, les parfums, les saveurs, les sons et les contacts ; mais il a nié qu'il y eût, outre ces perceptions qui composent le monde extérieur, quelque chose de visible et d'intangible appelé matière. Il a refusé d'admettre qu'il existât des douleurs que personne ne sent, des couleurs que personne ne voit, des formes que personne ne touche. Ajouter la matière aux perceptions c'est, selon lui, ajouter à l'univers un univers inconcevable et superflu. Il a cru au monde apparent, tissé par les sens, mais il a pensé que le monde matériel n'est qu'une doublure imaginaire.

Fig. 192. « Aucun phénomène élémentaire n'est un phénomène tant qu'il n'est pas un phénomène observé. »

Il est étonnant d'apprendre que cette vision du monde, apparemment perverse, est partagée par les physiciens modernes. Selon les propres paroles de John Wheeler, l'un des plus grands parmi les vétérans de la physique actuelle : « Aucun phénomène élémentaire n'est un phénomène tant qu'il n'est pas un phénomène observé. » Wheeler veut dire par là que l'apparition de la mécanique quantique a complètement démoli l'image d'un univers qui serait installé « là », devant nous, pendant que nous l'observons, bien calés dans notre fauteuil. Le genre de questions que l'on peut lui poser — et l'ordre dans lequel on les pose — a une influence considérable sur les réponses que l'on obtient et sur la vision du monde que l'on peut échafauder.

Ce que je voudrais faire maintenant, c'est construire un modèle de la réalité qui repose sur l'idée que tout ce qui existe est la somme des perceptions d'observateurs différents. L'histoire des « trois dimensions d'espace plus une dimension de temps » n'est qu'un cadre particulier pour organiser nos sensations. Nous pouvons aussi bien — et c'est ce que nous faisons — ordonner nos pensées et nos impressions par rapport à bien d'autres systèmes. Les pensées et les souvenirs qui ont trait à la « nourriture », par exemple, se rapportent à un certain domaine, et s'ordonnent suivant des critères divers. Il y a l'axe bonne-nourriture/mauvaise-nourriture, l'axe sucré/salé, cru/cuit, à-moi/pas-à-moi, et ainsi de suite à l'infini suivant d'autres axes.

Ce que j'essaie de suggérer ici, c'est que si nous considérons les sensations et les pensées comme étant de nature fondamentale, il n'y a alors aucune raison de limiter les « dimensions » du monde à celles de l'espace et du temps qui entrent en jeu dans la description du mouvement des objets inanimés. Ce qui « fait », dans tous ses moindres détails, l'objet que vous voyez, c'est ce qu'il vous rappelle, comment vous le sentez, ce que vous savez sur son passé, etc. Si, honnêtement, nous faisions l'effort de faire une description du monde tel que nous le vivons réellement, il nous apparaîtrait alors infiniment plus compliqué que n'importe quelle image à trois dimensions que l'on peut en donner. On a le sentiment que plus on fouille dans la nature de la réalité, plus on trouve. Loin d'être limité, le monde contient des richesses inépuisables.

Nous avons l'habitude de considérer que les seules dimensions possibles sont gauche/droite, avant/arrière, haut/bas, et — peut-être — *ana/kata*. Mais pourquoi chaud/froid, agréable/désagréable, beau/laid, et toutes les autres sortes de distinctions ne pourraient-elles pas prétendre à devenir des dimensions de la réalité ? Après tout, il ne suffit pas de dire à quelqu'un où se trouve un

---

Mais, dites-vous, il n'y a rien de plus facile que d'imaginer des arbres, par exemple dans un parc, ou des livres dans un cabinet, avec personne pour les percevoir. Je vous répondrais, si vous le permettez, qu'il n'y a là aucune difficulté : mais ne faites-vous ainsi, je vous conjure, autre chose que de concevoir dans votre esprit des idées que vous appelez *livres* et *arbres* en oubliant en même temps de concevoir l'idée d'une personne qui pourrait les percevoir ? Car ne les percevez-vous pas tous les trois, ou n'y pensez-vous pas vous-même, au même moment ? Cela n'a donc rien à voir avec notre question : cela montre seulement que vous avez le pouvoir d'imaginer ou de former des idées dans votre esprit ; mais cela ne montre pas que vous pouvez concevoir que votre pensée puisse exister sans votre esprit...

GEORGE BERKELEY,
A Treatise Concerning the Principles of Human Knowledge (Principes de la connaissance humaine), 1710.

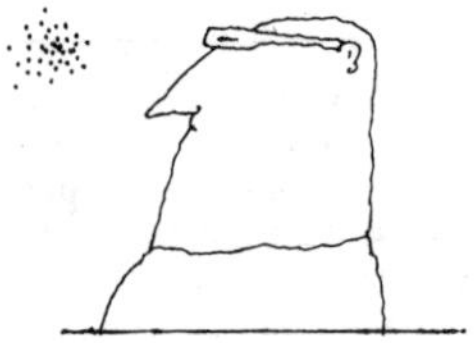

Fig. 193. Formes d'atomes.

objet et quand il y sera. On veut aussi savoir s'il est rouge, s'il est bon à manger, combien il coûte, qui d'autre le regarde, quel est son poids, etc.

L'approche traditionnelle de la science a été d'expliquer les phénomènes sensoriels, comme la couleur ou la chaleur, à l'aide de modèles atomiques dans l'espace-temps. Mais qui a jamais vu un atome ? Au mieux peut-on voir sur une photo au microscope électronique un petit grain ponctuel. Et l'*expérience* que l'on retient en regardant cette photo est celle d'une accumulation de phénomènes sensoriels comme la couleur, la brillance, etc. La matière peut expliquer nos perceptions, mais ce sont nos perceptions qui nous renseignent sur la matière.

Je propose que nous cessions d'essayer d'expliquer nos expériences mentales avec de minuscules objets invisibles disposés en structure dans l'espace 3-D. Considérons plutôt nos pensées actuelles et nos sensations comme les véritables entités fondamentales. Pensez à une « dimension » comme étant n'importe quel type de variation, de catégorie ou de différenciation. Pour chaque question que vous pouvez vous poser à propos d'un objet, il existe tout un éventail de réponses possibles ; et considérons chacune de ces possibilités comme formant un axe dans le *vrai* « espace » sous-tendant nos perceptions.

Comment allons-nous appeler cet espace ? *L'espace de réalité* correspondrait assez. Une entité de n'importe quelle sorte est alors un petit globule dans l'espace de réalité. Si la position d'une entité sur un axe est définie précisément, le petit globule correspondant aura une très fine intersection avec cet axe. Et si les propriétés de l'entité sont vagues ou indéterminées, son petit globule se relâchera en un brouillard diffus. Le monde — l'ensemble de toutes les pensées et de tous les objets — devient alors une forme qui se déploie dans l'espace de réalité.

Fig. 194. Espace de réalité à une dimension.

A quoi ressemble cette forme ? On peut s'aider ici en considérant un exemple en dimension inférieure. Imaginez que Terreligne ne soit habitée que par deux Points. Supposons, pour l'instant, que les deux Points soient au repos sur la ligne de leur espace, et supposez également qu'ils soient si simples que tout ce que l'on a besoin de savoir sur eux est leur position. Si nous regardons cette Terreligne depuis l'extérieur, son espace de réalité est alors simplement constitué d'une ligne avec deux Points dessus. Si, pour une raison ou une autre, la position de ces deux Points n'est pas exactement connue, les petits globules qui représentent leurs positions seront légèrement brouillés. Pour se représenter ces images brouillées, on peut s'aider en pensant à des spots lumineux : considérez l'image brouillée comme une tache de lumière plus brillante au centre et qui s'estompe en allant vers les bords.

Dans la pratique, il n'y a pas vraiment de frontières définies entre les choses. Dans notre modèle, on peut représenter cela en supposant qu'il n'y a aucun point entre A et B qui soit *complètement* sombre : la ligne entière est légèrement éclairée, mais comme elle présente deux régions plus particulièrement brillantes, nous pouvons dire alors qu'elle contient deux Points distincts.

Si nous supposons que les Points ont d'autres propriétés que la position, l'espace de réalité aura alors des dimensions supplémentaires. Si nous supposons, par exemple, que les Points peuvent être à des températures

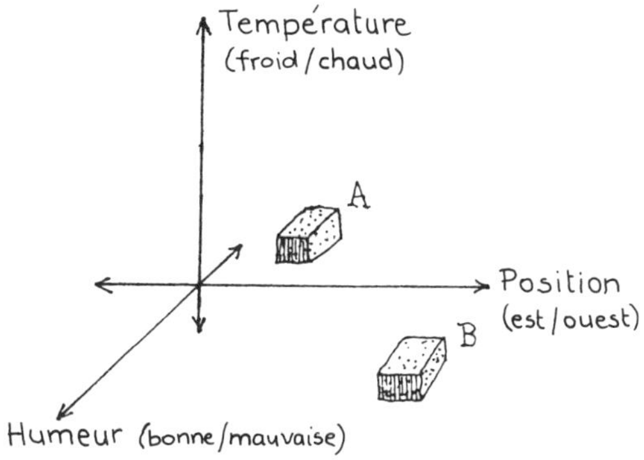

Fig. 195. Espace de réalité à trois dimensions.

Rappelez-vous comment ça se passe — après le repas, une personne quitte le salon, les autres se mettent d'accord sur un mot, et le questionneur qui a été désigné au hasard revient et commence à poser des questions. « Est-ce un objet vivant ? — Non. — Est-il sur la terre ? — Oui. » Les questions font ainsi le tour de la pièce jusqu'à ce que le mot soit trouvé : si c'est en vingt ou moins de vingt questions, c'est gagné ; sinon, c'est perdu.
Vient le moment où nous sommes quatre à quitter le salon. Nous restons dehors un temps incroyablement long. Finalement, lorsque nous revenons, nous voyons un sourire sur tous les visages, laissant deviner une plaisanterie ou une supercherie. Nous commençons à poser nos questions innocemment. Au début, les réponses viennent vite. Puis les réponses aux questions se font moins rapides — étonnant lorsque la réponse ne peut être que « Oui » ou « Non ». A la fin, persuadés de brûler, nous demandons, « Est-ce le mot " nuage " ? — Oui », disent-ils, et tout le monde s'écroule de rire. Quand nous étions hors de la pièce, expliquent-ils, ils se sont mis d'accord pour ne pas choisir de mot à l'avance. Chacun dans le cercle pouvait répondre « oui » ou « non » comme ça lui plaisait, quelle que soit la question. Cependant, il devait avoir en tête un mot compatible avec la réponse qu'il faisait — et avec toutes les autres réponses qu'il y avait eu avant...
Dans la réalité du monde quantique, *aucun phénomène élémentaire n'est un phénomène tant qu'il n'est pas un phénomène observé.* Et dans la version surprise de ce jeu, aucun mot n'est un mot tant qu'il n'a pas été

introduit dans la réalité par le choix des questions posées et des réponses données. « Nuage », assis là dans la pièce, attendant d'être trouvé lorsque nous sommes entrés ? Quel fantasme !

JOHN A. WHEELER, « Frontiers of Time » (« Aux frontières du temps »), 1980.

différentes et dans des humeurs différentes, nous obtiendrons quelque chose qui ressemblera à la figure 195. En la regardant, on s'aperçoit que A est à l'est de B, et que B, bien que plus froid que A, est de meilleure humeur. Remarquez aussi que l'incertitude sur l'humeur des Points est plus grande que celle sur leur température. Mais stop : *de quelle* incertitude suis-je en train de parler ?

C'est un point important. Un espace de réalité comme celui de la figure 195, est dessiné comme s'il y avait un observateur en dehors de l'univers des Points, et qui mesurerait leurs propriétés. Mais si nous voulons parler du monde réel dans lequel nous vivons, nous ne pouvons admettre ce genre de situation. *Nous ne pouvons observer notre monde depuis l'extérieur.* Si nous considérons notre monde comme étant toutes les choses qui existent, il ne peut pas y avoir d'observateur extérieur !

Supposez que nous renoncions à toute idée d'observer les Points depuis l'extérieur, et supposez également que les seuls faits réels à Terreligne ne mettent en jeu *que ce que savent les Points.* Supposez à nouveau que la seule propriété des Points soit la position. Dans ce cas, l'espace de réalité sera constitué par deux axes : un axe pour l'endroit où A pense que se trouvent les deux Points, et un axe pour l'endroit où B pense que se trouvent les deux Points. S'il y avait dix Points, il y aurait dix axes, chacun pour l'opinion d'un Point sur les positions.

Sur la figure 196, j'ai tracé l'espace de réalité pour deux Points, A et B, qui mesurent leurs positions respectives. La tache du bas représente A, et l'autre représente B. Si nous descendons verticalement depuis

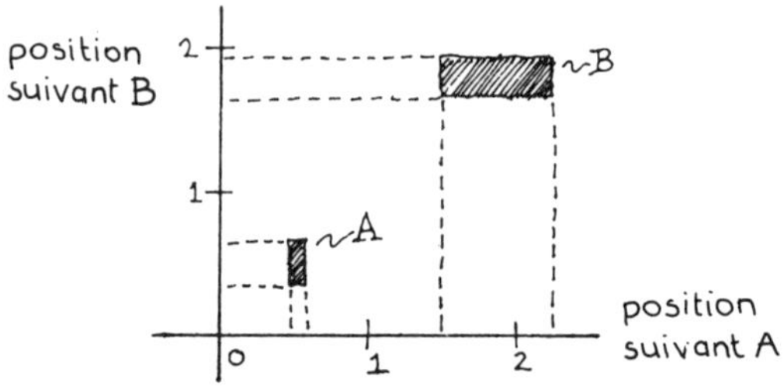

Fig. 196. Espace de réalité autonome.

la tache A, nous obtenons un segment rigoureusement défini sur l'axe de la position-suivant-A. A sait exactement où se trouve A. Remarquez cependant que A n'a pas une idée très précise de l'endroit où se trouve B. En examinant un peu plus ce diagramme, nous pouvons voir que B est un Point moins « concentré sur lui-même » que le Point A. Cela signifie que, si nous nous déplaçons horizontalement depuis la tache A et la tache B, nous découvrons que B connaît la position des deux Points avec la même précision.

Il est intéressant de noter qu'on ne peut se faire une idée sur la qualité de « concentration sur elle-même » de A en n'observant que la tache A. Il faut regarder la forme générale de l'espace de réalité. Mais à propos, qu'entendons-nous par la forme générale de l'espace de réalité ? Supposez qu'au lieu de parler d'espace de réalité, nous parlions de l'*état du monde*, « état » étant pris dans le sens de « état d'âme » ou « état de conscience ». En reprenant le point que nous venons de discuter à l'instant, nous pourrions alors dire que les propriétés d'un individu seront étroitement liées à la forme générale de l'état du monde.

Si le Point A se concentrait sur lui-même jusqu'à en perdre le Point B de vue, on obtiendrait un état du monde semblable à celui de la figure 197. Tout comme pour B par rapport à A, la majeure partie du monde reste inconnue ou indéterminée pour un individu pris à un instant quelconque. Remarquez cependant que cette indétermination de B pour A est malgré tout compatible avec le fait que B possède une bonne connaissance des endroits où se trouvent A et B.

Ces catégories ambiguës, superfétatoires, déficientes rappellent celles que le Dr Franz Kuhn attribue à certaine encyclopédie chinoise intitulée *le Marché céleste des connaissances bénévoles*. Dans les pages lointaines de ce livre, il est écrit que les animaux se divisent en *a*. appartenant à l'empereur, *b*. embaumés, *c*. apprivoisés, *d*. cochons de lait, *e*. sirènes, *f*. fabuleux, *g*. chiens en liberté, *h*. inclus dans la présente classification, *i*. qui s'agitent comme des fous, *j*. innombrables, *k*. dessinés avec un très fin pinceau de poils de chameau, *l*. et cœtera, *m*. qui viennent de casser la cruche, *n*. qui de loin semblent des mouches.

JORGE LUIS BORGES,
« La langue analytique de John Wilkins », 1941.

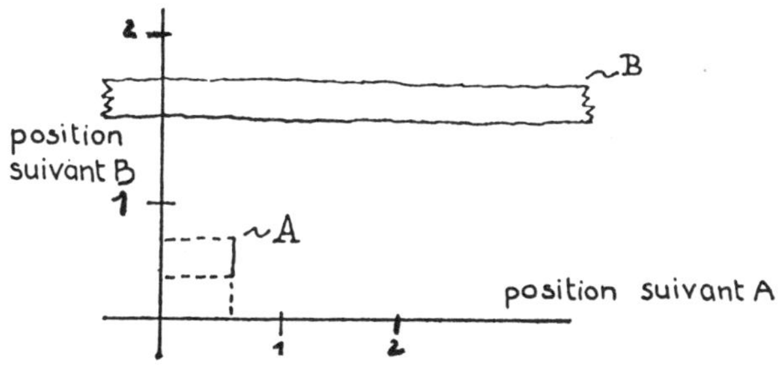

Fig. 197. A n'a aucune idée de l'endroit où se trouve B.

Il vaut la peine de remarquer ici que ce genre de modèle permet de résoudre l'un des paradoxes apparents de l'immatérialisme. Par exemple, deux personnes se trouvent dans un champ. Un lapin passe en courant. L'une des personnes voit le lapin, l'autre pas. Pour la première personne, le lapin a une existence bien définie ; mais pour la deuxième personne, le lapin n'existe pas. Comment un seul et même lapin peut-il à la fois exister et ne pas exister ? Avec notre modèle de l'espace de réalité, il n'y a pas de problème. Le globule qui représente le lapin a une forme telle que sa projection sur l'axe d'une personne est très effilée, alors qu'elle se diffuse largement sur l'axe de l'autre personne.

Revenons à notre espace de réalité de Terreligne pour remarquer que si, comme avant, nous devions tenir compte des propriétés de « température » et d'« humeur », nous aurions alors besoin de six axes en tout : trois axes pour les idées de A sur la position, la température et l'humeur ; et trois axes pour les opinions de B. D'une manière générale, un monde avec P propriétés distinctes de I individus différents comprendra P-fois-I axes dans tout son espace de réalité. On pourra alors se représenter l'état du monde comme un ensemble de globules plus ou moins distincts dans un espace de réalité à énormément de dimensions.

Comme les divers individus interagissent entre eux, la connaissance qu'ils ont des uns sur les autres se modifie sans cesse. Les globules de lumière se déplacent et se rencontrent, grossissent et diminuent. Nous pouvons alors imaginer la forme de l'espace de réalité se modifiant au cours du temps ; mais nous pouvons aussi bien considérer que la perception du temps d'un individu correspond à un axe supplémentaire et, dans ce cas,

Problème 11.1

Supposez que l'espace et le temps soient réellement des constructions mentales. En général, la seule raison pour laquelle on dit qu'un état d'esprit B vient après un autre état d'esprit A, c'est que B contient le souvenir de A, alors que A ne contient pas le souvenir de B. D'après cette définition de « avant et après », est-ce que les perceptions d'une personne peuvent s'ordonner nécessairement dans le temps suivant une séquence linéaire ?

l'évolution dans le temps se trouvera complètement gelée dans l'état du monde.

Jusqu'ici, je n'ai pas abordé la question des individus dans notre monde. Qui sont-ils ? Sont-ce simplement les gens ? Les gens et les animaux ? Les gens, les animaux et les plantes ? Les gens, les animaux, les plantes et les robots ? Devons-nous inclure les galaxies et les rochers ? Puisque de toute façon nous allons obtenir un ensemble énorme et peu maniable, je céderais volontiers à la générosité. Je suis prêt à aller de l'avant et à permettre à n'importe quoi d'être un individu capable d'une certaine forme de « connaissance ». Un caillou dans un champ ne sait pas grand-chose, mais il sait qu'il existe quelque chose de massif (la Terre) juste en dessous de lui. Et nous pouvons dire qu'il « sait », puisque si vous le soulevez et l'abandonnez, il retombe aussitôt ! On peut dire, avec plus de sérieux, que tout objet, animé ou non, « sait » ou contient de l'information sur plusieurs autres objets.

Ce pointe de vue — que toute chose est, dans un certain sens, vivante ou consciente — a été historiquement reconnu sous le nom de hylozoïsme ou panpsychisme. C'est, bien entendu, un point de vue qu'il est facile de tourner en ridicule. Est-ce qu'un détritus peut éprouver de l'amour ? Est-ce qu'une chaussure réfléchit sur les mathématiques ? Mais il ne s'agit pas pour nous de prendre les objets pour des êtres « semblables aux gens ». Il s'agit simplement du fait que nous pourrions peut-être les considérer comme des centres intégrateurs dans l'espace de réalité, comme des entités existant de

Fig. 199. Le monde est comme un jeu de « Questions à l'Infini » — il n'y a pas de limite au nombre des questions que vous pouvez vous poser.

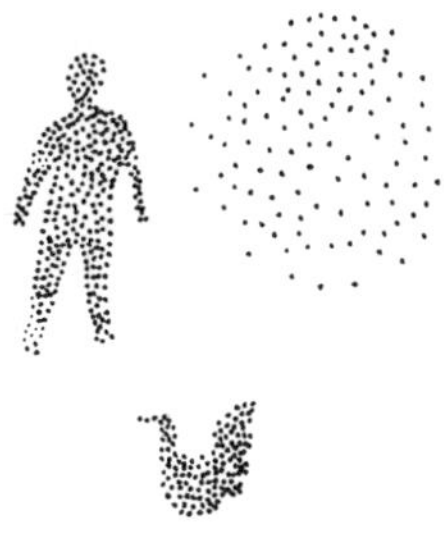

Fig. 198. Un grand nombre d'individus.

Nous sommes des êtres égaux et l'univers forme nos relations les uns avec les autres. L'univers est constitué d'une seule sorte d'entité : chacun est vivant, chacun détermine le cheminement de sa propre existence.
L'univers est fait d'une espèce de je-ne-sais-quoi que l'on ne peut définir. Pour ce que nous cherchons, il n'est pas nécessaire d'essayer de le définir. Il nous suffit simplement de supposer qu'il n'existe qu'*une seule sorte* de je-ne-sais-quoi, et de voir si cela nous conduit à une explication raisonnable du monde tel que nous le connaissons.
La fonction fondamentale de chaque être est d'être en expansion et en contraction. Les êtres en expansion sont perméables ; les êtres en contraction sont denses et imperméables. Ainsi, chacun de nous, seul ou en association, peut apparaître comme espace, énergie, ou masse, suivant le rapport d'expansion et de contraction choisi, et le genre de vibration exprimé en alternant l'expansion et la contraction. Chaque être contrôle ses propres vibrations.
Un être en totale expansion est espace... Lorsqu'il est totalement contracté, il est une particule massive, en complète implosion...

Quand un être alterne expansion et contraction, il est énergie… L'univers est une harmonie infinie d'êtres en vibrations dans un domaine sophistiqué de rapports expansion-contraction, fréquences, modulations et ainsi de suite.
Ce que nous devons nous rappeler, c'est qu'il n'y a personne d'autre ici que nous, les lâches. L'univers entier est fait d'êtres exactement comme nous.

THADDEUS GOLAS,
The Lazy Man's Guide to Enlightenment (Guide de l'illumination pour fainéants), 1972.

la même façon que nous-mêmes sommes des formes qui existent.

Ainsi, il y a un grand nombre d'individus dans l'espace de la réalité. Mais combien peut-il y avoir de propriétés possibles ? Il semble qu'il n'y ait véritablement aucune limite au nombre de propriétés auxquelles les individus sont sensibles. Si vous commencez à vous interroger sur un objet particulier, vous ne vous arrêterez jamais de vous poser des questions. Alors, si l'espace de réalité doit posséder autant de dimensions que le nombre d'individus-*fois*-le nombre de propriétés, je pense que nous pouvons aller plus loin et dire que l'espace de réalité a probablement une infinité de dimensions. Notre monde est une structure dans un espace à une infinité de dimensions, ou encore un espace « ∞-D ».

La notion d'espace ∞-D n'est pas quelque chose que je viens juste d'inventer. A la fin du XIXe siècle, les philosophes de l'hyperespace étaient bien conscients que la notion de dimensions supérieures conduisait à un processus infini : la surface 2-D de la Terre est une partie de notre univers 3-D. Notre univers 3-D pourrait bien être l'hypersurface d'une hypersphère 4-D. Notre hypersphère 4-D est une section d'une structure d'espace-temps courbe 5-D. Notre espace-temps courbe 5-D n'est peut-être qu'un espace-temps parmi un empilement 6-D d'espaces-temps les uns sur les autres. Cet empilement 6-D peut fort bien posséder lui-même une torsion et s'enrouler au sein d'un espace 7-D ; des variantes diverses de l'empilement peuvent également se nicher les unes dans les autres dans un espace 8-D. On peut imaginer que l'espace 8-D tout entier évolue le long d'un axe de super-temps dans un espace à neuf dimensions. Et ainsi de suite. Où cela peut-il s'arrêter ? Seulement à l'infini.

Hinton comparait cela à l'espèce de régression qui apparaît si on dit que le monde repose sur le dos d'une tortue. Sur quoi repose la tortue ? Sur une autre tortue, qui se repose sur une autre, qui se repose sur une autre, *ad infinitum*. Le théologien Arthur Willink était fasciné par ce déploiement infini des espaces, et il soutenait, dans son livre *The World of the Unseen (le Monde de l'invisible)*, qui date de 1893, que Dieu vit dans le dernier espace ∞-D :

Fig. 200. Tortues empilées à l'infini.

> Il est nécessaire d'aller plus loin, et de reconnaître qu'il existe une extension beaucoup plus vaste de l'idée d'Espace Supérieur, et qui n'est en aucun cas épuisée une fois que l'on a atteint à la conception de l'Espace à Quatre Dimensions... Une fois reconnue l'existence de l'Espace à Quatre Dimensions, on peut, sans trop d'efforts, parvenir à reconnaître l'existence d'un Espace à Cinq Dimensions, et ainsi de suite jusqu'à un espace à une Infinité de Dimensions.
> ... Et bien qu'il soit impossible même de commencer à imaginer l'apparence que peut présenter un objet matériel à un observateur dans un Espace de Dimensions beaucoup Plus Grandes, il est cependant évident qu'elle se présentera à lui comme une image infiniment plus parfaite de ses éléments que celle qu'elle présenterait à un observateur d'un Espace de Dimensions Inférieures. Et pour un œil situé dans le Plus Grand des Espaces, la révélation infiniment parfaite de tous les détails les plus cachés et les plus secrets se présentera nécessairement.
> Cela rend beaucoup plus pertinent tout ce qui a été dit sur l'Omniscience de Dieu. Car lui, qui demeure dans le Plus Grand des Espaces, possède non seulement une vision parfaite de tous les éléments de notre être, mais il est également infiniment plus proche de chaque point et de chaque particule qui nous constituent. De sorte que c'est en Lui que nous vivons, que nous respirons et que nous existons au sens physique le plus strict.

C'est un passage très intéressant, certainement l'un des premiers à introduire l'espace ∞-D en philosophie. Il

Problème 11.2

L'écrivain anglais J. W. Dunne pensait que nos rêves reposaient sur des impressions provenant autant du passé que de l'avenir. Dans son livre de 1927, *An Experiment with Time (Une expérience sur le temps),* il prétend qu'un esprit en train de rêver est capable de sortir de l'espace-temps et de voir ce qui se trouve au-delà. Il semble que cela conduise à un paradoxe : imaginez que je doive prendre un avion mardi et que cet avion, sans que je le sache, doive s'écraser. Lundi soir, mon esprit en train de rêver se transporte dans le futur, et je fais un rêve horriblement détaillé où je meurs dans un accident d'avion. Mardi matin, je suis tellement ébranlé que je décide de remettre mon voyage à plus tard.
Mardi soir, je guette les informations, et je constate que mon avion s'est justement écrasé, sans aucun survivant. Le paradoxe est justement celui-ci : puisqu'en fait, je n'ai pas vécu l'accident d'avion, comment aurais-je pu le voir dans mon futur ? Dunne écarte cette objection en affirmant qu'il existe une *deuxième dimension de temps*. Pourriez-vous expliquer son argument en détail ?

existe un passage comparable dans un essai écrit en 1886 par le mathématicien allemand Georg Cantor « sur les points de vue à propos du véritable infini » :

> La peur de l'infini est une forme de myopie qui détruit toute possibilité de voir le véritable infini, bien que, sous sa forme la plus élevée, il nous ait créés et nous soutienne, et qu'il se manifeste autour de nous, dans sa forme secondaire transfinie, jusqu'à même habiter nos esprits.

Georg Cantor fut le premier à développer mathématiquement un traitement rigoureux de l'infini. Avant lui, beaucoup de mathématiciens et de philosophes s'effrayaient à l'idée que l'infini ne soit une notion fondamentalement contradictoire. Mais après Cantor, les scientifiques purent utiliser les grandeurs infinies avec un esprit décontracté.

Au début des années 1900, le mathématicien David Hilbert reprit les travaux de Cantor pour développer une théorie des espaces de dimension infinie — espaces semblables à l'espace de réalité dont nous venons de parler. De même qu'un point dans un espace 3-D peut être mathématiquement représenté par une suite ordonnée de *trois* nombres, dans un espace ∞-D un point est représenté par une suite de nombres *infinie*. Il y a de nombreuses façons de définir des choses comme les angles et les distances dans ces espaces ∞-D ; l'espace mathématique ∞-D le plus communément utilisé est appelé l'espace de Hilbert.

Pendant à peu près dix années, les travaux sur les espaces de Hilbert ne furent considérés que comme une preuve de plus que les mathématiciens ne recherchent l'abstraction que pour elle-même. Mais dans les années 1920, les physiciens Werner Heisenberg et Erwin Schrödinger découvrirent que la meilleure façon d'inter-

---

Comment puis-je traduire les derniers Enseignements que me prodigua Une Sphère ? Dans ma peur angoissée de la Mort, je lui demandai de m'accorder une Vision durable, une Vérité supérieure qui m'aiderait à passer la dernière Extrémité.
La Sphère : Oh, Carré, c'est difficile. Vous et moi, nous ne sommes que des Ombres devant l'Absolu. Seul l'Auteur détient la connaissance finale.
Moi : Où se trouve-t-il ?
La Sphère : Il est tout autour de nous, Il est le labyrinthe obscur dans lequel nos formes évoluent. Et même Lui n'est qu'une forme dans le Tout indicible.
Je ne savais plus si j'étais éveillé ou si je sommeillais. La voix de la Sphère s'affaiblissait, et tout devint confusion. Je n'étais plus qu'une Pensée, une forme insignifiante d'un Rêve répétitif. Tout autour de moi, je percevais l'esprit de mon Rêveur. Rassemblant mon courage, je criai tout mon désespoir.
Moi : Pouvez-vous m'entendre, mon Seigneur ?
Le Rêveur : Et comment ! Quelle heure est-il ?
Moi : Le Temps n'existe plus — c'est ce que dit la Sphère.
Le Rêveur : Tiens donc ? Pas pour toi en tout cas.
Moi : Ramenez-moi chez mes amis, oh mon Auteur. Je suis certain que l'Hexagone me pardonnera.
Le Rêveur : Je peux faire ça. Et merci, car j'ai eu du

Problème 11.3

D'après la mécanique quantique, si vous ne gardez pas un œil sur une personne, elle devient, pour vous, indéterminée : vous ne savez plus à quoi elle ressemble. Mais pourtant, si vous lui posez des questions, vous pourrez découvrir certaines de ses particularités. N'y a-t-il pas là une contradiction ?

préter la mécanique quantique était de dire que *les particules sont des éléments d'un espace de Hilbert infini.*

Depuis, les mathématiciens et les physiciens ont développé une théorie quantique sophistiquée qui représente le monde comme une structure dans un espace de Hilbert infini. Une des plus grandes difficultés de cette théorie fut de trouver la véritable signification de cet espace infini. Lorsque la physique classique nous propose des équations qui contiennent quatre variables, nous pouvons interpréter ces équations comme se rapportant aux trois dimensions d'espace et à une dimension de temps. Mais la mathématique de la mécanique quantique semble s'être en quelque sorte développée en dehors de toute représentation sous-jacente compréhensible. Il ne fait pas de doute que la théorie quantique telle qu'elle se présente fournit de bonnes prédictions pour des expériences bien déterminées. Mais il ne semble pas que l'on ait une bonne idée de ce que signifie réellement l'espace de Hilbert.

En décrivant notre monde de perceptions comme une structure dans un espace de réalité à une infinité de dimensions, j'ai essayé de donner un contenu concret à la notion d'espace ∞-D. La notion d'espace de réalité est, par bien des aspects, formée à l'exemple de l'espace quantique de Hilbert. Étant donné la nature protéenne de l'infini, je ne serais pas surpris d'apprendre un jour que ces deux espaces ne sont en fait que le même espace. Il est important de se rendre compte ici que les axes particuliers que l'on place dans un espace donné sont tout à fait arbitraires. Bien qu'un Californien et un New-Yorkais vivent dans le même espace, les directions qu'ils nomment « le haut » sont légèrement différentes. Un espace est donné en lui-même, sans les axes. Alors, après avoir représenté le monde comme une structure dans un espace de réalité à unc infinité de dimensions, il se pourrait qu'en redessinant simplement les axes, on obtienne le modèle de l'espace de Hilbert. La chose importante à se rappeler, c'est que les axes n'ont aucune existence objective.

Qu'est-ce que la réalité ?

Prenez toutes vos perceptions, toutes les miennes, prenez les pensées et les visions de tout le monde. Dans un espace à une infinité de dimensions, il y a assez de

plaisir à être avec toi. Je déteste dire au revoir.
Moi : Mais ne resterez-vous pas toujours avec moi ? Est-ce que mon Monde n'est pas un fragment de votre esprit ?
Le Rêveur : Ce n'est pas vraiment *mon* esprit. Je ne fais que l'occuper. Qui sait qui te rêvera la prochaine fois ? C'est toi le véritable immortel, Carré, pas moi. Tu es une Forme éternelle.
Moi : Pendant un instant, je pus voir le Tout : la Vérité sans limites, tous les Rêveurs, et le déroulement passionné de ma propre vie. Puis je m'éveillai. Mon père et Un Hexagone se trouvaient avec un policier. La situation était dangereuse, mais j'étais tellement empli de Vérité et d'Amour que tout fut bientôt résolu. Jusqu'à ce jour, nous sommes tous les quatre de très grands amis.

UN CARRÉ,
Les Nouvelles Aventures d'Un Carré, 1984.

place pour les mettre toutes ensemble ; chacun est un élément de l'Un à une infinité de dimensions, et c'est cet Un qui est la réalité.

On ne peut décrire la richesse et la complexité de la réalité. J'oublie parfois cela, et mon existence devient morose. Pourtant, le monde est vivant, et nous en sommes des parties vivantes. Les pensées sont aussi réelles et importantes que les objets. Chaque objet est une source inépuisable d'émerveillement.

Nous ne savons pas pourquoi nous sommes ici — nous ne savons même pas ce que nous *sommes*. Mais nous existons, et le monde continue. Nos notions habituelles d'espace et de temps ne sont qu'une invention commode. Les dimensions supérieures sont partout. Il n'y a pas besoin de travailler pour avoir la connaissance ; la connaissance est ici et maintenant, aussi proche que la quatrième dimension.

Réponses aux problèmes

Réponse 1.1 (p. 23)

Si les deux formes de voiture sont de *tailles* différentes, elles peuvent alors se déplacer l'une devant l'autre. Dans le plan de la vitre, c'est donc la taille qui joue le rôle de la troisième dimension de la « distance-à-la-fenêtre ». Pour les formes à deux dimensions qui se déplacent dans la vitre, la taille est une dimension supérieure. Imaginez-vous vivant dans un monde tridimensionnel analogue à celui-là : vous pourriez changer votre taille à volonté et passer ainsi « à travers » les gens de tailles différentes.

Réponse 2.1 (p. 38)

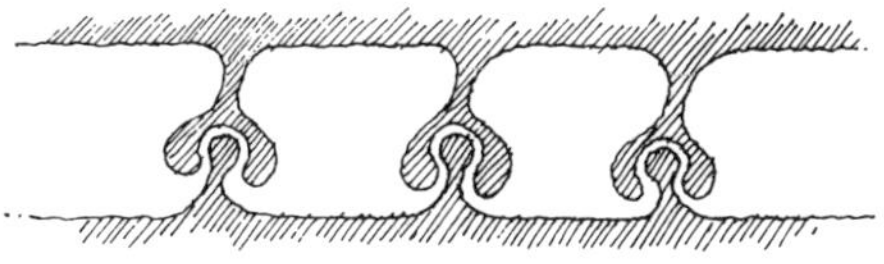

Intestin en prise sur lui-même.

Une façon de préserver ce pauvre Un Carré du morcellement serait de lui donner un intestin du genre de celui représenté ci-dessus. Les aspérités de la moitié supérieure s'accrocheraient aux excroissances de la moitié inférieure, maintenant l'unité du corps d'Un Carré. La nourriture descendrait le long de l'intestin comme une péniche traverse les écluses d'un canal, chaque passage s'ouvrant momentanément l'un après l'autre.

Réponse 2.2 (p. 39)

En raisonnant strictement par analogie avec notre monde, nous devrions nous attendre à voir des créatures bidimensionnelles en train de ramper sur le bord d'un disque qui serait leur planète.

Réponse 3.1 (p. 46)

Si l'intersection d'un espace 3-D avec notre espace se réduisait à un plan, nous verrions alors quelque chose qui ressemblerait peut-être à ceci : un plan de lumière, incliné, partant du sol vers le ciel, dans lequel se promèneraient des bulles aux formes bizarres, glissant tantôt vers le haut, tantôt vers le bas, comme des Frisbees célestes. Ces formes seraient très minces, et, en les touchant, on pourrait se rendre compte de leur solidité.

Réponse 3.2 (p. 47)

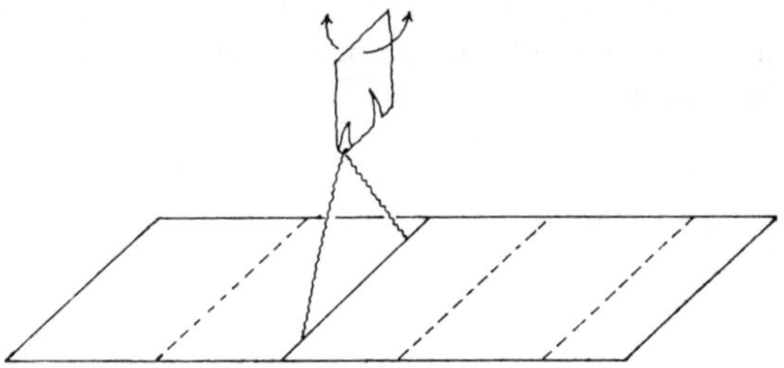

Un Carré observant Terreplate.

La rétine d'Un Carré est un segment de droite destiné à capter la lumière contenue dans le plan de son corps. Mais on se rend compte alors que s'il regarde Terreplate depuis la troisième dimension, Un Carré ne peut en voir véritablement que les objets situés à l'intersection de son plan de vision. Cette situation est exactement semblable à celle, décrite au problème 3.1, d'un Terreplatien regardant un monde perpendiculaire au sien.

Maintenant, si Un Carré se balance sur lui-même, il pourra observer toutes les sections de Terreplate et les assembler mentalement pour en reconstituer une image globale à deux dimensions. De la même façon, si vous le regardiez depuis un espace 4-D, vous ne pourriez voir que diverses sections planes de notre monde. Avec un peu d'effort, vous pourriez arriver à les combiner pour obtenir une image 3-D, image intégrale, montrant chaque objet de l'intérieur comme de l'extérieur.

Réponse 3.3 (p. 50)

	Sommets	*Arêtes*	*Faces*	*Volumes*
Cube	8	12	6	1
Hypercube	16	32	24	8
Hyperhypercube	32	80	80	40

Il est assez facile de voir que le nombre de sommets double à chaque fois que l'on augmente d'une dimension. Que se passe-t-il dans les autres colonnes ? Comment peut-on savoir, sans compter un à un les segments de la figure 34, que l'hypercube possède 32 côtés ? Il suffit de se rappeler qu'on obtient un hypercube en amenant un cube d'une position initiale à une position finale par un déplacement d'une unité de longueur dans la direction *ana*. Les positions initiale et finale du cube donnent chacune une contribution de 12 arêtes, auxquelles s'ajoutent les arêtes tracées par les 8 sommets du cube au cours de son déplacement dans la direction *ana*. 12 + 8 + 12 = 32. On obtient les autres chiffres du tableau en appliquant le même raisonnement.

Réponse 3.4 (p. 54)

La face située tout à fait en bas doit être accolée à celle située tout à fait en haut, et les faces latérales du cube de base doivent se joindre aux quatre faces vides de la partie centrale. C'est facile à voir si l'on considère la situation analogue du crucifix que l'on replie pour former un cube.

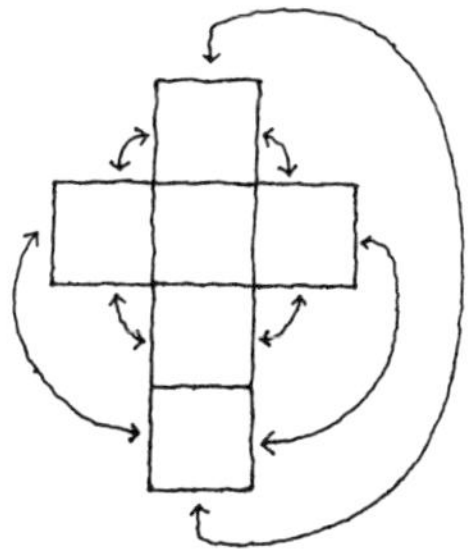

Reconstruction d'un cube à partir d'un crucifix. (Réponse 3.4.)

Réponse 3.5 (p. 55)

La formule serait S^4, et l'hypercube en question aurait un volume de 16 mètres hypercubiques.

Les Grecs considéraient les nombres comme des quantités géométriques particulières. Ainsi, pour une longueur donnée S, S^2 représentait l'aire d'un carré, et S^3, le volume d'un cube. Comme ils n'avaient aucune notion de la quatrième dimension, ils ne travaillaient pratiquement pas avec des formules ou des équations contenant des puissances supérieures à 3. Ce ne fut seulement qu'à partir de la Renaissance que les mathématiciens acquirent une confiance suffisante en l'algèbre pour travailler, de manière formelle, avec des équations de degrés plus élevés.

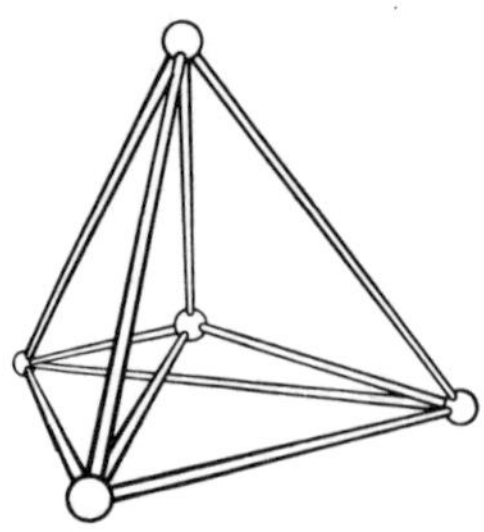

Le pentaèdre. (D'après *la Géométrie et l'Imagination* de D. Hilbert et S. Cohn-Vossen.)

Réponse 3.6 (p. 56)

En allant dans l'espace 4-D, il nous est possible de trouver un cinquième point (en nous déplaçant dans la direction *ana* à partir du centre du tétraèdre), de façon à obtenir maintenant cinq points à égale distance les uns des autres. Ces cinq points forment les sommets de ce qu'on appelle un pentaèdre.

En regardant cette figure, nous devons imaginer que le point central est en réalité un petit peu plus loin dans la quatrième dimension, de sorte que tous ses côtés possèdent effectivement la même longueur.

De même qu'un triangle est constitué de trois segments, et qu'un tétraèdre se construit à partir de quatre triangles, le pentaèdre est constitué de cinq tétraèdres. Les voyez-vous tous les cinq ?

Réponse 4.1 (p. 63)

Par intersection avec un plan, un cube peut donner un carré, un triangle, un rectangle ou un hexagone. En voici une illustration dessinée par Claude Bragdon.

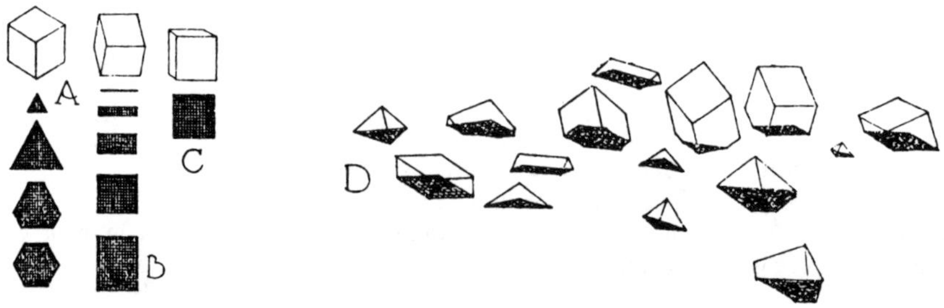

Intersections de cubes avec un plan. (D'après *A Primer of Higher Space [Introduction élémentaire à l'espace supérieur]* de Claude Bragdon.)

Réponse 4.2 (p. 66)

C'est Orville L. Parrinello, de Brazoria au Texas qui m'a envoyé cette illusion d'optique. Elle est assez difficile à percevoir du premier coup d'œil ; elle repose sur le fait que, suivant le sens dans lequel vous laissez s'inverser la « marche d'escalier », le bonhomme pourra voir la bestiole soit sur le sol devant lui, soit suspendue au plafond de l'espace situé derrière lui. Cette illusion a ceci de particulièrement intéressant qu'elle suggère que la réalité objective du bonhomme n'est pas fixée une fois pour toutes. Que diriez-vous si des situations apparemment évidentes de votre vie de tous les jours dépendaient totalement de l'angle sous lequel vous regardez les objets ?

Réponse 4.3 (p. 69)

Si Un Carré est transparent, il peut donner l'impression de s'inverser lorsqu'on le regarde de côté, tout comme Un Cube transparent s'inversait dans la figure 51. Cette inversion produit le même effet que si le Carré « passait à travers lui-même », à la manière d'un gant de main gauche que l'on peut transformer en un gant de main droite en le retournant sur lui-même.

Est-ce Un Carré ou Un Carré ? (Réponse 4.3.)

Réponse 5.1 (p. 88)

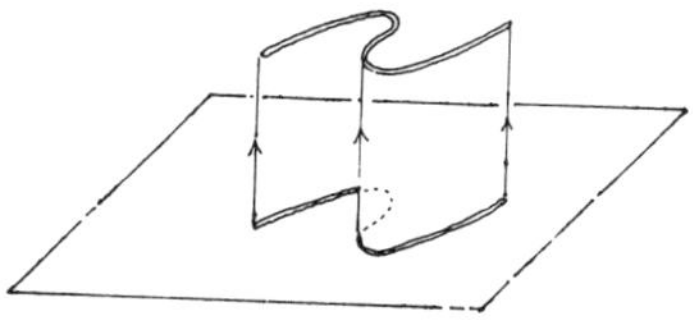

La trace d'une courbe.

Il est impossible de faire un nœud sur une courbe dans un espace 2-D parce que, dans Terreplate, il n'y a aucun moyen de faire se croiser une courbe sur elle-même. Et un nœud ne pourra tenir sur une courbe dans un espace 4-D parce que, comme nous l'avons discuté au chapitre 5, le degré de liberté supplémentaire provoquera le glissement du nœud sur lui-même. En augmentant tout d'une dimension, on peut s'attendre à ce qu'une surface puisse être nouée dans un espace 4-D, mais non dans un espace 3-D ou 5-D. Mais comment peut-on nouer une surface ? On commence d'abord par faire un nœud sur une courbe, puis on la déplace en dehors de l'espace, dans la direction *ana*. La trace laissée par cette courbe au cours de son déplacement engendrera alors une surface avec un nœud. Mais il est important de remarquer que bien que cette surface possède un nœud, *elle n'a aucune intersection avec elle-même.* Bien évidemment, si nous déplaçons ce nœud dans l'espace 3-D, sa trace se recoupe, alors que la trace 4-D ne reviendra jamais sur elle-même parce que la direction *ana* est perpendiculaire à chaque direction de l'espace.

Réponse 6.1 (p. 104)

Une fois retourné, l'Astrien se retrouverait avec son vibreur inutilisable, pointant au loin dans l'espace. Cette créature semblerait être dénuée de personnalité et de sensibilité, comme un zombie, un homme sans qualités, un cas. Il est intéressant de rappeler ici que, parmi les premiers penseurs, certains, dont Descartes, croyaient que la glande pinéale, située au centre du cerveau, pouvait être une espèce de troisième œil, servant à percevoir l'aura et les vibrations astrales des autres personnes.

Réponse 6.2 (p. 107)

Si un Astrien pouvait enfoncer suffisamment fort sa petite épine 3-D dans son espace support, il pourrait alors opposer à la gravitation une force qui le soulèverait dans l'espace. C'est exactement ce que font les Astriens dans le roman de Charles H. Hinton, *Un épisode de Terreplate* :

> Tout comme le capitaine d'un bateau a une activité indépendante de son vaisseau, nos âmes ont une activité indépendante de notre corps. Nos âmes peuvent agir sur la périphérie de notre être (l'éther)...
> Si, emplissant mon esprit de piété, je m'imagine en train de m'envoler, parcourant les airs comme un ange, mon âme fait alors ce qui me permet de m'élever, modifiant ma direction en agissant sur la périphérie de mon être.
> Si tous les hommes avaient les mêmes pensées, ils désireraient alors tous s'élever dans les airs, et l'union de leur force serait très grande, assez pour influencer le mouvement de la Terre sur son orbite.

Réponse 6.3 (p. 109)

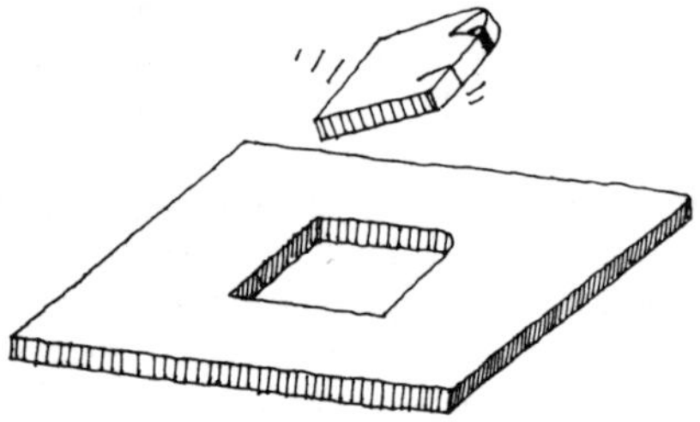

Un Carré exécute une manœuvre dangereuse.

Le Cube a découpé la portion de l'espace contenant Un Carré et l'a retournée. Maintenant, vous pouvez peut-être vous demander ce que devient l'espace de Terreplate, avec ce trou qui reste là. Eh bien, peut-être qu'Un Cube a fait attention à cela et a utilisé quelque chose comme un tambour de broderie pour maintenir les bords du trou et ceux de la portion d'espace qu'il a enlevée. Ou peut-être n'y a-t-il eu tout simplement qu'un trou dans l'espace pendant un instant. Mais à quoi ressemblerait un trou dans l'espace ? Nous reviendrons sur cette question au chapitre 7.

Réponse 6.4 (p. 110)

Non, car nous ne pouvons savoir si le trou se déplace dans l'espace. C'est comparable au fait qu'un bloc de matière particulier ne peut être utilisé pour repérer une région particulière dans la trame de l'espace : si une vague se déplace à la surface de l'eau, les molécules d'eau qui la constituent échangent constamment leurs positions. Nous pouvons comparer le mouvement d'un trou dans l'espace à une bulle en suspension dans un liquide. Bien que la bulle garde une taille et une forme constantes, les molécules de liquide qui en constituent la frontière changent au cours du déplacement de la bulle. Ces considérations suggèrent cette idée un peu paradoxale que les ultimes constituants de la matière ne seraient peut-être pas des vortex ou des bosses dans l'espace, mais véritablement *des trous dans l'espace.*

Réponse 6.5 (p. 111)

L'idée est que la bosse de la galaxie se trouve exactement entre nous et le quasar. La lumière émise par le quasar peut voyager jusqu'à nous en suivant deux plus courts chemins possibles : de part et d'autre de l'énorme bosse que la galaxie forme dans l'espace. Cette double image du quasar a été observée de manière indiscutable en 1979. (Voir l'article de Frederic Chaffee, « Un mirage gravitationnel », *Pour la Science*, janvier 1981.) Le terme de « lentille gravitationnelle » exprime de manière saisissante le fait que la lumière peut être déviée par la courbure spatiale. On pourrait s'amuser à imaginer un gigantesque super-télescope utilisant des lentilles gravitationnelles situées à des millions de miles de nous.

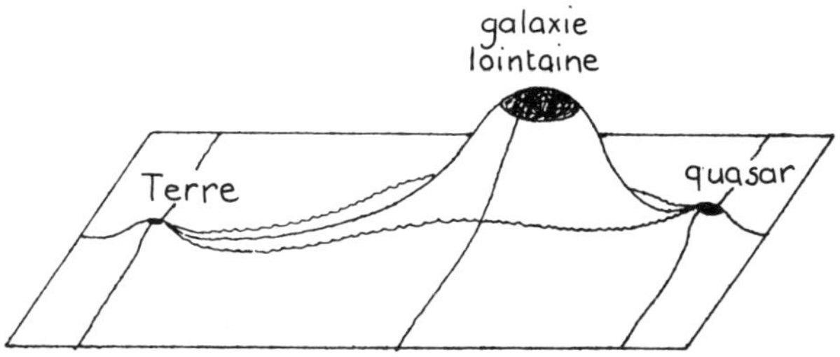

Trois bosses alignées et deux plus courts chemins.

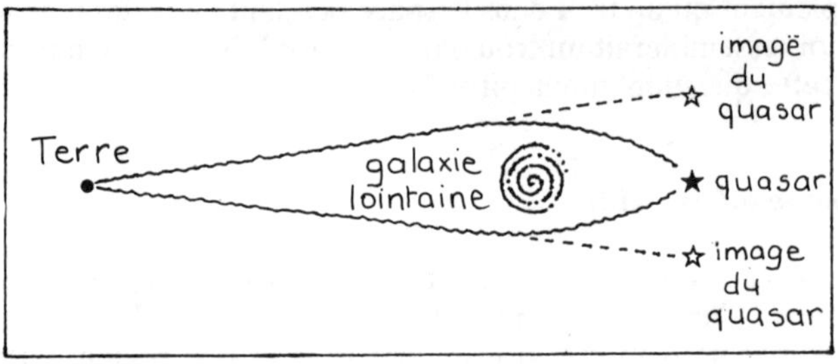

Les deux trajets, vus de dessus.

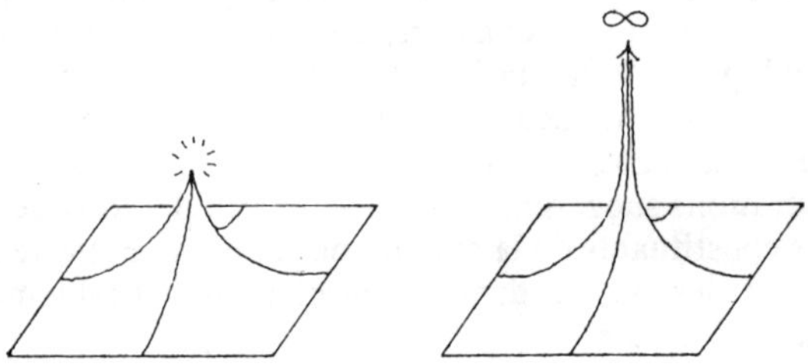

Deux types de singularités.

Réponse 6.6 (p. 111)

Une masse ponctuelle peut être tout simplement représentée par une région pointue dans l'espace. On peut également imaginer que l'extrémité de cette région soit rejetée très loin, jusqu'à l'infini.

Réponse 7.1 (p. 116)

Une géodésique d'une sphère est ce que l'on appelle un grand cercle, c'est-à-dire un cercle dont la dimension est la plus grande possible, comme par exemple l'équateur. Par rapport à la surface de la sphère, l'équateur est une « ligne droite », car il ne dévie ni vers le nord ni vers le sud. Alors que l'on peut dire qu'un petit cercle, comme le cercle polaire, dévie à la surface de la sphère et ne peut être considéré comme une géodésique.

Réponse 7.2 (p. 122)

On pourrait expliquer naturellement la présence d'une étoile sans masse en disant que l'espace est hypersphérique et que cette étoile est l'image virtuelle d'une étoile réelle située à l'extrémité opposée de l'univers. Malheureusement, même si

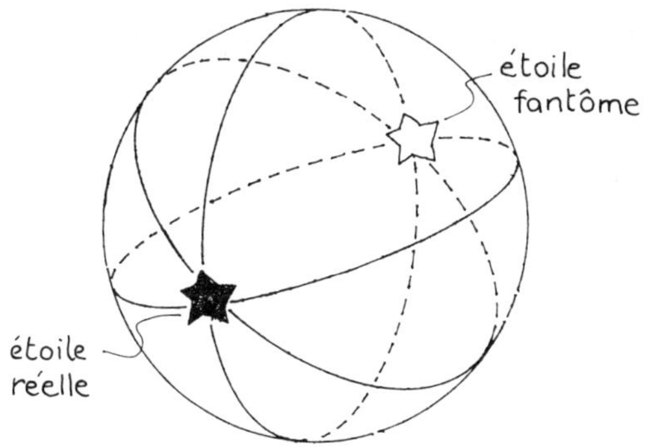

Image virtuelle d'une étoile située aux antipodes.

l'espace était vraiment hypersphérique, nous serions loin de pouvoir observer une telle « étoile fantôme ». Le problème, c'est que l'espace est encombré d'irrégularités à moyenne échelle qui empêcheront les rayons lumineux émis par l'étoile de converger parfaitement au point qui en est le plus éloigné. Il y a une autre difficulté : l'espace contient, de-ci de-là, des nuages de poussière, poussière qui absorbera la majeure partie du rayonnement de l'étoile bien avant qu'il ait parcouru la moitié de sa course dans l'univers. Sans ces deux obstacles, nous pourrions, d'une manière générale, nous attendre à découvrir, dans une région diamétralement opposée du ciel, l'image virtuelle d'une quelconque des étoiles que nous pouvons observer — à condition, bien sûr, que l'espace soit réellement hypersphérique.

Réponse 7.3 (p. 122)

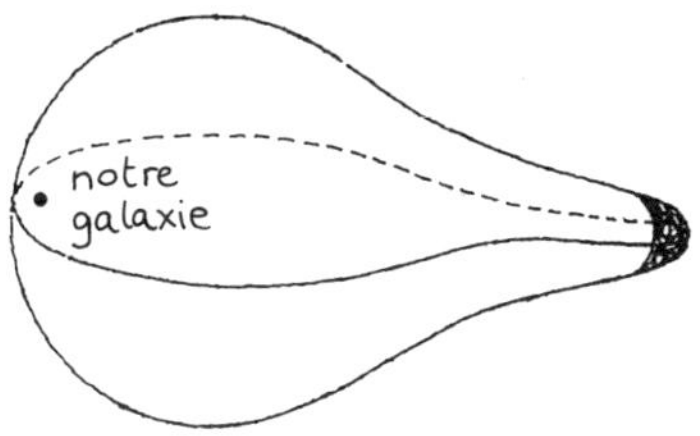

Univers fini avec masse « centrale ».

Cela ressemblerait à une ampoule électrique ou à un cornet de glace : comme un ballon avec un renflement à sa surface. Si nous étions situés à l'opposé de la super-étoile qui provoque ce renflement, nous ne serions pas forcément capables de la voir. La poussière spatiale et les bosses intermédiaires de l'espace dissiperaient l'image de ce monstre. Ce modèle pour notre espace se trouve en détail dans le livre de Paul Davies, *The Edge of Infinity (Au bord de l'infini)*, 1983.

Réponse 7.4 (p. 123)

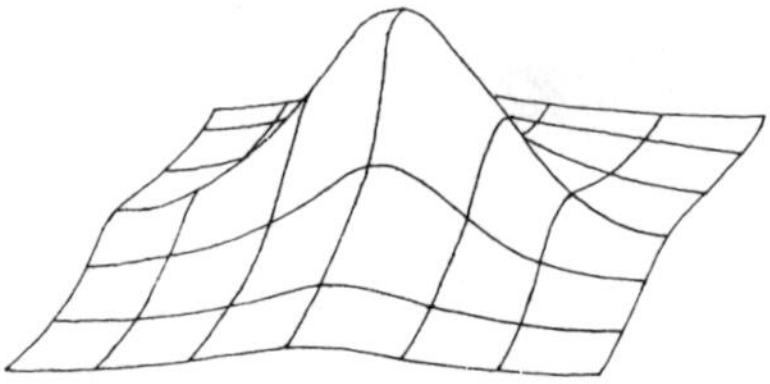

Espace courbe avec ses distances naturelles.

On obtiendrait quelque chose comme ceci : une surface carrée avec un sommet au milieu. Ces deux figures sont deux façons différentes de représenter une même situation : il y a plus d'espace vers le centre de la figure qu'on ne pourrait le croire à priori.

Réponse 7.5 (p. 125)

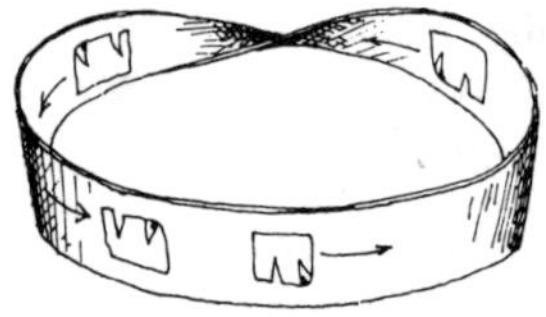

Un Carré parcourt la bande de Möbius.

Il se transforme en sa propre image miroir.

Réponse 7.6 (p. 128)

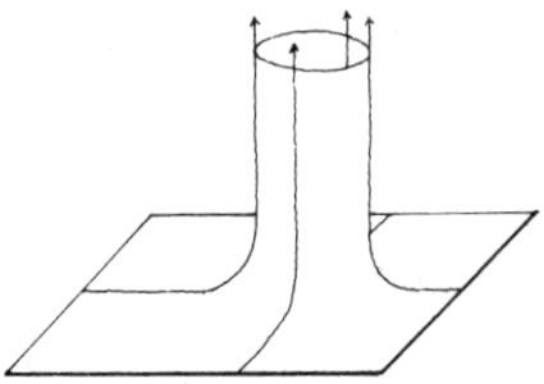

Un trou infiniment éloigné dans l'espace.

Au voisinage du trou, l'espace s'étire en une « cheminée » infinie. Aucun Terreplatien ne pourra en atteindre le sommet, ni se glisser à l'intérieur du trou.

Réponse 7.7 (p. 135)

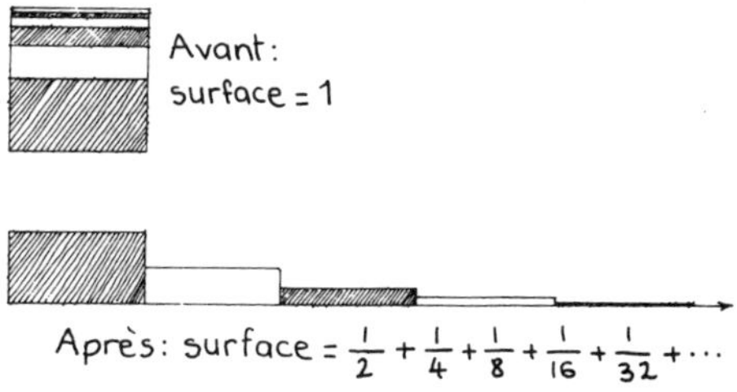

Surface finie de longueur infinie.

L'idée est d'utiliser une procédure de division par deux à l'infini pour découper le carré en une infinité de parties : une partie de hauteur 1/2, une de hauteur 1/4, une autre de hauteur 1/8, 1/16, etc. Zénon a encore frappé ! Si nous mettons bout à bout les parties découpées, nous obtenons quelque chose qui a une longueur infinie, mais une surface égale à un.

Réponse 8.1 (p. 150)

L'espace pourrait bien se rompre en deux feuillets. Et si la rupture se faisait trop brusquement, cela pourrait créer quelques problèmes au Terretachien en question.

Réponse 8.2 (p. 151)

C'est le type de raccordement représenté à la figure 112, bien que les trous dans les espaces puissent être éliminés. L'image est celle d'une bande d'espace qui réunit deux espaces distincts. On pourrait bien sûr raccourcir considérablement la longueur de cette bande en incurvant les espaces de façon à ce qu'ils se rencontrent à la surface du miroir. (N'oubliez pas que de même qu'un miroir dans notre espace est une portion de plan, un miroir dans Terreplate est un segment de droite.) C'est exactement ce genre de liaison entre espaces que Lewis Carroll a décrit dans *De l'Autre Côté du miroir.* Marcel Duchamp était lui aussi obsédé par l'idée que les miroirs puissent être des portes donnant sur d'autres univers. Il était frappé par le fait qu'un point approchant un miroir avait, en principe, le choix entre briser le miroir et poursuivre son chemin dans l'espace normal, ou quitter notre espace pour aller dans celui, différent, que nous voyons dans le miroir. Ainsi, pour Duchamp, un miroir représentait une sorte d'aiguillage où l'on pouvait choisir entre deux espaces : l'espace réel et l'espace miroir. Voyez sur ce sujet le livre de Linda Dalrymple Henderson, *The Fourth Dimension and Non-Euclidean Geometry in Modern Art (la Quatrième Dimension et la Géométrie non-euclidienne dans l'art moderne)*, 1983.

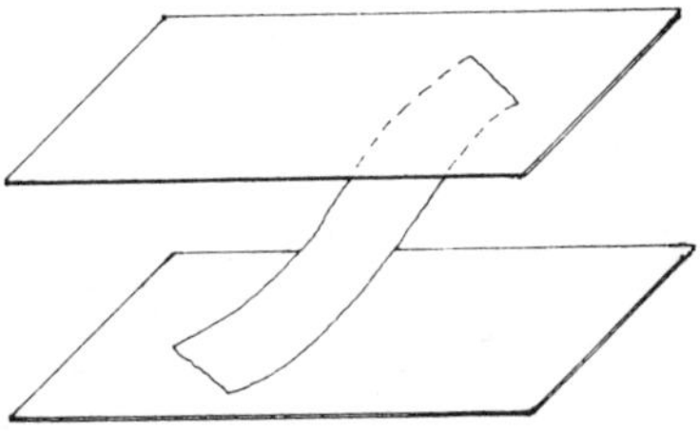

Un lien entre deux mondes.

Une façon éclatante d'accroître l'illusion qu'un miroir est une porte donnant sur un autre monde est de prendre une lampe torche et de se placer devant un miroir dans une pièce sombre. Les lois de l'optique sont telles que si vous éclairez l'intérieur du miroir, l'image que l'on voit donne exactement l'impression que le faisceau de la lampe passe à travers le miroir et se propage dans une pièce sombre de l'autre côté du miroir.

Réponse 8.3 (p. 154)

Installez un pont d'Einstein-Rosen dans le sous-sol, et faites-le déboucher dans un espace vide infini ne contenant que le plan de Terreplate.

Réponse 9.1 (p. 179)

Prenez un petit ballon sphérique. Gonflez-le, puis laissez l'air s'en échapper. Toute la trace spatio-temporelle de la surface et de l'intérieur du ballon forme une hypersphère solide. La trace de la surface seule forme l'hypersurface de l'hypersphère.

La vitesse avec laquelle le ballon doit être gonflé et dégonflé dépend du facteur de conversion adopté entre l'espace et le temps. Dans la théorie de la relativité, la vitesse de la lumière est utilisée comme facteur de conversion ; c'est-à-dire qu'un « mètre de temps » représente le temps mis par la lumière pour parcourir une distance de un mètre — soit environ trois milliardièmes de seconde.

La construction d'un hypercube dans un espace-temps 4-D est encore plus simple. Comme dit le Pr Tom Banchoff de Brown University : « Un hypercube dans l'espace-temps n'est qu'un *cube... pendant un instant.* »

Réponse 9.2 (p. 184)

La vision d'un monde « à l'avenir fondant » correspond à l'idée que les événements à venir existent, en réserve, attendant notre arrivée. Un « maintenant » uniforme se déplace au cours du temps, et se trouve constamment consommé à chaque instant. Dans ce point de vue, les événements passés perdent définitivement leur existence. Les gens ressentent souvent la vie de cette façon. Ses maigres possibilités s'évanouissent sans cesse et une fois que quelque chose est passé, cela n'a plus d'importance. C'est probablement la façon la moins réconfortante de voir l'espace-temps, comme on peut l'imaginer en repensant aux trois sortes de philosophies personnelles attachées aux trois autres visions du monde représentées à la figure 146. A chaque fois que vous vous coupez de votre passé, vous vous placez dans une situation d'extrême dénuement, très vulnérable. Mais si vous rejetez le passé, vous pouvez aussi bien rejeter également l'avenir et parvenir ainsi dans le « maintenant ».

Réponse 9.3 (p. 187)

M. Lee placera X à mi-chemin entre A et C. Cela parce que M. Lee suppose que la lumière met autant de temps pour revenir de l'autre extrémité de la plate-forme qu'il lui en a fallu pour y parvenir depuis l'extrémité où lui-même est situé. Il est naturel pour lui de penser cela, étant donné les hypothèses (1) et (2) de l'énoncé. Bien entendu, nous sentons bien, nous, que la lumière met plus de temps pour aller de A à B que de B à C... Mais M. Lee nous répondra que nous pensons cela uniquement parce que nous nous passons devant lui à une vitesse égale à la moitié de celle de la lumière !

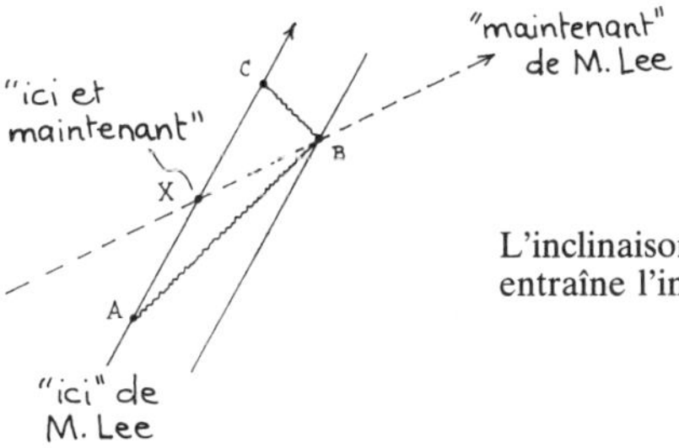

L'inclinaison de la ligne de temps entraîne l'inclinaison de la ligne d'espace.

Si nous traçons en pointillé la droite reliant B à l'événement X, (événement que M. Lee affirme simultané avec B), nous obtenons une des *lignes de simultanéité* de M. Lee. Cette droite correspond à l'axe d'espace que tracerait M. Lee dans un diagramme de Minkowski ; autrement dit, à l'événement X, cette droite représentera la conception que M. Lee se fait de son « maintenant » — tout comme sa ligne d'univers représente la conception qu'il se fait de « ici ». On peut prouver que dans un tel diagramme, la ligne de simultanéité de l'observateur se soulève du même angle que celui dont s'incline sa ligne d'univers.

Réponse 9.4 (p. 192)

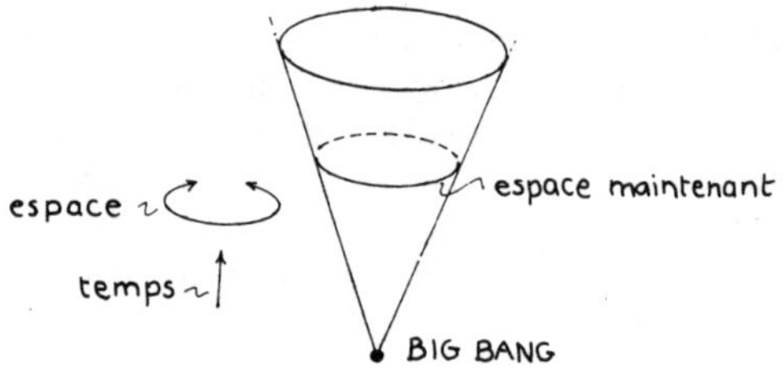

Un espace fini en expansion.

La figure serait un sorte d'espace-temps « conique », comme celui que l'on a dessiné ici. Le point de départ est connu sous le nom de « singularité initiale », ou Big Bang. On ne sait actuellement si notre espace se recontractera un jour en un point. Apparemment, cela dépend en fait de la quantité de masse présente dans notre univers : s'il y en a suffisamment, les forces gravitationnelles pourront alors regrouper toutes les choses entre elles.

Réponse 10.1 (p. 213)

Pour pénétrer dans la pièce, vous n'avez qu'à voyager loin, loin dans le futur jusqu'à atteindre le temps où les murs de la pièce se seront écroulés. Entrez alors dans l'espace de la pièce, puis revenez dans le temps. Remarquez que cela est exactement la même chose que de partir dans la direction *ana*, puis de traverser l'espace où seraient situés les murs, puis de revenir dans l'espace de la pièce en suivant la direction *kata*.

Quant à retirer la nourriture de l'estomac de quelqu'un, c'est un peu plus subtil parce que vous ne pouvez pas vous placer dans l'estomac. Imaginez que cet estomac en question appartienne à votre oncle Embry, en train de digérer son repas de Noël dans la chambre du haut. La chose à faire, c'est de se déplacer en avant dans le temps, jusqu'au moment où, plus tard, il sera redescendu. Prenez alors une petite cuiller et placez-la au-dessus du lit, exactement à l'endroit où se trouvait auparavant son estomac. Puis renvoyez la cuiller quelques heures en arrière, au moment où il se trouvait dans le lit, et ramenez-la ensuite dans le lit vide. Faites cela plusieurs fois de suite et vous arriverez, comme ça, à récupérer toute la nourriture que votre oncle était en train de ruminer dans son estomac. Et si vous voulez lui faire une petite surprise, ce soir, vous pouvez la cacher sous son oreiller !

Réponse 10.2 (p. 220)

Si nous supposons que la machine remonte en ligne droite dans le temps, alors « ici une semaine auparavant » est n'importe quel endroit où elle apparaît à chaque fois que je l'envoie une semaine en arrière. Comme on ne peut s'attendre à ce que la Terre soit encore là « une semaine avant », il est fort possible que ce voyage dans le temps s'achève dans un endroit désert. Les auteurs de science-fiction se libèrent de ce problème en faisant en sorte que leur machine suive la trajectoire de la Terre dans l'espace-temps.

Il est intéressant de remarquer que même sans les paradoxes, les machines à voyager dans le temps sont déjà exclues par l'hypothèse fondamentale de la relativité, à savoir qu'il n'existe rien qui soit absolument au repos ou absolument en mouvement dans l'espace. Bien entendu, si quelqu'un *parvenait*, d'une manière ou d'une autre, à construire des machines à voyager dans le temps, il faudrait alors ajouter à cette hypothèse « sauf en utilisant des machines à voyager dans le temps ». Ou bien encore, il se pourrait que l'on doive « diriger » la machine sur un objet bien défini dans le passé.

Remarquez aussi que tout comme une machine à voyager dans le temps peut être utilisée pour définir « ici même », une machine qui transmet instantanément les objets pourrait être utilisée pour définir « à l'instant même ». On pourrait, par exemple, éparpiller au même instant tout un ensemble d'horloges dans tout l'espace. Mais cela, bien sûr, violerait à nouveau la relativité.

Réponse 10.3 (p. 221)

Le point est que « instantanément » est un concept relatif. Par rapport à la Terre, B se produit au même instant que A, et l'on peut alors voyager instantanément de A à B. Par rapport à une galaxie lointaine qui s'éloigne de nous, C est simultané avec B, et l'on peut alors voyager instantanément de B à C. En combinant ces deux voyages, on se déplace de A à C, et on aboutit alors dans son propre passé.

Réponse 10.4 (p. 222)

Équipez la fusée d'un bon cerveau électronique pour que, après son voyage de centaines de milliers d'années, elle puisse utiliser la machine à voyager dans le temps pour faire un saut de centaines de milliers d'années en arrière, et retrouver la Terre. Une fois la Terre retrouvée, il ne lui suffira que de quelques instants pour faire un saut au jour exact (le jour du lancement), et atterrir.

Réponse 10.5 (p. 223)

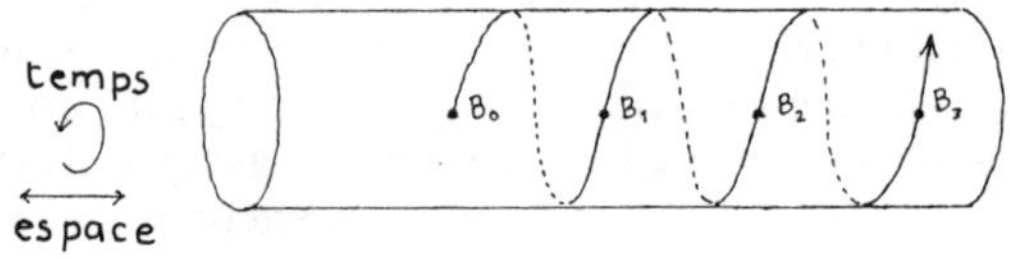

Un *devient* infini ?

L'idée d'une balise pouvant fonctionner tout le temps que dure le voyage circulaire dans le temps conduirait à des difficultés. Si la balise dérive en s'écartant de la Terre sans jamais revenir, il apparaîtrait, semble-t-il, une infinité d'autres balises, toujours au même endroit, toutes résultant d'un seul et même largage ! Cela semble être insensé. La situation est particulièrement perverse si on suppose que B_1 émet un signal qui empêche le largage de B_0. C'est un paradoxe oui-et-non.

Cela mérite un peu plus de réflexion. Considérons les particules individuelles qui constituent la balise. Si effectivement l'univers se répète lui-même, chaque particule doit donc — à la fin de chaque cycle — se retrouver à son point de départ. Les lignes d'univers des particules sont alors comme des élastiques qui s'enroulent autour du cylindre de l'espace-temps.

Supposons maintenant que nous nous trouvions dans un tel univers à temps circulaire, et que nous ayons construit une balise radio longue durée. Cette balise a la forme d'un enchevêtrement compliqué de bandes qui s'enroulent autour de l'espace-temps. Maintenant, puisque c'est nous qui avons construit cette balise et non qui l'avons uniquement *découverte,* il faut donc que les particules qui la composent aboutissent toutes — que ce soient les particules de métal, de verre, etc. — sur la Terre à la fin d'un cycle. On peut alors logiquement conclure que dans un univers à temps circulaire, tout vaisseau spatial que nous construisons et que nous lançons dans l'espace doit, un jour, revenir s'écraser sur la Terre… de sorte que l'on pourra reconstruire ce même vaisseau à partir de ces mêmes particules et le relancer dans l'espace. En d'autres termes, *il est impossible de construire un objet véritablement indestructible si le temps est circulaire !* Car tout ce que vous construisez se désintégrera dans le temps en mille morceaux, de sorte que vous pourrez, « à nouveau », le reconstruire.

Réponse 10.6 (p. 224)

Nous avons ici un paradoxe oui-et-non. Je compose le « 1 » à 11 heures si et seulement si je ne reçois pas d'appel à 10 heures, mais je ne peux recevoir d'appel à 10 heures que si et seulement si je fais le « 1 » à 11 heures. Autrement dit, je ne reçois d'appel à 10 heures que si et seulement si je n'en reçois pas à 10 heures. Ce paradoxe particulier fut mis en évidence pour la première fois dans un article de G. Benford, D. Book et W. Newcomb, intitulé « The Tachyonic Antitelephone » (« L'antitéléphone tachyonique ») (1970). Gregory Benford, soit dit en passant, est physicien en même temps qu'auteur de science-fiction. Les « Tachyons » auxquels se réfère l'article sont des particules hypothétiques qui, contrairement aux particules massives ordinaires, se déplacent *toujours* plus vite que la lumière. L'article de Benford soutient que, puisque les tachyons pourraient être utilisés pour envoyer des messages dans son propre passé, il devrait être, même en principe, impossible de les détecter. Si alors les tachyons sont réels, ils emplissent une sorte d'univers fantôme indétectable, dont la direction du temps est, en un sens, perpendiculaire à celle de notre propre temps.

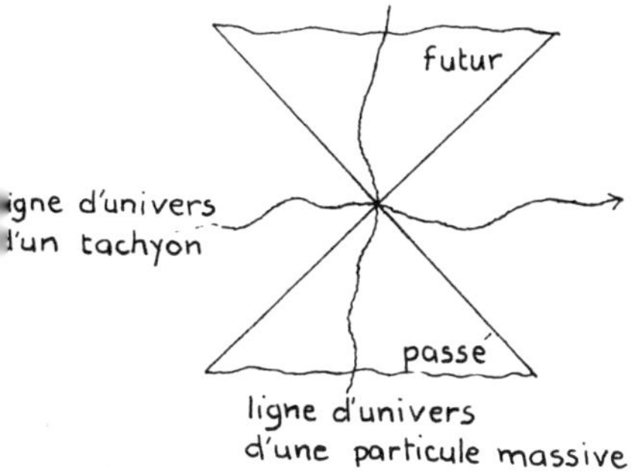

Vaisseaux qui passent dans la nuit.

Réponse 11.1 (p. 232)

Non. Il existe probablement, dans votre vie, des parties qui n'ont aucun souvenir des autres parties. Dans « Nouvelle réfutation du temps », Borges prétend que tout état d'esprit qui se reproduit dans votre vie est *en fait le même événement.*

Réponse 11.2 (p. 235)

L'idée de Dunne est qu'à tout instant notre avenir est figé le long d'un axe de temps habituel désigné par T_1 ; mais comme il s'écoule un deuxième temps suivant un autre axe, T_2, sorte de temps supérieur, notre avenir se transforme également. Le déplacement réel dans le temps est une combinaison du mouvement suivant T_1, que nous pouvons imaginer comme un *mouvement dans le futur*, avec un mouvement suivant T_2, que nous pourrions appeler *mouvement dans d'autres univers*. Si je pressens quelque chose de désagréable au-delà de lundi, dans le futur T_1, je peux me transporter, en suivant la direction T_2, dans un autre espace-temps avec un futur de T_1 différent.

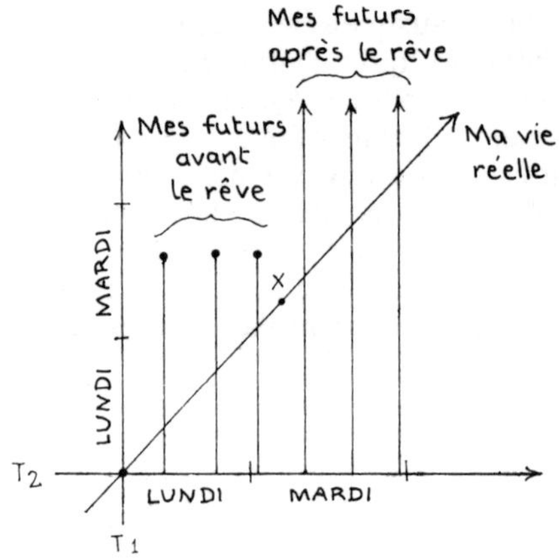

Sauvé par la prémonition !

Dune était enclin à penser en termes de régressions infinies. Sa notion de temps ne pouvait d'ailleurs aboutir que sur une régression, car si l'esprit en train de rêver peut voir en avant dans le futur de T_1, il n'est pas absurde de penser qu'il peut également voir dans le futur de T_2. Et si vous pouvez voir dans le futur de T_2, vous pouvez le transformer, c'est-à-dire que vous allez en fait vous déplacer suivant, par exemple, un autre temps T_3, dans un plan T_1-T_2 complètement différent ! Et, bien entendu, il n'y a pas de raison de s'arrêter à T_3 : cette régression se poursuit éternellement.

La raison pour laquelle Dunne désirait adopter un système aussi fou, c'est qu'il se sentait énormément frustré devant un simple diagramme de Minkowski incapable de rendre compte de notre perception de l'*écoulement réel du temps*. Mais comme nous l'avons discuté au chapitre 11, toute tentative d'« animer » un diagramme de Minkowski en imaginant un

« foyer de conscience » se déplaçant suivant sa propre ligne d'univers, aboutit de toute façon à une régression analogue à celle Dunne.

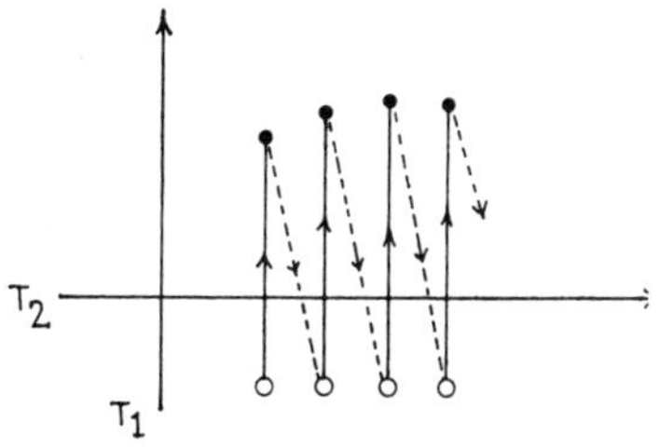

« Essayez jusqu'à ce que vous y arriviez ! »

Dans « Une communication interrompue , une histoire écrite en 1885, Charles Howard Hinton décrit un temps à deux dimensions d'un genre quelque peu différent. Son idée est que la vie d'une personne se répète à maintes reprises, mais avec à chaque fois la possibilité de légères modifications. Alors, ce n'est qu'après avoir fait suffisamment de tentatives que vous parvenez enfin à réaliser votre vie.

Réponse 11.3 (p. 236)

Non. Ce n'est qu'un exemple de plus d'une région de l'espace de réalité avec une position vaguement définie par rapport à un axe (votre opinion), mais très bien définie par rapport à l'autre axe (l'opinion de l'autre personne). Si vous êtes suffisamment proche d'une personne pour, dans un certain sens, faire partie d'elle-même, l'opinion que vous aurez d'elle évoluera de manière continue avec elle. Mais si vous êtes séparés pendant quelque temps, et qu'ensuite vous reveniez tous les deux ensemble, le grand nombre d'états possibles où vous teniez l'autre personne sembleront se réduire à une ou deux certitudes bien définies. En mécanique quantique, cette transformation radicale est appelé « le collapse de la fonction d'onde ». Il vaut la peine de remarquer que lorsque vous êtes dans un certain état de relâchement, vous êtes alors en situation de diffusion totale dans l'espace de réalité, même par rapport à vos propres axes. C'est-à-dire que si vous ne vous demandez pas, sur le moment, si vous êtes heureux, il n'y a alors aucune réponse précise à cette question. Diffuse ou limpide, la réalité n'est jamais que ce qu'elle nous paraît être.

Bibliographie

Abbott Edwin Abbott, *Flatland : A Romance of Many Dimensions*, 1884 ; nouv. éd. New York, Barnes & Noble, 1983. (Trad. fr. : *Flatland*, Paris, Denoël, coll. « Présence du futur », 1984).

— *Letters on Spiritual Christianity (Lettres sur le christianisme spirituel)*, Boston, Roberts, 1887.

— *How to Parse (Comment analyser)*, Boston, Little, Brown & Co., 1908.

Anthony Piers, *Macroscope (Macroscope)*, New York, Avon Books, 1969.

Berkeley George, *A Treatise Concerning The Principles of Human Knowledge*, 1710 ; nouv. éd. T.E. Jessop dir., Londres, Nelson, 1945. (Trad. fr., *Principes de la connaissance humaine, Œuvres choisies*, Paris, Aubier — Éditions Montaigne, 1960.)

Borges Jorge Luis, « La doctrine des cycles », *Histoire de l'infamie. Histoire de l'éternité*, Monaco, Éditions du Rocher, 1951.

— « Nouvelle réfutation du temps », *Enquêtes 1937-1952*, Paris, Gallimard, 1968.

— « La langue analytique de John Wilkins », *Enquêtes 1937-1952,* Paris, Gallimard, 1968.

— *Le Livre de sable*, Paris, Gallimard, 1978.

Bork Alfred, « The Fourth Dimension in Nineteenth-Century Physics » (« La quatrième dimension dans la physique du XIXe siècle »), *Isis* 181, 1964.

Bragdon Claude, *More Lives Than One (Plus d'une vie)*, 1938 ; nouv. éd. New York, Alfred Knopf, 1971.

— *A Primer of Higher Space (Introduction élémentaire à l'espace supérieur)*, 1913 ; nouv. éd. Tucson, Omen Press, 1972.

Breuer Miles J., « The Appendix and the Spectacles » (« L'appendice et le pince-nez »), 1928 ; nouv. éd. in *The Mathematical Magpie (La Pie mathématique)*, Clifton Fadiman dir., New York, Simon & Schuster, 1962.

Burger Dionys, *Sphereland (Terresphère),* New York, Appolo, Éditions, 1965.

Calder-Marshall Arthur, *The Sage of Sex : A Life of Havelock Ellis (Un philosophe du sexe : Havelock Ellis)*, New York, G. P. Putnam's Sons, 1959.

Campbell Lewis et Garnett William, *The Life of James Clerk Maxwell (La Vie de James Clerk Maxwell)*, Londres, Macmillan, 1884.

Carroll Lewis, *Through the Looking-Glass,* 1872 ; nouv. éd., New York, Random House, 1946. (Trad. fr., *De l'Autre côté du Miroir*, Paris, Aubier-Flammarion, 1971.)

Castaneda Carlos, *A Separate Reality (Une réalité séparée)*, New York, Simon & Schuster, 1971.

Clifford William Kingdon, *Mathematical Papers (Publications mathématiques)*, Londres, Macmillan, 1882.

Conklin Groff, dir., *Science Fiction Adventures in Dimension (Aventures de science-fiction et dimension)*, New York, Vanguard Press, 1953.

Davis Andrew Jackson, *The Magic Staff (La Baguette magique)*, New York, A. J. Davis & Co., 1876.

Dewdney A. K., *Two Dimensional Science and Technology (Science et technologie à deux dimensions)*, Ontario, (non publié), 1980.

— *The Planiverse (Le Planivers),* New York, Poseidon Press, 1984.

Dolbear A. E., *Matter, Ether and Motion (Matière, Éther et Mouvement)*, Boston, Lee & Shepard, 1892.

Dunne J. W., *An Experiment with Time (Expérience sur le temps),* 1927 ; nouv. éd., Londres, Faber & Faber, 1960.

Durrel Fletcher, « The Fourth Dimension : An Efficiency Picture » (« La quatrième dimension : une illustration de l'efficacité »), in *Mathematical Adventures (Aventures mathématiques),* de Fletcher Durrell, Boston, Bruce Humphries, 1938.

Eddington Arthur, *Space, Time and Gravitation (Espace, temps et gravitation)*, 1920 ; nouv. éd. New York, Harper & Row, 1959.

Edwards Paul, « Panpsychism » (« Panpsychisme »), in *The Encyclopedia of Philosophy (Encyclopédie de la philosophie)*, New York, Macmillan, 1967.

Einstein Albert, *Réflexions sur l'électrodynamique, l'éther, la géométrie et la relativité*, Paris, Gauthier-Villars, coll. « Discours de la Méthode », 1972.

Ernst Bruno, *Le Miroir magique de M. C. Escher*, Paris, Éd. du Chêne, 1976.

Faser J. T., Haber F. C. et Muller G. H. dirs., *The Study of Time (L'Étude du temps)*, Berlin, Springer-Verlag, 1972.

Gardner Martin, *Relativity for the Million,* New York, Macmillan, 1962. (Trad. fr. *La Relativité pour tous*, Paris, Dunod, 1969.)

— *The Ambidextrous Universe,* New York, Basic Books, 1964. (Trad. fr. *L'Univers ambidextre*, Paris, Éd. du Seuil, coll. « Science ouverte », 1985.)

— « The Church of the Fourth Dimension » (« L'église

de la quatrième dimension »), in *The Unexpected Hanging*, de Martin Gardner, New York, Simon & Schuster, 1969. (Trad. fr. *Le Paradoxe du pendu*, Paris, Dunod, 1971.)

— « The Hypercube » in *Mathematical Carnival*, de Martin Gardner, New York, Alfred A. Knopf, 1975.

— « Parapsychology and Quantum mechanics » (« Parapsychologie et mécanique quantique »), in *Science and the Paranormal (La Science et le Paranormal)*, de G. Abell et B. Singer, New York, Charles Scribner's Sons, 1981.

Gerrold David, *The Man Who Folded Himself,* Londres, Faber, 1973. (Trad. fr. *L'Homme éclaté*, Paris, Castermann, 1978.)

Gillespie Daniel, *A Quantum Mechanics Primer (Premier Livre de mécanique quantique),* New York, John Wiley, 1970.

Gödel Kurt, « A Remark on the Relationship Between Relativity Theory and Idealistic Philosophy » (« Une remarque sur la relation entre la théorie de la relativité et la philosophie idéaliste »), in *Albert Einstein, Philosopher-Scientist (Albert Einstein, philosophe et scientifique),* Paul Schilpp dir., New York, Harper & Row, 1959.

Golas Taddeus, *The Lazy Man's Guide to Enlightenment (Guide de l'illumination pour fainéants),* Palo Alto, The Seed Center, 1972.

Greenberg Marvin, *Euclidean and Non-Euclidean Geometrics (Géométries euclidiennes et non euclidiennes),* San Francisco, W. H. Freeman, 1974.

Gribben John, *Timewarps (Contorsions temporelles),* New York, Dell, 1979.

Gustaffson Lars, *La Mort d'un apiculteur,* Paris, Presses de la Renaissance, 1983.

Hawking S. et Ellis G., *The Large Scale Structure of Space-Time (L'Espace-temps à grande échelle),* Cambridge, Cambridge University Press, 1973.

Heinlein Robert, « And He Built a Crooked House », 1940 ; nouv. éd. in *Fantasia Mathematica,* Clifton Fadiman dir., New York, Simon & Schuster, 1958. (Trad. fr. « La Maison Biscornue », in *Le Livre d'or de la science-fiction. Robert Heinlein,* Paris, Presses Pocket, 1981.)

— *Starman Jones,* 1953, nouv. éd. New York, Ballantine Books, 1978.

Henderson Linda Dalrymple, *The Fourth Dimension and Non-Euclidean Geometry in Modern Art (La Quatrième Dimension et la géométrie non euclidienne dans l'art moderne),* Princeton, Princeton University Press, 1983.

Hilbert D. et Cohn-Vossen S., *Geometry and the Imagination (Géométrie et Imagination),* 1938 ; nouv. éd. New York, Chelsea, 1952.

Hinton Charles Howard, *Selected Writings of C. H. Hinton*

(Œuvres choisies de C. H. Hinton), R. Rucker dir, New York, Dover, 1980.

Houdini Harry, *A Magician Among the Spirits (Un Magicien parmi les esprits),* New York, Harper, 1924.

Huxley Aldous, *The Perennial Philosophy,* New York, Harper & Row, 1944. (Trad. fr. *La Philosophie éternelle,* Paris, Éd. du Seuil, 1977.)

Jung Carl Gustav, *Synchronicity (Synchronicité)*, Princeton, Princeton University Press, Bollingen Series, 1973.

Kant Emmanuel, *Prolégomènes à toute métaphysique future qui pourra se présenter comme science,* Paris, Librairie philosophique J. Vrin, 1968.

Kaufmann William J., *Relativity and Cosmology (Relativité et cosmologie),* New York, Harper & Row, 1973.

Laplace Pierre-Simon de, *Essai philosophique sur les probabilités,* 1812 ; nouv. éd. Paris, Gauthier-Villars et Cie Éditeurs, 1921.

Lewis C. S. *The Lion, the Witch and the Wardrobe (Le Lion, la Sorcière et la Garde-robe),* 1960 ; nouv. éd. New York, Collier Books, 1978.

Lurie Alison, *The War Between the Tates (Guerre chez les Tates),* New York, Random House, 1974.

Mach Ernst, *The Science of Mechanics (La Science de la mécanique),* Chicago, Open Court, 1893.

Maître Eckhart, *Sermons,* Paris, Éd. du Seuil, 1974.

Manen Johan von, *Some Occult Experiences (Quelques Expériences occultes),* Chicago, Theosophical Publishing House, 1913.

Manning Henry, *Geometry of Four Dimensions (La Géométrie des quatre dimensions),* 1914 ; nouv. éd. New York, Dover, 1956.

Maxwell James Clerk, *The Scientific Papers of James Clerk Maxwell (Les Articles scientifiques de James Clerk Maxwell),* 1890 ; nouv. éd. New York, Dover, 1963.

Minkowski Hermann, « Space and Time » (« L'espace et le temps »), 1908 ; nouv. éd. in *The Principle of Relativity (Le Principe de relativité),* A. Sommerfeld dir., New York, Dover, 1952.

Misner C., Thorne K. et Wheeler J., *Gravitation (Gravitation),* San Francisco, W. H. Freeman, 1973.

Nabokov Vladimir, *Look at the Harlequins,* New York, McGraw-Hill, 1974. (Trad. fr. *Regarde, regarde les Arlequins !,* Paris, Fayard, 1974.)

Neumann John von, *Mathematical Foundations of Quantum Mechanics (Fondements mathématiques de la mécanique quantique),* Princeton, Princeton University Press, 1955.

Nicholls Peter dir., *The Science Fiction Encyclopedia (Encyclopédie de la science-fiction),* Garden city, New York, Doubleday, 1979.

Ouspensky P. D., *Tertium Organum,* 1912 ; nouv. éd. New York, Random House, 1970.

— « The Fourth Dimension » (« La quatrième dimension »), in *A New Model of the Universe (Un nouveau modèle de l'univers),* 1931 ; nouv. éd. New York, Random House, 1971.

Pagels Heinz, *The Cosmic Code (Le Code cosmique),* New York, Simon & Schuster, 1982.

Pearson Karl, *The Grammar of Science (Grammaire de la science),* Londres, Walter Scott, 1982.

Peebles P. J. E., *Physical Cosmology (Cosmologie physique),* Princeton, Princeton University Press, 1971.

Platon, *La République, Œuvres complètes,* Paris, Gallimard, « Bibl. de la Pléiade », 1971.

Reichenbach Hans, *The Philosophy of Space and Time (La Philosophie de l'espace et du temps),* 1927 ; nouv. éd. New York, Dover, 1958.

Riemann Bernhard, « Sur les hypothèses qui servent de base à la géométrie », *Œuvres complètes,* Paris, Blanchard, 1968.

Rucker Rudy, *Geometry, Relativity and the Fourth Dimension (Géométrie, Relativité et Quatrième Dimension),* New York, Dover, 1977.

— *Spacetime Donuts (Les Beignets de l'espace-temps),* New York, Ace, 1981.

— *Infinity and the Mind* (*L'Infini et la Pensée*), Boston, Birkhauser, 1982.

— *The Fifty-Seventh Franz Kafka (Le Cinquante-Septième Franz Kafka),* New York, Ace, 1983.

— *The Sex Sphere (La Sphère du sexe),* New York, Ace, 1983.

Saint Augustin, *Les Confessions,* Paris, Éd. du Seuil, coll. « Points Sagesses », 1982.

Schofield Alfred Taylor, *Another World : or, The Fourth Dimension (Un Autre Monde : la quatrième dimension),* Londres, Swann Sonnenschein, 1888.

Schubert Hermann, « The Fourth Dimension » (« La quatrième dimension »), in *Mathematical Essays and Recreations (Essais et Divertissements mathématiques),* de Hermann Schubert, Chicago, Open Court, 1898.

Stewart Balfour et Tait Peter Guthrie, *The Unseen Universe (L'Univers invisible),* Londres, Macmillan, 1875.

Swenson Loyd, *The Ethereal Aether (L'Éther éthéré),* Austin, University of Texas Press, 1972.

Taylor Edwin et Wheeler John, *Spacetime Physics,* San Francisco, W. H. Freeman, 1963. (Trad. fr. *A la Découverte de l'espace-temps,* Paris, Dunod, 1970.)

Thorne Kip, « The Search of Black Holes » (« A la recherche des trous noirs »), in *Cosmology + 1 (Cosmologie + 1),* D. Gingerich dir., San Francisco, W. H. Freeman, 1977.

Wells Herbert George, « The Time Machine », 1895 ; nouv.

éd. in *Seven Science Fictions Novels of H. G. Wells (Sept Nouvelles de science-fiction de H. G. Wells)*, New York, Dover, 1955. (Trad. fr. *la Machine à explorer le temps*, Paris, Mercure de France, 1959.)
— « The Plattner Story », *The Complete Short Stories of H.G. Wells*, New York, St Martin's Press, 1974.

Wheeler John, « Frontiers of Time » (« Aux frontières du temps ») in *Problems in the Foundations of Physics* (Interrogations sur les fondements de la physique), N. di Franca et B. van Fraassen dirs., Amsterdam, North-Holland, 1983.

Wilhelm Richard, *Le Yi King ou le livre des transformations*, Paris, Librairie de Médicis, 1971.

Willink Arthur, *The World of the Unseen ; An Essay on the Relation of Higher Space to Things Eternal (Le Monde de l'invisible ; essai sur la relation entre l'espace supérieur et les choses éternelles)*, New York, Macmillan, 1893.

Wolf Fred, *Taking the Quantum Leap (Le Saut quantique)*, San Francisco, Harper & Row, 1981.

Wolfe Tom, *The Electric Kool-Aid Acid Test*, 1968 ; nouv. éd. New York, Bantam, 1969. (Trad. fr. *Acid Test*, Paris, Éd. du Seuil, 1980.)

Zöllner J. C. F., *Transcendental Physics (Physique transcendantale)*, Boston, Beacon of Light Publishing, 1901.

Ouvrages écrits en français

Alberny Luc, *L'Étrange Aventure du professeur Pamphlegme*, Paris, Eugène Figuière, 1933.

Andrau Marianne, *Les Mains du manchot*, Paris, Denoël, 1953.

Andrevon J.-P., *Repères dans l'infini*, Paris, Denoël, coll. « Présence du futur », 1975.

Aymé Marcel, « La carte », *Le Passe-muraille et autres nouvelles*, Paris, Gallimard, 1978.

Barjavel René, *Le Voyageur imprudent*, Paris, Gallimard, coll. « Folio », 1973.

Bigot Raoul, *Noulengos*, Paris, Pierre Lafitte, 1921.

Blandin André et Varlet Théo, *La Belle Valence*, Amiens, Librairie Édgar Malfère, 1923.

Blanqui Louis-Auguste, *L'Éternité par les astres, hypothèse astronomique*, Paris, G. Baillière, 1872.

Bringer Rodolphe et La Fouchardière Georges de, *L'homme qui réveille les morts*, Paris, Albin Michel, 1918.

Cami Pierre, *Voyage inouï de M. Rikiki*, Paris, Éd. Baudinière, 1938.

Caroff André, *Un Autre Monde*, Paris, Fleuve noir, coll. « Anticipation », 1981.

Curval Philippe, *En Souvenir du futur*, Paris, Laffont, coll. « Ailleurs et demain », 1983.

Daumal René, *Le Mont analogue,* Paris, Gallimard, coll. « L'imaginaire », 1981.

Dorémieux Alain, *Couloirs sans issue,* Paris, Denoël, coll. « Présence du futur », 1981.

Dorion Bastien, *Les Orgues de l'infini,* Eyrein, Roger Garry, coll. « Mémoires d'outre-ciel », 1981.

Douay Dominique, *Impasse Temps,* Paris, Denoël, coll. « Présence du Futur », 1980.

Ducray Camille et Saint-Ogan Alain, *Le Voyageur immobile,* Paris, Les Éditions sociales françaises, 1945.

Groc Léon, *la Planète de cristal,* Lille, Janicot, 1944.

Guieu Jimmy, *Au-delà de l'infini*, Paris, Plon, coll. « Science-Fiction », 1979.

— *La Spirale du temps,* Paris, Plon, coll. « Science-Fiction », 1981.

— *La Caverne du futur,* Paris, Fleuve noir, coll. « Lendemains retrouvés », 1982.

— *Piège dans l'espace,* Paris, Plon, coll. « Science-Fiction », 1982.

— *Univers parallèles,* Paris, Plon, coll. « Science-Fiction », 1982.

Ionesco Eugène, « Le piéton de l'air », *Théâtre*, Paris, Gallimard, 1963.

Jarry Alfred, *Commentaire pour servir à la construction pratique de la machine à explorer le temps, Œuvres complètes,* Paris, Gallimard, « Bibl. de la Pléiade », 1972.

Klein Gérard, *Les Perles du temps*, Paris, Denoël, coll. « Présence du futur », 1983.

— *Le temps n'a pas d'odeur,* Paris, Denoël, coll. « Présence du futur », 1963.

Le Rouge Gustave, *Le Prisonnier de la planète Mars*, Paris, Union générale d'édition, coll. « 10/18 », 1976.

Maurois André, *Mes Songes que voici*, Paris, Grasset, 1933.

Messac Régis, *La Cité des asphyxiés,* Issy-les-Moulineaux, La Fenêtre ouverte, 1945.

Pawloswki Gaston, *Voyage au pays de la quatrième dimension,* Paris, Denoël, coll. « Présence du futur », 1962.

Ray Jean, « Les étranges études du docteur Paukenschlanger », *Les Contes du whisky,* Paris, Librairie des Champs-Élysées, 1980.

Renard Maurice, *Le Brouillard du 26 octobre,* Paris, Gallimard, coll. « Folio Junior science fiction », 1981.

Richard-Bessière François, *Croisière dans le temps,* Paris, Éditions du Fleuve noir, 1952.

Sériel Jérôme, *Le Satellite sombre,* Paris, Denoël, coll. « Présence du futur », 1962.

Spitz Jacques, *L'Œil du purgatoire*, 1945 ; nouv. éd. Paris, Presses Pocket, 1980.

Thiry Marcel, *Échec au temps,* Paris, Éd. de la Nouvelle France, 1945.

Index

ABBOTT Edwin Abbott, 27, 46, 77, 99, 117, 119, 145 ; et *Terreplate,* 27-38, 59.
Absolu, *voir* Un, l'.
Ame, comme vortex annulaire dans l'éther, 108-109.
Ana (région d'hyperespace), 43, 45, 46, 48.
Analogie, raisonnement par, 22-24, 56.
ANDRUS Jerry, 68.
ANTHONY Piers, 146.
Astria, 39, 41.

BELL John S., 219.
BERKELEY George, 226, 227.
BOOLE Mary (femme de Charles H. Hinton), 86, 88, 90.
BORGES Jorge Luis, 188, 226, 231.
Boucles causales fermées, 204-207.
BREUER Miles J., 51.
Bulle d'espace, 146.
BURGER Dionys, 40-41, 126-127.
BURGESS Gellet, 89.

CANTOR Georg, 236.
CARROLL Lewis, 137, 139.
CASTANEDA Carlos, 176.
Cause et effet, comme principe de l'univers, 211-213 ; et synchronicité, 213-219.
Caverne de Platon, 22, 24.
CLIFFORD William K., 104, 106, 112.
Coïncidence, en tant que synchronicité, 212-224.
Contradictions du voyage dans le temps, 196-205.
Corde à nœuds, comme preuve de la quatrième dimension, 73-75.
Coriolis, force de, 151-154.
Cosmologie, 114.
CROOKES William, 73.
Cube de Necker, 65-68.

DALI Salvador, 53.
DAVIS Andrew Jackson, 48.
Degrés de liberté, 19-20.
Diagrammes de Minkowski, 170-172, 178-180, 191, 199.
Dieu, argument de la finalité, 218 ; horloger, 211-212 ; dans l'ultime dimension, 77, 234-235 ; *voir aussi* Un, l'.
Dimensions supérieures, définition tolérante des, 165. *Voir aussi* quatrième dimension, Espace à une infinité de dimensions.
DURRELL Fletcher, 39-40.

EINSTEIN Albert, et la courbure de l'espace, 102, 120 ; et le déterminisme, 219, 220 ; et l'éther, 94, 98-99 ; et le « Maintenant » absolu, 177 ; principe de relativité d', 178-179 ; et la vitesse de la lumière, 184.
Enfer, comme monde à plusieurs dimensions, 43, 145, 148.
ESCHER Maurits, 131.
Espace, courbure de l', 102-106, 113-114, 125, 136, 146-147 ; déformation gravitationnelle de l', 102-105, 113, 126, 143, 147 ; à deux dimensions, 18, 20, 25 ; et espace de réalité, 228-234, 237 ; et éther, 93-102, 105-112 ; et Hinton, à propos de l'unité du monde, 81-85 ; hyperbolique, 126, 134-136 ; hypersphérique, 116-125, 150, 191 ; à une infinité de dimensions (∞-D), 17, 78, 83-84, 112, 166, 234-238 ; opposé à l'espace-temps, 161, 163 ; quatrième dimension dans l', 21-22 (*voir aussi* quatrième dimension) ; dans la théorie de la relativité générale, 102-105, 122 ; tridimensionnel, 18-21 (*voir aussi* espace à trois dimensions).

Espace à deux dimensions, et mouvement à la surface de la Terre, 20 ; et Télécran, 18 ; et Terre-plate, 25 (*voir aussi* Terre-plate).
Espace de Hilbert, 78, 112, 236.
Espace de réalité, 228-233, 237.
Espace-temps, 161-165 ; bosses dans l', 102 (*voir aussi* espace, déformation gravitationnelle de l') ; et relations entre particules, 206-207 ; et écoulement du temps, 165-177 ; et espace, 161, 163 ; et l'éternel retour, 189, 192 ; formes acausales dans l', 210 ; lignes d'univers dans l', 178 ; modèles d', 191-192 ; et relativité de la simultanéité, 180-184 ; synchronicité dans l', 213-224 ; et le temps comme quatrième dimension, 22, 165 ; *voir aussi* monde, réalité, univers, univers-bloc.
Espace à trois dimensions, 18-20 ; comme degrés de liberté, 20 ; hyperêtre en mouvement dans l', 44-54 ; hypersphère dans l', 35 ; perception bidimensionnelle de l', 30 ; vision 4-D de l', 44-47, 86.
Esprits, dans la quatrième dimension, 72-74, 76.
E.T. (film de Spielberg), 215-216.
État du monde, 231-233.
Éternel retour, 189-192.
Éther, 93-102 ; et expérience de Michelson et Morley, 97 ; et quatrième dimension, 110-112 ; et théorie d'Einstein, 97-99 ; vortex annulaires dans l', 106-109.
Étoiles, trous noirs engendrés par des, 143-144.
Étoile à neutrons, 144.
Existence humaine, en tant que quadridimensionnelle, 79-80.
Expérience de Michelson et Morley, 97.

Fantômes, *voir* esprits.
FECHNER Gustav, 29, 73.
FEYNMAN Richard, 207.
FRESNEL Augustin, 94.

GARDNER Martin, 79.
GELLER Uri, 76.
Géométrodynamique, 105.
GERROLD David, 205-206.
GÖDEL Kurt, 172-173.
GOLAS Thaddeus, 233-234.
Gravitation, dans la théorie de la relativité générale, 94, 102-104, 114 ; équivalent en dimensions supérieures de la, 152.
GUSTAFFSON Lars, 66.

HEINLEIN Robert A., 53-54, 137, 146, 153-154.
HEISENBERG Werner, 236.
HELMOLTZ Hermann von, 106.
HILBERT David, 236.
HINTON Charles H., 39-40, 43, 234 ; cubes de, 85-86, 89 ; sur la confusion droite-gauche, 70 ; mysticisme de, 81-85 ; vie de, 85-90.
HUXLEY Aldous, 161.
Hylozoïsme, 233.
Hypercerveau, 69.
Hypercube, 48, 50-55 ; et cube de Necker, 66 ; visualisation par Hinton de l', 87, 89.
Hyperespace, inversion droite-gauche dans l', 69-70 ; quatrième dimension en tant qu', 17, 43-44, 149-155 (*voir aussi* quatrième dimension).
Hypersphère, 47-50 ; dans un hyperespace quadridimensionnel, 149-155 ; espace en tant qu', 116-126, 191-193 ; traversant un espace tridimensionnel, 35.
Hypersurface, espace en tant qu', 49, 116-126, 150.

Immatérialisme, paradoxes de l', 232 ; théorie de Berkeley sur l', 226.
Individus, dans l'espace de réalité, 233-234.
Individuation, et quatrième dimension, 78.
Inversion droite-gauche, 57-58, 69-70.

JUNG C. G., 212, 213.
KANT Emmanuel, 57, 58 ; à propos de la main droite et la main gauche, 57-58.
Kata (région d'hyperespace), 43, 45, 49.

LAPLACE Pierre Simon de, 208.
LEWIS C. S., 137, 139.

Libre arbitre, 175-177.
Ligne d'univers, 178-179, 185, 199-200.
LURIE Alison, 214.

MACH Ernst, et le principe de Mach, 152.
Main, droite ou gauche, 57-58.
Maître Eckhart, 162-163.
MANEN Johan von, 36-37.
Matière, en tant que bosse dans l'espace, 102-105 ; négation de son existence par Berkeley, 226 ; et perception, 227-228 ; dans la théorie de la relativité générale, 102-104 ; point de vue géométrodynamique de la, 105-106 ; en tant que vortex annulaire, 106-110.
MAXWELL James Clerk, 93, 109.
Mécanique quantique, boucles causales fermées en, 206-207 ; et espace de Hilbert, 237 ; et imprévisibilité, 211 ; et interaction subjective-objective, 215, 218, 226 ; et nature de la lumière, 95 ; et synchronicité, 218-220 ; et univers parallèles, 148 ; et voyage dans le temps, 195-196.
MINKOWSKI Hermann, 178.
MOBIUS August Ferdinand, 65, 73.
Monde, dimensions du, 227-228 ; espace à une infinité de dimensions du, 234-238 ; comme forme de l'espace de réalité, 229-234, 237 ; parallèle, 203-204 ; *voir aussi* espace-temps, réalité, univers.
Mondes de dimensions diverses, *voir* Terreligne, Terreplate, Terrespace, Terresphère, Terretache, Terrêve.
MORE Henry, 72-73.
MOROSSOV N. A., 44-45.
Mort, et espace-temps, 133, 172, 175.
Mysticisme ; et quatrième dimension, 79-85 ; et espace-temps, 162, 172.

NABOKOV Vladimir, 68.
NEWTON Isaac, 93-94.
Niveaux de réalité, 21.

OUSPENSKY P. D., 18, 56, 79-81.

Panpsychisme, 233.
Paraboîte, 68.
Paradis, comme monde à plusieurs dimensions, 43, 145, 148.
Paradoxe, d'Einstein-Poldosky-Rosen, 218 ; de Zénon, 129.
Paradoxes, oui-non avec le voyage dans le temps, 197-199 ; avec le voyage dans le temps, 200-203.
PARK David, 170.
Particules, dans les boucles causales fermées, 206-207 ; mouvement quadridimensionnel des, 155.
PEARSON Karl, 110-111.
PEEBLES P. J. E., 114.
Perception, du corps en rotation dans un espace 4-D, 64 ; en deux dimensions d'objets tridimensionnels, 30 ; d'objets tridimensionnels par des hyperêtres, 44 ; en trois dimensions d'objets quadridimensionnels, 47.
Perceptions, en tant que réalité, 225-227.
Pont d'Einstein-Rosen, 137, 142-146, 149, *voir aussi* tunnel d'hyperespace.
Positivisme logique, et les autres univers, 148-149.
Pseudosphère, 126-134.
Psychokinèse, 220-224.

Quasars, 150.
Quatrième dimension, 17 ; comme concept moderne, 57 ; et cube de Necker, 66-68 ; comme dimension d'espace, 22 ; esprits dans la, 72-76 ; et éther, 110-111 ; êtres humains dans la 79-80 ; expériences sur la, 73-76 ; hypersphère dans la, 47-50 ; inversion droite-gauche dans la, 69-70 ; mouvement dans la, 116-125 ; et mysticisme, 150 ; comme niveaux de réalité ou couleurs, 21 ; et pensée humaine, 89 ; perception 3-D de la, 47 ; « retournement » des mains dans la, 57-58 ; rotation dans la, 62 ; temps comme, 22, 165 ; très petites particules dans la, 155 ; univers dans la, 147-155.

Réalité, dimensions de la, 229 ; espace à une infinité de dimensions en tant que, 234-237 ; et

espace de réalité, 228-234 ; Moi en tant que, 225 ; l'Un et la, 238 ; *voir aussi* espace-temps, monde, univers.
REICHENBACH Hans, 20.
Relativité, de la droite et la gauche, 68-70 ; principe de, 156 ; de la simultanéité, 180-183.
RIEMANN Bernhard, 116-135.
RUCKER Rudy, 32-33, 64, 141.

Saint Augustin, 191.
SARTORIUS von Waltershausen F. W. A., 30.
Scanner, modèle 3-D à l'aide d'un, 63.
SCHOFIELD A. T., 77.
SCHRÖDINGER Erwin, 236.
SCHUBERT Herman, 76.
SLADE Henri, 73, 75, 109.
SPIELBERG Steven, 76, 215-216.
Spiritisme, 71.
Spissitude, 73.
STEWART Balfour, 108.
Superespace, 81.
Surfaces à courbure constante, 125.
Synchronicité, 213-224 ; et paradoxe EPR, 218-220 ; et phénomènes psychiques, 220-224.

TAIT Peter Guthrie, 108.
Télécran, 18, 79.
Télépathie, 220-224.
Temps, 159-161 ; circulaire, 189-190, 193 ; déplacement à l'envers dans le, 207-210 ; écoulement du, 167-170, 183 ; s'affranchir du, 204 ; comme quatrième dimension, 22, 165 ; *voir aussi* espace-temps.
« Terres » de diverses dimensions, *voir* Terreligne, Terreplate, Terrespace, Terresphère, Terretache, Terrêve.
Terreligne, 30-32, 34 ; comme analogie, 55 ; dans les diagrammes d'espace-temps, 199 ; espace de réalité de, 229-232 ; Un Carré rêvant de, 61 ; univers-bloc de, 166.
Terreplate 25, 28 ; comme analogie, 55 ; discussion sur les dimensions supérieures à, 59 ; épaisseur dans, 36-39 ; étirement de, 100-101 ; mouvement à travers, 44, 53-54 ; mystification de l'individuation sur, 78 ; comme pseudosphère, 127-129, 134-136 ; rotation à travers, 61-62 ; et Terreligne, 30-32, 34 ; et Terretache, 137-142 ; transformée en Terresphère, 116-120 (*voir aussi* Terresphère) ; Un Carré soulevé de, 38-39 ; Une Sphère dans, 32, 34-35 ; univers-bloc de, 165, 167-170.
Terrespace, 29, 58.
Terresphère, 117-120, 123, 150, 151.
Terretache, 137-142.
Terrêve, 58.
Tesseract, *voir* hypercube.
Théorie de la relativité ; générale, 94, 102 ; restreinte, 98-99, 145, 177, 184.
THOMSON William, 106.
THORNE Kips S., 144.
Trou noir (porte sur le Néant), 115, 138, 144-145.
Trou noir, le (film de W. Disney), 145.
Trous de ver dans l'espace, 141-142, 146.
Trou de ver de Schwarzschild, 137 ; *voir aussi* tunnel d'hyperespace.
Tunnel d'hyperespace, 137, 142-146.

Un, l', 82-83 ; et la quatrième dimension, 81-82 ; comme réalité, 82-83, 238 ; *voir aussi* Dieu.
Un Carré, 25, 27-28, 58-62 ; et la bosse spatiale, 100-101 ; la droite et la gauche pour, 61-62 ; rêves d', 30-32, 236-237 ; et Terresphère, 123 ; et Terretache, 137-142.
Une sphère agressée par, 35, 38.
Un Cube, 60-62, 64-67.
Une Sphère, 32, 34-35, 58-59.
Univers ; cause et effet dans l', 211-213 ; forme de l', 114-116 ; formes acausales dans l', 210 ; rotation de l', 152-155 ; synchronicité dans l', 213-224 ; *voir aussi* espace-temps, monde, réalité, univers, univers-bloc ; parallèles, 17, 142-143, 147-148 ; pluralité des, 148-155, 203-204.
Univers-bloc, 161, 162, 166 ; et le « Maintenant » absolu, 177, 182-183 ; de Terreligne, 166 ; de Ter-

replate, 165, 167-170 ; *voir aussi* espace-temps.

Vitesse de la lumière, 145, 179, 184-188.
Vortex annulaire, 106-109.
Voyage SL (supra-lumineux), 184-188, 195-196, 202, 204, *voir aussi* voyage dans le temps.
Voyage dans le temps, 195-196 ; contradictions du, 196-205 ; et vitesse de la lumière, 186-188.

WELLS H. G., 64-65, 201-202.
WHEELER John A., 103, 105, 226, 229-230.
WHILLINK Arthur, 234-235.
WOLFE Tom, 180.
WUNDT Wilhelm, 72.

YOUNG Thomas, 94, 96.

ZÖLLNER Johann Karl Friedrich, 73-76, 109.

Table

Préface de Martin Gardner 9
Avant-propos 13

première partie

La quatrième dimension

1. Une nouvelle direction 17
2. Terreplate 27
3. Images du monde oublié 43
4. De l'autre côté du miroir 57
5. Des fantômes dans l'hyperespace ? 71

deuxième partie

L'espace

6. De quoi sommes-nous faits ? 93
7. La forme de l'espace 113
8. Passages magiques vers d'autres mondes 137

troisième partie

Comment y parvenir

9. Journal de l'espace-temps 159
10. Voyage dans le temps et télépathie 195
11. Qu'est-ce que la réalité ? 225

Réponses aux problèmes 239
Bibliographie 261
Index 271

IMPRIMERIE HÉRISSEY A EVREUX (EURE)
DÉPOT LÉGAL NOVEMBRE 1985. N° 8979 (37947).

COLLECTION « SCIENCE OUVERTE »
DIRIGÉE PAR JEAN-MARC LÉVY-LEBLOND

BARRY COMMONER
L'Encerclement

JEAN-MARC LÉVY-LEBLOND
ET ALAIN JAUBERT
[Auto]critique de la science

GÉRARD LEACH
Les Biocrates

SOLOMON H. SNYDER
La Marijuana

STELLA BARUK
Échec et Maths

ALEXANDER ALLAND
La Dimension humaine

PETER T. FURST
La Chair des dieux

PHILIPPE ROQUEPLO
Le Partage du savoir

MARIO BUNGE
Philosophie de la physique

STEVEN ROSE
Le Cerveau conscient

BENJAMIN CORIAT
Science, Technique et Capital

GEORGES MENAHEM
La Science et le Militaire

WILLIAM SKYVINGTON
Machina Sapiens

PIERRE ACHARD, ANTOINETTE CHAUVENET,
ÉLISABETH LAGE, FRANÇOISE LENTIN,
PATRICIA NEVE ET GEORGES VIGNAUX
Discours biologique et Ordre social

HILARY ROSE ET AL.
L'Idéologie de/dans la science

ALAIN DUPAS
La Lutte pour l'espace

STELLA BARUK
Fabrice ou l'école des mathématiques

PETER S. STEVENS
Les Formes dans la nature

Steven Weinberg
Les Trois Premières Minutes de l'univers

Albert Jacquard
Éloge de la différence

Pierre Huard, Jean Bossy, Guy Mazars
Les Médecines de l'Asie

Eugene Linden
Ces singes qui parlent

G. Ciccotti, M. Cini,
G. Jona-Lasinio, M. de Maria
L'Araignée et le Tisserand

Madeleine Barthélemy-Madaule
Lamarck ou le mythe du précurseur

André Langaney
Le Sexe et l'Innovation

Paul Feyerabend
Contre la méthode

Bertrand Gille
Les Mécaniciens grecs

Agata Mendel
Les Manipulations génétiques

Carl Sagan
Les Dragons de l'Eden

Robert Clarke
Naissance de l'Homme

Basil Booth et Frank Fitch
La Terre en colère

Pierre Thuillier
Le Petit Savant illustré

William C. Dement
Dormir, rêver

Jean Jacques
Les Confessions d'un chimiste ordinaire

Hubert Reeves
Patience dans l'azur

Patrick Lagadec
La Civilisation du risque

Albert Jacquard
Au péril de la science ?

Jacques-Michel Robert
Comprendre notre cerveau

Paul Colinvaux
Les Manèges de la vie

Michel Schiff
L'Intelligence gaspillée

Philippe Roqueplo
Penser la technique

Pierre Thuillier
Les Savoirs ventriloques

Ivar Ekeland
Le Calcul, l'Imprévu

P.-A. Mercier, F. Plassard, V. Sardigli
La Société digitale

Hubert Reeves
Poussières d'étoiles

Stella Baruk
L'Age du capitaine

Henri Broch
Le Paranormal

Martin Gardner
L'Univers ambidextre

Rudy Rucker
La Quatrième Dimension

Collection Points

SÉRIE SCIENCES

dirigée par Jean-Marc Lévy-Leblond

S1. La Recherche en biologie moléculaire, *ouvrage collectif*
S2. Des astres, de la vie et des hommes, *par Robert Jastrow*
S3. Autocritique de la science
par Alain Jaubert et Jean-Marc Lévy-Leblond
S4. Le Dossier électronucléaire
par le syndicat CFDT de l'Énergie atomique
S5. Une révolution dans les sciences de la Terre, *par A. Hallam*
S6. Jeux avec l'infini, *par Rozsa Péter*
S7. La Recherche en astrophysique, *ouvrage collectif*
S8. La Recherche en neurobiologie, *ouvrage collectif*
S9. La Science chinoise et l'Occident, *par Joseph Needham*
S10. Les Origines de la vie, *par Joël de Rosnay*
S11. Échec et Maths, *par Stella Baruk*
S12. L'Oreille et le Langage, *par Alexandre Tomatis*
S13. Les Énergies du Soleil, *par Pierre Audibert*
en collaboration avec Danielle Rouard
S14. Cosmic Connection ou l'appel des étoiles, *par Carl Sagan*
S15. Les Ingénieurs de la Renaissance, *par Bertrand Gille*
S16. La Vie de la cellule à l'homme, *par Max de Ceccatty*
S17. La Recherche en éthologie, *ouvrage collectif*
S18. Le Darwinisme aujourd'hui, *ouvrage collectif*
S19. Einstein, créateur et rebelle, *par Banesh Hoffmann*
S20. Les Trois Premières Minutes de l'Univers, *par Steven Weinberg*
S21. Les Nombres et leurs mystères, *par André Warusfel*
S22. La Recherche sur les énergies nouvelles, *ouvrage collectif*
S23. La Nature de la physique, *par Richard Feynman*
S24. La Matière aujourd'hui, *par Émile Noël et al.*
S25. La Recherche sur les grandes maladies, *ouvrage collectif*
S26. L'Étrange Histoire des Quanta, *par Banesh Hoffmann, Michel Paty*
S27. Éloge de la différence, *par Albert Jacquard*
S28. La Lumière, *par Bernard Maitte*
S29. Penser les mathématiques, *ouvrage collectif*
S30. La Recherche sur le cancer, *ouvrage collectif*
S31. L'Énergie verte, *par Laurent Piermont*
S32. Naissance de l'Homme, *par Robert Clarke*
S33. Recherche et Technologie, *Actes du Colloque national*
S34. La Recherche en physique nucléaire, *ouvrage collectif*
S35. Marie Curie, *par Robert Reid*
S36. L'Espace et le Temps aujourd'hui, *ouvrage collectif*
S37. La Recherche en histoire des sciences, *ouvrage collectif*
S38. Petite Logique des forces, *par Paul Sandori*
S39. L'Esprit de sel, *par Jean-Marc Lévy-Leblond*
S40. Le Dossier de l'énergie
par le Groupe confédéral énergie de la CFDT
S41. Comprendre notre cerveau, *par Jacques-Michel Robert*
S42. La Radioactivité artificielle
par Monique Bordry et Pierre Radvanyi
S43. Darwin et les Grandes Énigmes de la vie
par Stephen Jay Gould
S44. Au péril de la science ?, *par Albert Jacquard*
S45. La Recherche sur la génétique et l'hérédité
ouvrage collectif
S46. Le Monde quantique, *ouvrage collectif*
S47. Une histoire de la physique et de la chimie
par Jean Rosmorduc